以厚积薄发四字篆印一方
赠高等教育出版社

厚积薄发

李岚清

二〇〇七年初秋

U0351869

生也有涯

学無止境

任继愈

教育部
哲学社会科学研究
后期资助项目

中國環境史（近代卷）

主编 戴建兵　副主编 刘向阳

徐建平 等 著

高等教育出版社·北京

图书在版编目（ＣＩＰ）数据

中国环境史．近代卷 / 戴建兵主编 ；徐建平等著．
-- 北京 ：高等教育出版社，2020.6
　　ISBN 978-7-04-052729-2

　　Ⅰ．①中… Ⅱ．①戴… ②徐… Ⅲ．①环境 - 历史 -
中国 - 近代 Ⅳ．①X-092

中国版本图书馆CIP数据核字 (2019) 第201902号

中国环境史（近代卷）
ZHONGGUO HUANJINGSHI（JINDAI JUAN）

| 策划编辑 | 包小冰 | 责任编辑 | 包小冰 | 封面设计 | 张申申 | 版式设计 | 徐艳妮 |
| 插图绘制 | 于 博 | 责任校对 | 窦丽娜 | 责任印制 | 赵义民 | | |

出版发行	高等教育出版社	咨询电话	400-810-0598
社　　址	北京市西城区德外大街4号	网　　址	http://www.hep.edu.cn
邮政编码	100120		http://www.hep.com.cn
印　　刷	北京中科印刷有限公司	网上订购	http://www.hepmall.com.cn
开　　本	787 mm×1092 mm　1/16		http://www.hepmall.com
印　　张	20		http://www.hepmall.cn
字　　数	290 千字	版　　次	2020 年 6 月第 1 版
插　　页	2	印　　次	2020 年 6 月第 1 次印刷
购书热线	010-58581118	定　　价	76.00 元

总　序

　　哲学社会科学是探索人类社会和精神世界奥秘、揭示其发展规律的科学，是我们认识世界、改造世界的有力武器。哲学社会科学的发展水平，体现着一个国家和民族的思维能力、精神状态和文明素质，其研究能力和科研成果是综合国力的重要组成部分。没有繁荣发展的哲学社会科学，就没有文化的影响力和凝聚力，就没有真正强大的国家。

　　党中央高度重视哲学社会科学事业。改革开放以来，特别是党的十六大以来，党中央就繁荣发展哲学社会科学作出了一系列重大决策，党的十七大报告明确提出："繁荣发展哲学社会科学，推进学科体系、学术观点、科研方法创新，鼓励哲学社会科学界为党和人民事业发挥思想库作用，推动我国哲学社会科学优秀成果和优秀人才走向世界。"党中央在新时期对繁荣发展哲学社会科学提出的新任务、新要求，为哲学社会科学的进一步繁荣发展指明了方向，开辟了广阔前景。在全面建设小康社会的关键时期，进一步繁荣发展哲学社会科学，大力提高哲学社会科学研究质量，努力构建以马克思主义为指导，具有中国特色、中国风格、中国气派的哲学社会科学，推动社会主义文化大发展大繁荣，具有十分重大的意义。

　　高等学校哲学社会科学人才密集，力量雄厚，学科齐全，是我国哲学社会科学事业的主力军。长期以来，广大高校哲学社会科学工作者献身科学，甘于寂寞，刻苦钻研，无私奉献，开拓创新，为推进马克思主义中国化，为服务党和政府的决策，为弘扬优秀传统文化、培育民族精神，为培养社会主义合格建设者和可靠接班人作出了重要贡献。本世纪头20年，是我国经济社会发展的重要战略机遇期，高校哲学社会科学面临着难得的发展机遇。我们要以高度的责任感和使命感、强烈的忧患意识和宽广的世界眼光，深入学习贯彻党的十七大精神，始终坚持马克思主义在哲学社会科学的指导地位,认清形势,明确任务,振奋精神,锐意创新,为全面建设小康社会、构建社会主义和谐社会发挥思想库作用,进一步推进高校哲学社会科学全面协调可持续发展。

哲学社会科学研究是一项光荣而神圣的社会事业,是一种繁重而复杂的创造性劳动。精品源于艰辛,质量在于创新。高质量的学术成果离不开严谨的科学态度,离不开辛勤的劳动,离不开创新。树立严谨而不保守,活跃而不轻浮,锐意创新而不哗众取宠,追求真理而不追名逐利的良好学风,是繁荣发展高校哲学社会科学的重要保障。建设具有中国特色的哲学社会科学,必须营造有利于学者潜心学问、勇于创新的学术氛围,必须树立良好的学风。为此,自 2006 年始,教育部实施了高校哲学社会科学研究后期资助项目计划,旨在鼓励高校教师潜心学术,厚积薄发,勇于理论创新,推出精品力作。原中央政治局常委、国务院副总理李岚清同志欣然为后期资助项目题字"厚积薄发",并篆刻同名印章一枚,国家图书馆名誉馆长任继愈先生亦为此题字"生也有涯,学无止境",此举充分体现了他们对繁荣发展高校哲学社会科学事业的高度重视、深切勉励和由衷期望。

展望未来,夺取全面建设小康社会新胜利、谱写人民美好生活新篇章的宏伟目标和崇高使命,呼唤着每一位高校哲学社会科学工作者的热情和智慧。让我们坚持以马克思主义为指导,深入贯彻落实科学发展观,求真务实,与时俱进,以优异成绩开创哲学社会科学繁荣发展的新局面。

教育部社会科学司

丛 书 总 序

历经数载,由我校环境史研究中心承担的教育部哲学社会科学研究后期资助项目的成果——多卷本《中国环境史》即将付梓。从最初的组织策划、选题论证、项目申报到分卷编纂、集中汇总、修改完善,直至最终定稿,其间反复易稿,编纂人员数次的思想碰撞,凝结着各位分卷主编对环境史的学术认知和价值判断。交由读者批评之际,我在此对丛书的主旨思想、总体架构、问题意识、学术创新和编纂路径等问题作一简单说明。

河北师范大学图书馆和历史系资料室的藏书十分丰富,求学时读书如同今天上网,一本书就是一个世界。就环境史学科来说,我认为比较重要的书有三本。

第一本书是王伟杰等编著的《北京环境史话》①。现在看这本书,其环境史研究方法还具有一定的意义。该书先谈古环境学,在其指导下,引入了北京城的历史沿革,然后是地表水、地下水、粪便和垃圾、大气、动物和植物、北京明清时的墓地、采石和碑碣、鎏金和铜质建筑、公用事业、经济活动、分坊和城垣、居庸关和长城等内容。

当时看这本书的感觉是其内容远远游离于我们课上所学的历史,所研究的东西均是课本中没有的,历史的空间被极大地扩展了。记得我当时请教过一些老师,老师们说法不一,但多数认为该书太专业,意义不是很大。不过书中的一些观点还是深深地影响了我。比如书中说垃圾和中国土葬对地下水有污染,是地下水中硝酸盐的主要来源,而且危害深远。书中对自清代以来京城垃圾产生、处理等方面的论述,特别是关于龙须沟之类水体的深层次解说,让我在宿舍聊天中的谈资上略胜一筹。

---

① 王伟杰等编著:《北京环境史话》,地质出版社,1989年。

　　第二本书是余文涛等著的《中国的环境保护》①。那个时候，一本精装书很不得了。该书封面设计的是一些抽象的小树，让人印象深刻。书的前言中说："当今世界上，环境污染和生态破坏是人类面临的重大社会问题之一。""十年前，我国对环境污染和生态破坏的危害认识不足，缺乏经验，甚至错误地认为只有在资本主义社会才发生'公害'。"这说明著者对环境和污染问题有着清醒的认识。时至今日，环境问题日益突出。虽然大家都认同史学家克罗齐说的一切历史都是当代史，历史的经验值得汲取，但从历史上看，活着的人对历史经验往往不够重视。

　　《中国的环境保护》第一章谈中国古代的环境保护，由此开始进行环境史研究，这是最值得推崇的地方。20世纪80年代的这样一本书已是学术化道路上的正经作品。第一章先介绍中国生态学思想的萌芽，又说中国古代环境保护的思想与实践，中国历史上的环境保护机构、法令，再具体到古代的植树造林与森林保护、苑囿园池、国土与环境整治。第二章讲古今环境变迁及人类活动对环境的影响，主要分析了八个问题：中国历史上环境变迁的概况、森林的古今变迁、水土流失的历史渊源、中国沙漠化的历史过程、历史时期的湖泊湮废、历史上的城市水源和排水问题、气候变迁和古代物种灭绝、中国环境变迁及其原因的综合分析。书中其他章节也十分重视历史的分析方法。

　　第三本书是英国学者A.高迪著的《环境变迁》②。现在看来这本书里面还是有很多超前见识的。罗来兴在前言中介绍这本书时说："《环境变迁》一书共分七章。前两章概括论述了更新世的地层、年代学和环境变迁的特点与尺度，列举了欧洲、北美洲等地的环境变迁事件；第三章讨论热带与亚热带的更新世环境变迁事件，其中有古沙丘的发育，雨期湖泊的形成，雨期与冰期的关系等长期以来人们非常关注的问题；第四、五章分别阐述冰后期（全新世）和有气象记录以来的环境变迁，特别重视人类活动与环境变迁的关系；第六章从冰川消长、地壳运动、均衡作用等方面对海平面的变化进行分析，重点放在冰后期的海平面变化上；最后一章，介

---

　　① 余文涛、袁清林、毛文永：《中国的环境保护》，科学出版社，1987年。
　　② ［英］A.高迪：《环境变迁》，邢嘉明等译，海洋出版社，1981年。

绍有关气候变化原因的几种假说,以作为全书的结尾。"该书最后一章有一节专论人类对气候的影响,其中一个观点是人类对燃料的使用将使二氧化碳增加,导致全球气温上升,同时也指出:"近来的一些观测和调查表明,随着大气层中二氧化碳含量的增加,温度增加的速度将减缓,这样,温度的增加未必会达到很高的程度。"书中还有一些在现在看来都很有启发性的结论和观点。

我在河北大学读硕士研究生的时候,位于图书馆最高层的民国期刊阅览室凭证可以进去看一天。我在那里以及后来在国家图书馆看了很多民国期刊,复印了一些相关文献。

1920 年曹任远在《新群》上发表了《适应环境与改造环境》[①]一文,认为环境分为自然环境和社会环境,而人应对环境有二法,一为本能一为智慧。

《地学杂志》是中国地学会主办的刊物。1922 年姚存吾在上面发表了《何为地理环境,地理环境与人类生活有若何之关系》[②]一文。文章认为天然界限之关系可以决定一民族立国之精神,无形中养成一国国民之特征,天然界可以支配人类文化发展方向,气候可转移民族特性,气候可支配人类行为,气候寒暖可以支配人类肉体发育。

1923 年 3 月萧叔綗在《史地学报》上发表了《自然环境与经济》[③]一文,认为自然环境可分为四项,即气候、地质构造、动植物和地理位置。文章中有一节论述环境之改变,认为森林极为重要。"据现世所公认其能影响于雨量者小,而其平均河流,使无一时泛滥一时旱涸之为患耕种者大,是故于无树之地造林,及童山上再植树木,在现世已成为贤明政府之一种经济政策。固不仅十年树木,取其木材足用已也。"对植树造林水土保持已有心得。文章对中国古代水利工程郑国渠、都江堰亦多称颂。

1928 年《史学与地学》第 3 期发表了竺可桢(字藕舫)的演讲记录《直

---

① 曹任远:《适应环境与改造环境》,《新群》1920 年第 1 卷第 4 号。

② 姚存吾:《何为地理环境,地理环境与人类生活有若何之关系》,《地学杂志》1922年第 3 期。

③ 萧叔綗:《自然环境与经济》,《史地学报》1923 年第 3 期。

隶地理的环境和水灾》①。文章先从 1917 年永定河水灾和 1924 年直隶水灾谈起,再到中国各世纪各地的水灾次数,总结出历史上河南因黄河水灾最多,而从 1 世纪到 19 世纪河北计有 164 次水灾,为第二多。原因一是河北为季风性气候,夏季多雨而冬季少雨;原因二是地形,直隶东南是一个冲积平原,西北是山,平原成半圆形,以海河河口为中心,水多时超过海河的排水量;原因三是地质,沉淀多。文章还分析了人为的环境与水灾的关系,认为在近 3 个世纪里,直隶的水灾次数比河南还要多,为 107 次对 64 次,有人认为是康熙四十几年时于成龙将永定河改道,不走东淀,从而使其沉淀不能存于东淀而形成。但是竺可桢并不这样认为,他认为直隶近 3 个世纪的水灾与直隶的人口与农业有关。天津一带,北宋前均为淀泊,没有开垦,北宋何承炬第一个倡导种水稻,霸州、河间一带开始种早稻。明时天津大规模开发屯田,把沼泽改造成农田,由此水灾增多。元时天津人口很少,才 40 余万人,明末天津附近达到 120 万人,光绪年间天津达 200 万人,元明两代人口的增加和海河平原上农业的发展是天津水灾增多的重要因素。

1928 年的《社会科学杂志》刊载了毛起鶊的《地理环境与文化》② 一文。该文认为地理环境为人类社会生活的基础,但是并不单纯认同地理环境的重要作用,并使用了人类学的材料来证明地理环境说的不妥。其结论指出地理环境不能担负文化变迁的责任,而民族迁移和交通等才是促进文化变迁的主因。地理环境是一种被动的和人为选择的东西。

20 世纪 30 年代是中国历史上学术较为发达的时期之一。1930 年《学生文艺丛刊》刊载缪启愉的《文化与自然环境的关系》③ 一文,文章认为:"在有人的社会,尤其是文明社会里,地理的势力是影响社会生活的势力的一种,如果眼界看得深远一点,就生物全体宇宙全体来看,那地理的势力、自然环境的影响、确比人类社会中任何势力要来得大。"1931 年《复旦社会学系半月刊》刊载了王在勤的《环境与社会》④ 一文。文章分析了环境的意

---

① 竺藕舫:《直隶地理的环境和水灾》,《史学与地学》1928 年第 3 期。
② 毛起鶊:《地理环境与文化》,《社会科学杂志》1928 年第 4 期。
③ 缪启愉:《文化与自然环境的关系》,《学生文艺丛刊》1930 年第 5 期。
④ 王在勤:《环境与社会》,《复旦社会学系半月刊》1931 年第 1 期。

义、环境分析之基点、环境之分析、环境之性质、文化与环境,认为环境产生文化。

当时对中国环境与社会的研究较为深入的当属日本学者小竹文夫。他曾在《社会杂志》上发表《自然环境与中国社会》[①]一文。文章的第一部分分析了中国的自然环境,总结出地域广大、地势较单调、东西流的水域发达、黄土层与冲击层、海岸线短、西北边无山脉、酷热严寒的大陆气候、夏季雨量较大等特点,并在评论环境时结合历史与其他民族的环境进行了分析。文章的第二部分分析异民族对中原的支配,第三部分对自然环境与生产力进行研究,第四至第九部分依次讨论自然环境与中国人之饮食,自然环境与中国人之居住,自然环境与中国人之衣服,自然环境与中国人口及其分布,自然环境与中国之交通性,自然环境与中国民族性。全文十数万字,今天看来虽有许多局限,但是对 20 世纪 30 年代而言,不失为当时之学术研究高地。

1932 年《青年生活》发表了天明的《自然环境与中国历史——中国社会现状造成之基础条件之一》[②]一文。文章认为自然环境是最初且最伟大的支配人类的力量,但是随着人类社会的发展,自然环境对人类社会的影响是变化的。

1934 年《新社会科学》发表了卫惠林的《自然环境与民族文化》[③]一文。文章认为,一个民族文化的形成,有三个主要的要素:一是自然环境,二是种族,三是文化的堆积,自然环境对原始民族的文化有更为切要的关系。但作者并不认同环境决定论,而且对当时流行的摩尔根和恩格斯氏族文化形成的理论(文中所称的经济决定论)也提出了异议。他坚持上述三个要素的共同作用。文中的自然环境则强调气候、地形。

1936 年吴浦帆在《新亚细亚》上发表了《自然环境与藏族文化》[④]一文。

---

① 小竹文夫:《自然环境与中国社会》,刘泮珠、黄雪村译,《社会杂志》1931 年第 2 期。
② 天明:《自然环境与中国历史——中国社会现状造成之基础条件之一》,《青年生活》1932 年第 4 期。
③ 卫惠林:《自然环境与民族文化》,《新社会科学》1934 年第 2 期。
④ 吴浦帆:《自然环境与藏族文化》,《新亚细亚》1936 年第 3 期。

文中所言文化为广义文化,即文化是生活,为精神、物质、社会三种生活,以此考察环境与藏族文化。文章先分析藏族所居自然环境,然后分析自然环境对藏族精神生活的影响,进而分析自然环境对藏族人民物质生活和社会生活的影响,最后分析藏族文化特质及其民族性,比较了汉藏两族文化的不同。

1937 年原坤厚在《新史地》上发表了《地理环境与人类活动》[①]一文,认为地理与历史是一种景象的两个方面,自然环境可以影响人类的生活,同时人类本身的经济生活是自然环境与人类生活发生关系的中介。

公共政策研究方面,江世澄、张运生在《同济医学季刊》上发表的《上海环境卫生之行政》[②]和白垛在《农学》上连载的《我国之森林环境》[③]较为典型。对研究环境史的学者而言,《北平市公安局第一卫生区事务所年报》是一份十分难得的资料。其中第八年年报中的第二章重点为防疫统计:第一项是生命统计,内有户口调查、出生报告调查、死亡报告与调查、出生率及死亡率、死亡原因、婴儿死亡率、初生婴儿死亡率、助产事务之分析、死亡者诊治情况;第二项传染病管理;第三项特别工作,有饮水检查及消毒、公厕检查、街道清洁、饮食摊担店铺检查、居民卫生检查、理发馆检查、灭蝇运动大会。其他章节在妇婴卫生、学校卫生、工厂卫生、医药救济、检验工作、公共卫生劝导和社会服务工作方面有十分详细的内容。[④]

现在一些学者认为环境史的研究来自两个方面,一是国外的引进,二是历史地理学的积淀。实际上,从民国学术史的角度来看,在中国本土环境史研究的来源方面,人们使用的学理和方法都有扎实的基础。有鉴于此,我们有必要站在中外文化交流的高度,审视中外的学术现象和当下学界对环境史学术渊源的争论。正如习近平总书记指出的,"文化自信是一个国家、一个民族发展中更基本、更深沉、更持久的力量","不忘本来、吸收外来、

---

① 原坤厚:《地理环境与人类活动》,《新史地》1937 年第 1 期。
② 江世澄、张运生:《上海环境卫生之行政》,《同济医学季刊》1933 年第 2 期。
③ 白垛:《我国之森林环境》,《农学》1939 年第 2 期。
④ 《北平市公安局第一卫生区事务所第八年年报》,《北平市公安局第一卫生区事务所年报》1933 年第 8 期。

面向未来",“加强中外人文交流,以我为主、兼收并蓄,推进国际传播能力建设,讲好中国故事,展现真实、立体、全面的中国,提高国家文化软实力。"

于是眼光向外,引进译介域外的环境史学说,必须在比较的视野下最终回归并服务于中国本土的学术研究。基于此来审视域外的学术体系,可以发现 20 世纪 60 年代环境史作为一种新的史学思潮在欧美萌生,迄今已然蔚为壮观。20 世纪 90 年代,中国史学界环境史滥觞,至今已获得了中国主流史学界的高度认同。与传统史学相比,环境史在史学的本体论、认识论和方法论等方面有着鲜明的特色和独到的价值。当下中国的环境问题,正威胁着我国经济与社会的持续健康发展和广大民众的身心健康。从政府公共政策层面看,为应对环境问题,党和政府描绘了生态文明和美丽中国建设的宏伟蓝图。从学术研究角度考察,需要借助长时段的研究全面探讨现实问题形成的历史源流与当下的微观机制,需要在人—自然—社会的协同演进视阈下,以打破常规的学术智慧和创新精神去认知并反思问题,总结规律,汲取智识资源,进而寻求应对之策,助益我国的生态文明建设,这更加反衬出环境史这门新史学的学术价值和现实意义。不过目前来看,中国环境史研究,甚或世界环境史的总体学术生态与其应有的学术魅力尚不能完全匹配。

缕析当下国内外的环境史学史可以发现,很长一段时间以来,环境史在叙事单元的时空选择上,专题性、区域性和短时段的研究甚多。特别是 20 世纪 90 年代以来环境史发生社会史与文化史转向后,这种倾向表现得尤为突出,整体性、综合性与长时段的通达研究不够。在撰史模式上,表现为专题性和断代性的文本较多,各国环境通史和世界环境史著作偏少。

具体而言,美国环境史研究[①]中比较成熟的领域可以分为农业环境史、城市环境史、物质环境史、环境政治史、环境社会史、环境思想史、海洋环境史等。按研究对象划分,森林、水、土地、大气、环境种族主义、生态女性主义、国际环境外交和有毒废弃物处理等问题无不统摄。就研究地域而言,东

---

① 美国环境史研究成果和学者述评不胜枚举,国内学者也有系统概述,在此综合论之,具体研究成果不一一列举。

部、西部、南部、北部和中部,乃至美国领海等各个生态区域无不涉足。分门别类的具体研究代表的只是美国环境史研究的一种面相,反映美国环境史整体面相的环境通史和美国学者的全球环境史研究相对滞后。相关代表作如约瑟夫·佩图拉的《美国环境史》、约翰·奥佩的《自然的国度:美国环境史》属凤毛麟角。[①] 即便有些冠以美国环境史之名的著作,本质上仍行具体领域的专题性研究汇总之实,如路易斯·沃伦主编的《美国环境史》[②],依然缺乏通史的内在逻辑理路。

美国世界环境史研究的重要代表人物唐纳德·休斯,在《什么是环境史》[③]一书中专设一章追溯了全球环境史研究的发展,甚至提出了将"生态过程"(ecological process)作为世界史编纂的核心原则。[④] 国内学者高国荣[⑤]也敏锐地注意到了美国的全球环境史研究。不过比较而言,实证研究成果甚少。

英国环境史研究依托景观史学和历史地理学的优势,主要集中在农业、林业环境史、工业污染史、环境政治与政策环境思想史。[⑥] 至于英国环境通史和全球环境史研究成果,屈指可数,如伊恩·西蒙斯的《一万年以来的不列颠环境史》和《全球环境史:公元前 10000 年至公元 2000 年》、约翰·希尔的《20 世纪不列颠环境史》、斯马特的《自然之争:1600 年以来苏格兰和英格兰北部的环境史》、布雷恩·克拉普的《工业革命以来的英国环境史》、理查德·格罗夫的《绿色帝国主义:殖民扩张、热带伊甸园和现代环保主义的兴起(1600—1680)》、约翰·麦肯齐的《自然的帝国和帝国的自然:帝

---

① Joseph Petulla, *American Environmental History*, Columbus, OH: Merrill Publishing Company, 1988. John Opie, *Nature's Nation: An Environmental History of the United States*, Fort Worth, TX: Harcourt, 1998.

② Louis S. Warren, *American Environmental History*, Hoboken: Wiley-Blackwell, 2003.

③ [美]唐纳德·休斯:《什么是环境史》,梅雪芹译,北京大学出版社,2008 年,第 93~106 页。

④ J. Donald Hughes, *An Environmental History of the World: Humankind's Changing Role in the Community of Life*. London: Routledge, 2001, p.6.

⑤ 高国荣:《美国环境史学研究》,中国社会科学出版社,2014 年,第 277 页。

⑥ 详情参见包茂宏:《英国的环境史研究》,《中国历史地理论丛》2005 年第 2 期。贾珺:《英国地理学家伊恩·西蒙斯的环境史研究》,中国环境科学出版社,2011 年。

国主义、苏格兰和环境》等。① 总体来看,英国环境史研究中专题性成果依然居于主导地位,即使上述环境通史和全球环境史研究成果,其撰史原则和叙事范型仍未得到学界的一致认同。约翰·希尔的研究侧重环境政策,布雷恩·克拉普的研究本质上仍是经济史。

中国环境史研究② 与英美两国情况大致相似。早先一批研究世界史的学者,凭借敏锐的学术意识和扎实的英文功底,译介了一些国外环境史研究的成果,并撷取欧美发达国家的典型个案展开了卓有成效的实证研究,对中国环境史的理论和方法论建构功不可没。在欧风美雨的影响下,一大批从事中国历史地理学和农业史研究的学者,汲取中国传统史学研究的深厚学术养分,运用环境史的理念和方法,对既有研究理路实现创造性的转化,使中国古代环境史研究硕果累累。

尽管这些成果为中国环境史的继续深入研究奠定了良好的基础,但目前中国环境史研究的结构性不平衡亦十分明显:一则现代化启动以后,中国环境发生了翻天覆地的变化,中国近现代环境史研究刚刚蹒跚起步;二则缺乏贯通几千年来中华文明与自然互动的总体史和综合史;三则凸显中

---

① I.G.Simmons, *An Environmental History of Great Britain : From 10,000 Years Ago to the Present*, Edinburgh : Edinburgh University Press, 2001. I.G. Simmons, *Global Environmental History : 10000 BC to AD 2000*, Edinburgh : Edinburgh University Press, 2008. John Sheail, *An Environmental History of Twentieth-Century Britain*, New York : Palgrave, 2002. T. C. Smout, *Nature Contested : Environmental History in Scotland and Northern England since 1600*, Edinburgh : Edinburgh University Press, 2000. [英]布雷恩·威廉·克拉普:《工业革命以来的英国环境史》,王黎译,北京:中国环境科学出版社,2011 年。Richard Grove, *Green Imperialism : Colonial Expansion, Tropical Island Edens, and the Orgins of Environmentalism, 1600–1860*, Cambridge ; New York : Cambridge University Press, 1995. John M. MacKenzie, *Empires of Nature and the Nature of Empire : Imperialism, Scotland and the Environment*, East Linton : Turkwell Press, 1997.

② 中国环境史的专题性研究成果甚多,具体成果不一一列举,学界的研究综述即可见一斑。张国旺:《近年来中国环境史研究综述》,《中国史研究动态》2003 年第 3 期。汪志国:《20 世纪 80 年代以来生态环境史研究综述》,《古今农业》2005 年第 3 期。高凯:《20 世纪以来国内环境史研究的述评》,《历史教学》2006 年第 11 期。陈新立:《中国环境史研究的回顾与展望》,《史学理论研究》2008 年第 2 期。梅雪芹:《中国环境史研究的过去、现在和未来》,《史学月刊》2009 年第 6 期。潘明涛:《2010 年中国环境史研究综述》,《中国史研究动态》2012 年第 1 期。综述大致围绕气候、水、农业、林业、考古、动植物、疾疫和区域研究分类展开,可见目前中国环境史学还缺乏通史和综合性研究,遑论中国学者的世界环境史著作。

国学派、中国话语和中国学人自己的世界环境史建构阙如。

尽管专题性研究是必需的,也不乏优秀的个案研究,但关涉各国环境通史和世界环境史编纂的理论体系、组织原则、核心范畴等问题尚缺乏清晰的格局,不能像已经成熟的世界史那样,具有一定的编纂范式,基于一定的理论体系,勾连世界总体面貌的形成与演进。这不利于把握人与自然关系的整体流变,难以实现历史的评价与生态评价的有机统一,恐怕不是环境史学的真谛。王利华指出,中国环境史的具体门类的研究"并不能全面、系统地解说中华民族与所在环境之间的复杂历史关系"[1]。这十分明确地表达了当下环境史分科而治的弊端。开展全面和总体的环境史研究刻不容缓。

正是基于这样的问题意识和学术旨趣,我们依托河北师范大学中国环境史研究中心自身的学术资源编纂中国环境通史,试图全面界说几千年来华夏大地上人与自然协同演进的总体史,并希冀在研究路径、研究框架、叙事范型、撰史模式等方面实现超越与创新。

第一,研究路径方面,我们主张在继承社会史的"小地方、大事件""小人物、大历史"之后,发展"小生境、大世界"的学术路径。即在勾连微观区域生态系统的有机联系与相互作用的长效机制中,透视人与自然关系世界的总体变化,最终实现小生境与大世界的统一。"它们也都是从具体的区域或事件入手,但是对区域内容的讨论则放在了整体的大历史的进程中,通过区域研究去透视具有更加普遍性、一般性的问题。……区域史研究并不一定就是'碎片化',其价值所在就体现于它与整体史的密切关系之中。"[2]世界环境史研究并不反对从区域研究入手,相反必须依赖扎实的区域和"小生境"研究,才能为总体史的研究奠定基础,不过在从事区域和专题研究时必须有总体史的关怀,强化通史性思考,必须以揭示人类与自然交互的共通性规律与普适性法则为旨归,并不失时机地推出国别环境通史和世界环境史的总体史著作,方能呈现环境史研究的价值。

美国学者巴托·艾尔默的新作《公民的可口可乐:可口可乐资本主义的

---

[1] 王利华:《生态史的事实发掘和事实判断》,《历史研究》2013 年第 3 期,第 21 页。

[2] 行龙:《克服"碎片化"回归总体史》,《近代史研究》2012 年第 4 期,第 21 页。

形成》①,在全球化的视野下,讲述了以可口可乐生产为核心的各种生态要素在全球生产和贸易进程中的一体化。2016 年 3 月 30 日至 4 月 2 日在西雅图召开的美国环境史学会年会上,艾尔默阐释了孟山都公司的食用油生产造就的资本主义新经济,与其专著在理路上内在相通。此次会议上,阿尔巴尼亚大学的米奇·阿索在题为《商品和全球环境史:橡胶的案例》的报告中,以橡胶的全球生产与流动为例勾连全球环境史,威斯康星大学麦迪逊分校的伊丽莎白·亨尼斯则把加拉帕戈斯群岛的经济活动与环境变迁置于全球生产与贸易的链条中。这些都是从小生境的角度透视世界环境史的佳作。

国内环境史学界关于小生境的研究也有所创见,令人耳目一新的当数梅雪芹撰写的《英国环境史上沉重的一页——泰晤士河三文鱼的消失及其教训》②。文章以泰晤士河这个小生境中的生态因子三文鱼为核心,透视了三文鱼命运波动过程中人、环境、经济与社会之间的多元联动和复杂的链式反馈机制。尽管文章仅是"1840 年代到 1980 年代泰晤士河的污染与治理"项目的一部分,但已达到洞幽烛微的效果,既是"小生境、大世界"的体现,也是环境史学界从事实证研究的典范。

第二,研究框架方面,总体史的环境史要透视大世界,就必须熟谙世界史编纂的最新趋势,并力图用环境史的基本理念更新世界史的编纂范式。世界史的编纂范式变动不居,中国学者正积极参与全球史和世界史编纂范型的反思及新范型的构建。③总体来看,在大历史成为当下世界史编纂热点的情况下,环境史要有所建树,必须立足大结构、大过程和大范围。

具体而言,大结构就是要突破许多研究从林业、农业、水、疾病等单一因素切入的单维叙事结构,要综合互动发生和产生影响的诸多微小结构系统,最终构建人类与环境互动和文明演进的综合结构系统。

---

① Bartow Jerome Elmore, *Citizen Coke: The Making of Coca Cola Capitalism*, London: W.W. Norton & Company Ltd., 2015.

② 梅雪芹:《英国环境史上沉重的一页——泰晤士河三文鱼的消失及其教训》,《南京大学学报》(哲学·人文科学·社会科学)2013 年第 6 期。

③ 张旭鹏:《超越全球史与世界史编纂的其他可能》,《历史研究》2013 年第 1 期。

大过程就是寻找一种合理的叙事主线,它不仅能够横向串联每个微小结构,而且能够纵向反映人与自然互动的全貌。这个过程不仅包括衰败,而且包括和谐,特别注重挖掘衰败与和谐的结构耦合点和地方性知识,找寻生态盈余与生态赤字的具象化表现,总结人类活动与生态承载力的耦合点和失序点,进而探究人类与自然和谐相处以及可持续发展之道的内在机理。这是作为总体史的环境史的终极旨归,也是环境史研究的真正目的。

大范围即研究和叙事必须立足全球,乃至整个人类正在探测和留下活动痕迹的宇宙。总体史的环境史聚焦环境与人类活动的总体场域,不仅可以反映人与自然交互的深度与广度,而且便于展开比较,揭示不同场域人类与自然交互方式的差异和特色。

第三,叙事范型方面,环境史应准确找寻自己的叙事主线和核心概念。我们认为,环境史欲确立自己大历史叙事的核心,就必须回归学理逻辑的原点,踏寻人类的生态足迹,以人与自然和人与人这两对关系范畴为支点,以人与自然的物质能量交换为基础,以自然—人—社会的协同进化为观照,探寻人类文明的重大拐点中人类活动与生态承载力之间的张力,叙写环境史理念支配下的大历史和总体史。

回归学理逻辑的原点,踏寻人类的生态足迹,就是要环境史学研究者抓住生态因子,从科学研究的层面弄清和掌握人类活动足迹的阈限,进而坚守人类活动的底线与可持续发展的红线。要抓住人与自然的关系和人与人的关系这两对环境史的核心范畴,探讨人类文明的根本性问题。

"全部人类历史的第一个前提无疑是有生命的个人的存在。因此,第一个需要确认的事实就是这些个人的肉体组织以及由此产生的个人对其他自然的关系。……任何历史记载都应当从这些自然基础以及它们在历史进程中由于人们的活动而发生的变更出发。"[①]人类欲维持有生命的个人的存在,首要条件是在人与自然的新陈代谢和物质交换中寻求赖以生存的物质资源,其次是既得物质、资源和能量在人与人之间的流动与配置。前者是后者的基础,后者决定着前者的性质、程度与规模。环境史的叙事框

---

① 《德意志意识形态》,《马克思恩格斯选集》第 1 卷,人民出版社,2012 年,第 146~147 页。

架实质上就是这两对范畴交互作用的延伸和扩展。它是环境史领域中"看不见的手",人类历史和文明的过去是这一问题运转与调解的结果,人类历史和文明的现在由这一问题机制作用而铸就,人类历史和文明的将来仍会围绕着这一问题展开。

在这个前提下,通过环境史对人类文明的阐释可以发现,我们的过去、现在和将来有着高度统一与延续的内在机理。正如美国学者威廉·克罗农所言:"把新英格兰的生态系统与全球性的资本主义综合起来看,殖民者和印第安人一起开启了到 1800 年还远未结束的动态的和不稳定的生态变迁。我们今天就生活在他们的遗产当中。"① 因此,同质文明形态中人们的生产生活方式、资源分配、自然观念、社会关系、政治制度和利益博弈,由于根本性的问题和作用机制的相似性而表现出自身的规律性。差异在于获取和追逐资源,能量和利益的主体的力量大小、地位高低,对既得利益的维护方式、解释体系和表达符号不同,由此呈现出逻辑机制的统一性与具体表现形态之间多样性的统一。

从纵向时间维度审视,自人类自诞生至今环境史涉及的根本性问题日益凸显,其能量呈加速度不断得以释放,人类文明(采集狩猎—农业—工业)的进程才愈来愈快,愈来愈复杂。从横向空间维度来看,人类从原始森林、江河边的点状分布,活动范围不断扩大,经村庄形成城邦,自小国寡民的城邦到庞大的帝国和民族国家,最终形成当前的世界体系,在这一过程中,人类离不开环境,离不开环境资源和环境资本在人与人之间、利益主体之间和国与国之间的流动、分配和重组。其间,环境史涉及的核心范畴也经历了一个点、线、面、体的扩散进程,同样也是以物质能量交换为基础的自然—人—社会的协同演化过程。

第四,撰史模式上,为与叙事范型和总体史诉求匹配,在强化和深入微观生境研究的同时,环境史应该注重国别的环境通史和世界环境史的撰述,成为总体史的环境史的载体形态。施丁认为,"不通古今之变,则无以

---

① 威廉·克罗农:《土地的变迁——新英格兰的印第安人、殖民者和生态》,鲁奇、赵欣华译,中国环境科学出版社,2012 年,第 141 页。

言通史"①。刘家和认为,"通古今之变"就是通史的精神。②环境史要揭示人与自然交互的"变"与"不变",必须实现横向共时性之纬与纵向历时性之经的通达。特别如气候冷暖变迁、动植物物种的兴亡、降雨量的多寡波动、沙丘的移动、地下水位的升降、物种的引进与入侵、生态要素的越境转移等,需要较长时间跨度才能做出评判的自然现象,更需要放入通史性的总体框架之中,才能考察其变化的幅度与缘由。所幸中国环境通史的编纂工作已经迈开了尝试性的步伐。③

尽管目前的编纂与理想的期冀存在一定差距,但我们这套《中国环境史》具有以下特色,彰显着编纂者对环境史的学术认知。

时空选择上,这部总体史上自中华文明肇兴的先秦时期,下至大力倡导与全力推进生态文明与美丽中国建设的当代。它不仅整合了学术研究成果丰硕、研究相对成熟的中国古代环境史,而且囊括了 20 世纪中国环境发生改天换地之剧变的百年,特别是对学术界最新成果的追踪延伸到 2017年。我们采用长时段的视野的终极旨归在于勾勒中华文明演进过程中人与自然关系的总体变迁轨迹。空间上尽管中国、中原和中华文明的地理范畴在历史上变动不居,但在这里编纂者们统一以目前我国的领土范围为叙事单元,只要属于中华人民共和国领土主权范围内的人与环境互动的故事,皆成为叙事的对象和编纂内容。

研究方法上,本丛书充分实践环境史的跨学科研究,每卷吸收自然科学有关中国气候史和动植物史研究的成果,追求文理交叉渗透,推进科学与人文的融合,把中华文明演进的生态背景置于重要地位,改变了传统史学纯粹的人文分析路径。不过正如本丛书审稿专家组的意见所言,送审稿对气候变迁与历代社会与文明的互动关系缺乏深刻论述,出现了"自然科学"导向的环境史叙事,对此我们在修改时新增了相关内容,以实现由"自然科学"导向的环境史转向真正的"人本主义"的环境史。

---

① 施丁:《说"通"》,《史学史研究》1989 年第 2 期。

② 刘家和:《论通史》,《史学史研究》2002 年第 4 期。

③ 除本课题的研究之外,南开大学王利华主持的国家社科基金重大项目"中国生态环境史"也是编纂中国环境通史的有益尝试。

主题选择上,基于不同时代人与自然互动的维度差异,丛书每卷的内容既有重合,又略有不同。不过总体来看,农业开发、手工业发展、水利兴修、森林砍伐、自然灾害和疾病等内容每卷均有涉及。近现代环境史部分,工业开发、城市聚集和人类的战天斗地折射出的时代变迁,反映了人类活动的强度与环境变迁速度的正相关关系。不过囿于时限长短、资料多寡、历史时期人与自然互动程度的强弱,每卷的内容和字数难以十分均衡,我们在坚持总体平衡与控制原则的同时,赋予各分卷互有等差的灵活性。

体例划分上,丛书的编纂宗旨是超越中国古代史传统的王朝史和断代史的编写范型,试图按照历史时期不同时段文明演进的核心特色与环境变迁的自身规律作为分卷的标准。先秦时期中华文明初兴,从考古学材料看,人类与环境的互动呈现典型的点状分布,灿若繁星。秦汉时期我国完成了大一统的中央集权化,成为整体的国家,以制度、权力和组织为核心对自然的进攻和改造能力得以大大提升。魏晋南北朝、隋唐宋元时限较长,政权更迭频繁,环境面貌发生重大变化,笼统融为一卷确有不妥之处,不过我们基于中国古代环境变迁与经济重心南移的大势,旨在从长时段的视角揭示这一时期气候和环境变化对全国经济布局的影响,而同期政治结构的变化恰恰是浮现在经济与环境演变暗流上的"浪花"。明朝和清朝前期处于气候变迁的小冰期,故成一卷。近现代的划分既考虑洋务运动以来中国工业化的发展对环境面貌的改变程度,又考虑政治鼎革之际权力因素对自然环境的冲击。

概念厘定上,我们采用国际学界通用的"环境史"概念,特别是唐纳德·休斯强调的环境史旨在通过研究作为自然一部分的人类如何随着时代变迁,在与自然其余部分互动的过程中生活、劳作和思考,从而推进对人类的理解。[①] 此外唐纳德·休斯主张将"生态过程"作为环境史叙事的主线,我们所追求的即中华文明演进的生态过程。至于国内部分学者使用的生态史、生态环境史等概念,仍在争议和构建之中,与环境史概念紧密相关,侧重点又略有不同,为避免混淆和歧义,暂不采用。

---

① [美]唐纳德·休斯:《什么是环境史》,梅雪芹译,北京大学出版社,2008年,第1页。

在价值判断层面,我们坚信环境史关乎医治当代全球经济发展综合征的病理学、防治技术滥用的伦理学和建设美丽中国的社会学。然而万事开头难,我们努力尝试为学界提供中国环境史的第一部通史,如此鸿篇巨制,我们不敢奢望开拓之功,倒因学养浅薄、学识不足而深感压力巨大,诚惶诚恐。不过我们深知学术批评乃是学术精进的利器,眼下的工作算是为学界树立一个靶子,抛砖引玉,能激起学界的批评无疑是对我们的莫大鞭策,我们期待学界同仁编纂出更高水平的中国环境通史。同时我们也希望能够启迪后学,就通史中的薄弱环节展开专题研究,不断添薪,日积月累,逐步提升中国环境史研究的学术品格。相信经过学人的共同努力,更高水平的中国环境通史一定能够问世。

在当今经济全球化的时代,中西方学术交流频繁,思想碰撞激烈,把中国放在全球视野下审视,中国学者如何在国际史学界发出自己的声音,如何更好地在国际学术交流过程中保持中国特色,增强中国环境史研究的主体性和原创性,这些问题始终萦绕在我们的脑际,当然也拨动着每一个中国环境史研究者的心弦。对此习近平总书记高屋建瓴地为我们进行进一步的实证研究指明了方向。我们必须牢记历史研究是一切社会科学的基础,不断解放思想、实事求是、与时俱进,坚持以马克思主义为指导,坚持为人民服务、为社会主义服务方向和"百花齐放、百家争鸣"方针,努力完善中国环境史研究的学科体系、学术体系和话语体系,从环境史的角度向世界讲述中国故事,阐释中国经验,服务于中国的生态文明建设。

本丛书分工如下:总主编戴建兵、副总主编刘向阳。分卷主编:先秦卷张翠莲、秦汉卷王文涛、唐宋卷谷更有、明清卷孙兵、近代卷徐建平、现代卷张同乐。在此对各位分卷主编付出的心血和汗水致以崇高的敬意和诚挚的谢意。相关审稿专家与高等教育出版社编辑的辛勤工作为本书增色不少,保证本书得以顺利出版,谨致谢忱!

戴建兵

2019 年 3 月 12 日

| 目 录 |

绪　论

　　环境问题古已有之,由于当时生产力低下,人类改造自然环境的能力不足。随着技术的进步,人们改造自然的能力越来越强,生态环境遭到破坏的程度也越来越严重。近代以来,随着铁路、公路等交通运输业的兴起,近代矿业的发展,农作物耕作技术的引进,垦殖面积的扩大,"在这些因素的共同作用下,中国的社会和环境面貌发生了巨大变化"①。为解决一系列环境危机,从中央到地方政府,从不同侧面开始关注并着手改善某些领域的环境问题,如水利环境、城市环境、农业生产环境等,一些专家或社会名流也在呼吁保护中国的生态环境。由于受资金、观念和技术手段等的限制,中国在环境治理方面虽然有一定成绩,但尚处于起步阶段。环境问题不仅仅是环境问题,还涉及经济、社会、政治等各个层面。面对近年来严重的环境污染问题,许多学者认为加强中国近现代环境史研究非常必要,这不仅是拓展历史研究领域的学术问题,而且对于中国社会经济建设具有重要的借鉴意义。本书立足于人与自然、环境的互动,探索人们在近代中国社会发展过程中对环境的认识、改造,以及自然灾害对环境的影响,探讨近代中国环境的变迁。

　　近年来,越来越多的人开始关注环境问题,学界关于环境问题的学术机构、学术会议、学术期刊、学术论著逐渐增多,人们就中国环境史研究的学科定位、学科特征、研究对象、研究方法以及环境史学的理论问题进行了探讨。王利华认为:"考察自然环境的历史变化,揭示人与自然关系的动态演变,是环境史研究的基本任务。"②梅雪芹认为,对中国近代环境史的研

---

① 梅雪芹:《环境史研究叙论》,中国环境科学出版社,2011年,第282页。
② 王利华:《徘徊在人与自然之间——中国生态环境史探索》,天津古籍出版社,2012年,第59页。

究，"大体可以从环境因素对人类历史的影响、人类活动对环境的影响及其反作用以及人类有关环境的思想和态度等方面"[①]。她提出了一些研究课题，包括气候变化、疾病、自然灾害、动植物分布与变迁、人口变迁、农业、矿业开采、森林采伐、工业发展、水利建设、城市发展等方面对社会的影响。钞晓鸿认为："环境史并不停留于自然的历史，以此为基础，社会经济、思想观念与环境之间的关系也值得重视与研究。"[②]同时，"环境史不应仅仅提供研究对象的资源、环境背景，而要揭示当时要素之间的内在联系"[③]。

《历史研究》2010年第1期刊登了一组有关环境史研究的笔谈文章，这组文章的发表进一步引起了人们对环境史问题的重视，并给环境史研究者带来很大启示。在笔谈中，朱士光在《遵循"人地关系"理念，深入开展生态环境史研究》一文中，对生态环境的含义，生态环境史的研究对象、研究的基本理论问题，以及生态环境史在环境史学中应占的地位等予以详细阐释。[④]邹逸麟在《有关环境史研究的几个问题》一文中就环境史的研究内容进行了分析，他认为："环境史研究牵涉的学科面很广，除了基本的一些学科，如地理学、生态学、农学、历史地理学、考古学外，还涉及民族学、民俗学、人类学、社会学、气候学、地貌学、生物学等等各门自然和人文、社会科学，是一门多学科综合的系统学科。"[⑤]王利华在《浅议中国环境史学建构》一文中，就环境史学的思想理念和研究架构提出了自己的主张：一是"生命中心论"，二是"生命共同体论"，三是"物质能量基础论"，四是"因应—协同论"。[⑥]王先明在《环境史研究的社会史取向——关于"社会环境史"的思考》一文中认为："中国社会史研究因应时代需求，不断在摄取新的学科理念和方法中扩展着

① 梅雪芹:《环境史研究叙论》,中国环境科学出版社,2011年,第287~288页。
② 钞晓鸿:《深化中国环境史研究刍议》,钞晓鸿主编:《环境史研究的理论与实践》,人民出版社,2016年,第128页。
③ 钞晓鸿:《深化中国环境史研究刍议》,钞晓鸿主编:《环境史研究的理论与实践》,人民出版社,2016年,第113页。
④ 朱士光:《遵循"人地关系"理念,深入开展生态环境史研究》,《历史研究》2010年第1期。
⑤ 邹逸麟:《有关环境史研究的几个问题》,《历史研究》2010年第1期。
⑥ 王利华:《浅议中国环境史学建构》,《历史研究》2010年第1期。

自己的研究领域,形成了新的学科丛——社会生态史或环境—社会史。"①随
着环境史和社会史研究的深入发展,"越来越多的研究者认识到:社会史研
究不仅需要考虑各种社会因素的相互作用,而且需要考虑生态环境因素在
社会发展变迁中的'角色'和'地位';不能仅仅将生态环境视为社会发展的
一种'背景',而是要将生态因素视为社会运动的重要参与变量,对这些变量
之于社会历史的实际影响进行具体实证的考察。"②蓝勇在《对中国区域环
境史研究的四点认识》一文中提出应加强对早期环境原始性的认识、对清以
来环境变化复杂性的认识、对历史环境非直线变迁的认识和对环境回归与
逆转非完全性的认识。他认为,"清中后期以来,人口基数的大大增加、外
来生物的推广、晚清以来近代工业的出现、20世纪后期城市化进程加快、燃
料换代、现代科技广泛运用、现代环境意识出现等等因素,使环境变化受到
更多参数的影响,环境变化的复杂性也更为明显"③。这组文章对当时环境史
研究中需要解决的紧迫问题提出了许多可资借鉴的意见,在学界产生了很
大影响。

关于近代中国环境问题的研究,目前有一些专题性研究成果从不同角
度探讨了近代环境的变迁,以及人类与环境变迁的关系。涉及近代环境问
题的综合性研究成果方面,夏明方在《民国时期自然灾害与乡村社会》一书
中,对自然灾害造成的环境影响进行了研究。他认为,"自然灾害对人类影
响的第一步就是通过天文、地质、气象、水文和生物现象的异常变动产生物
理的、化学的或生物的作用,造成生态环境短时间或长时期的危机和恶化,
从而破坏人类赖以生存的自然环境"④。近代中国,各种灾害对以乡镇聚落
为中心的农村居住环境和生活空间造成了破坏。"自然灾害对乡村生态环
境最大的威胁,还是对农田生态系统的破坏。"⑤王建革在《传统社会末期华

---

① 王先明:《环境史研究的社会史取向——关于"社会环境史"的思考》,《历史研究》
2010年第1期。

② 王先明:《环境史研究的社会史取向——关于"社会环境史"的思考》,《历史研究》
2010年第1期。

③ 蓝勇:《对中国区域环境史研究的四点认识》,《历史研究》2010年第1期。

④ 夏明方:《民国时期自然灾害与乡村社会》,中华书局,2000年,第46页。

⑤ 夏明方:《民国时期自然灾害与乡村社会》,中华书局,2000年,第51页。

北的生态与社会》①一书中对水环境与华北社会,农作生态、动物与人地关系,生态要素与乡村社会等问题予以关注。他在《江南环境史研究》一文中进一步将人与环境关系的层次进行了阐述,并对湖田与水环境、嘉湖地区的生态环境、水生植物的生态与景观变化、生态认知与生态文明等问题进行了深入探讨。他认为元明清时期,江南的生态环境已相当脆弱并加剧衰退,究其原因,"传统时期的战争破坏并没有对生态环境造成不可逆转的崩溃,真正的损害更多源于和平时期的愚昧,鉴湖消失,吴江成陆,黄埔改道,都是过度开发引起的变化。人们对公共环境管理的冷漠,加上人口增长和开发过度,环境衰退往往造成难以逆转的后果。"②王利华主编的《中国历史上的环境与社会》③一书收录了环境史研究的理论与方法,经济活动与环境变迁,水利与国计民生,灾害、疾病与生态环境等方面的文章。其中,刘翠溶的《中国环境史研究刍议》一文对环境史的定义、环境史的研究领域,以及中国环境史研究的现状进行了深入分析。行龙在《环境史视野下的近代山西社会》一书中以山西为例,从区域史角度开展中国人口、资源、环境史的研究。他认为,"明清以来,山西人口、资源与环境发展不协调的态势突出起来,其中最重要的因素即是人口总量的快速增长。……人口总量的增加就意味着社会消费总量的增加,要满足最起码的消费,维持起码的温饱水平、简单再生产和扩大再生产最主要的途径就是开垦土地,扩大耕地面积,由此不仅引起土地资源、水资源及其他资源的日趋紧张,而且使生态环境日益脆弱,甚至出现生态环境恶化的局面,这是历史给予我们的教训。"④孙冬虎在《北京近千年生态环境变迁研究》⑤一书中,重点对北京地区的环境变迁进行了研究,对近千年北京的气候变迁、区域水环境的演变、森林植被的变迁、战争造成的生态破坏、人文因素对北京城市发展的影响、生态环境变迁的驱动力等问题进行了深入探讨。赵珍在《资源、环境与国家权力——

---

① 王建革:《传统社会末期华北的生态与社会》,生活·读书·新知三联书店,2009 年。

② 王建革:《江南环境史研究》,科学出版社,2016 年,第 586 页。

③ 王利华主编:《中国历史上的环境与社会》,生活·读书·新知三联书店,2007 年。

④ 行龙主编:《环境史视野下的近代山西社会》,山西人民出版社,2007 年,代序第 7~8 页。

⑤ 孙冬虎:《北京近千年生态环境变迁研究》,北京燕山出版社,2007 年。

清代围场研究》①一书中以清代围场资源利用和环境变迁为主要考察对象，通过对构成清代围场体系的各围场与行围制度的梳理，论证了国家对围场资源的干预、组织和调控作用，分析了人们在资源利用与利益分配上的矛盾和冲突，探讨了人口增长给自然环境带来的压力。聚落村镇代替了原有的生态体系，也改变了人们的生活方式。此外，戴建兵主编的《环境史研究》第一辑②、第二辑③，王利华主编的《中国历史上的环境与社会》，钞晓鸿主编的《环境史研究的理论与实践》④等成果收集了研究中国近代环境史的相关文章，此处不一一赘述。

在近代环境问题的专题研究方面，对历史时期水环境变化的研究占有十分重要的地位。张崇旺在《论淮河流域水生态环境的历史变迁》一文中认为："淮河流域水生态环境因黄河夺淮等自然因素以及农业垦殖、战争、政府治黄淮运政策、以工业化为核心的现代化等社会因素共同作用而出现多次重大变迁。"⑤冯贤亮在《近世浙西的环境、水利与社会》一书中详细梳理了浙西的历史和环境变化，对浙西环境卫生与社会记忆、灾荒与民生、水利设施的兴复与环境变化、水利规划与地域社会等方面的问题进行了探讨。他认为浙西的水文系统与山地环境的塑造有关，但"更有人为干扰生存环境后产生的反作用，如对于山地过度的垦殖与不良管理、对河湖及其漫滩地的私自垦占、生产过程中对环境的污染以及不合理的人工改造引起的地表土变化等"⑥。徐建平、冯涛在《北洋政府时期京直地区水灾与环境》⑦一文中，探讨了北洋政府时期，京直地区水患频仍，百姓的生产环境和生活居住环境日益恶化的原因。文章认为京直地区出现环境问题的原因，既有自然因素，又有人为因素：一方面与京直地区特殊的地理位置、大陆季风性

---

① 赵珍：《资源、环境与国家权力——清代围场研究》，中国人民大学出版社，2012 年。

② 戴建兵主编：《环境史研究》第 1 辑，地质出版社，2011 年。

③ 戴建兵主编：《环境史研究》第 2 辑，天津古籍出版社，2013 年。

④ 钞晓鸿主编：《环境史研究的理论与实践》，人民出版社，2016 年。

⑤ 张崇旺：《论淮河流域水生态环境的历史变迁》，《安徽大学学报》（哲学社会科学版）2012 年第 3 期。

⑥ 冯贤亮：《近世浙西的环境、水利与社会》，中国社会科学出版社，2010 年，前言第 6~7 页。

⑦ 徐建平、冯涛：《北洋政府时期京直地区水灾与环境》，《历史教学》2012 年第 12 期。

气候条件、泥沙含量高的河流水文状况有关，另一方面与北洋政府在行政管理上缺失、经费投入少有密切关系。

　　经济开发与环境的关系也是人们关注的重点。夏明方在《环境史视野下的近代中国农村市场——以华北为中心》一文中提出："我们必须把研究的视野从平原扩展到山地、高原、森林、水系，从其相互制约彼此作用的整体联系中考察华北农村市场变迁的特质。"① 衣保中重点研究了近代以来东北平原黑土开发的生态环境问题，他认为："自清末大规模丈放官荒以来，经过一个世纪的开发，东北平原实现了从'北大荒'到'北大仓'的历史巨变，在东北黑土带形成了我国重要的商品粮基地。但是，黑土开发也付出了沉重的生态环境代价，突出表现为严重的黑土退化、侵蚀和流失，甚至出现荒漠化的趋势。"② 王荣亮在《清代民国时长白山森林开发及其生态环境变迁史研究》③ 一文中也指出，关内地区的人口压力、连年灾荒，以及清政府的土地和森林开发政策，是造成清代晚期长白山地区大规模移民及生态环境变迁的重要原因。王广义等人认为："以牺牲生态环境为代价的土地开发模式必须摈弃，而可持续发展的开发模式，就成为东北区域经济建设的必然选择。"④ 张崇旺在《试论明清时期江淮地区的农业垦殖和生态环境的变迁》一文中借鉴环境科学、历史地理学有关的人地关系理论，着重探讨了明清时期江淮各地农业垦殖活动这一外营力作用于环境的过程。他认为："根源于清中叶以来当地人口高速增长与耕地严重不足之间的矛盾；田尽而地、地尽而水而山的过度垦殖则加剧了原本就脆弱的生态环境的恶化，从而在某种程度上导致了明清时期江淮地区社会经济发展的停滞。"⑤ 杨果、陈曦在《经济开发与环境变迁研究——宋元明清时期的江汉平原》一书中，从

---

① 夏明方：《环境史视野下的近代中国农村市场——以华北为中心》，《光明日报》2004 年 5 月 11 日。

② 衣保中：《近代以来东北平原黑土开发的生态环境代价》，《吉林大学社会科学学报》2003 年第 5 期。

③ 王荣亮：《清代民国时长白山森林开发及其生态环境变迁史研究》，内蒙古师范大学 2010 年硕士学位论文。

④ 王广义、刘辉：《近代中国东北资源与环境问题评述》，《兰台世界》2009 年第 14 期。

⑤ 张崇旺：《试论明清时期江淮地区的农业垦殖和生态环境的变迁》，《中国社会经济史研究》2004 年第 3 期。

长时段探讨宋元明清时期江汉平原人地关系的特点,认为气候的变化推动了该地区土地利用方式的转变,以堤防为核心的人类活动从根本上影响着该地区地理面貌的变迁。自然资源的状况制约着地区的开发程度,区域环境的特征造就了生活方式的特色。作者认为:"宋元明清的近千年,是江汉平原人地关系不断变动、日渐紧张的千年。"[①] 对于自然资源与环境的研究,王希亮在《近代中国东北森林的殖民开发与生态空间变迁》[②] 一文中指出,东北森林资源的锐减造成东北生态环境的恶化,也引发了人类生存环境以及生产生活方式等生态空间的变迁。黄冬英在《近代武汉环境卫生管理研究(1900—1938)》一文中,主要以 1900—1938 年武汉政府对环境卫生的管理为研究对象,考察当时武汉的环境卫生状况,政府的管理措施、力度、效果及不足之处,从而让人们了解近代武汉环境卫生事业发展的艰难曲折过程。[③] 从上述研究成果看,学者一般将环境问题归结为因经济开发导致环境遭到破坏,那么,到底怎样看待环境破坏的问题呢? 侯甬坚在《"环境破坏论"的生态史评议》一文中提出了自己的看法。他认为:"历史上的开发活动本身就包括两个方面,一是社会财富的物质资料生产过程,二是必然要触动大自然的某些方面,在许多场合或暂时或长时期表现为对环境的负面影响。"[④]

近代工业与环境方面的研究成果较少,胡孔发在其博士学位论文《民国时期苏南工业发展与生态环境变迁研究》[⑤] 中,较全面地探讨了民国时期苏南工业发展与资源消耗、工业发展与环境污染、工业发展与城市环境、生态环境变迁与环保意识的提高等问题。他认为,民国时期苏南工业发展的范围扩大,造纸厂、制革厂、发电厂、染织厂等一批企业纷纷设立,在促进经

---

① 杨果、陈曦:《经济开发与环境变迁研究——宋元明清时期的江汉平原》,武汉大学出版社,2008 年,第 361 页。

② 王希亮:《近代中国东北森林的殖民开发与生态空间变迁》,《历史研究》2017 年第 1 期。

③ 黄冬英:《近代武汉环境卫生管理研究(1900—1938)》,华中师范大学 2009 年硕士学位论文。

④ 侯甬坚:《"环境破坏论"的生态史评议》,《历史研究》2013 年第 3 期。

⑤ 胡孔发:《民国时期苏南工业发展与生态环境变迁研究》,南京农业大学 2010 年博士学位论文。

济发展的同时,也给环境带来了变化。工业生产中排放出大量未经处理的水、气、渣等有害废物,严重破坏了生态平衡,引起动植物的变迁,对自然资源和农业生产的发展造成极大的危害。李志英等关注近代工业与环境问题较多,她以中国火柴制造业的发展为例,提出"工业发展带来的环境问题的解决,首先需要工业技术的进步"[①]。同时,她认为:"没有民族的独立和解放,工业发展中的环境问题无法尽快、彻底地解决。"[②]

在灾害与环境方面,李文海等灾荒史研究的开拓者们出版的一系列灾荒史资料、论著,水利、气象部门出版的一系列水利、水文、气象资料,为这方面的研究提供了很大帮助。灾害与环境的研究主要以区域研究为主。汪志国在《自然灾害对近代安徽乡村环境的破坏》一文中认为:"近代以降,安徽自然灾害不断,水灾、旱灾、蝗灾、震灾等破坏性较大的灾害,发生频率都较鸦片战争以前提高,一方面严重破坏近代安徽农村的水、生物、地质等自然环境,另一方面破坏了居住、交通、生产等社会环境。江淮地区过度的经济开发,是自然灾害频发的一个重要因素,而频繁的自然灾害又使安徽乡村环境不断恶化。"[③]周琼在《清代云南瘴气与生态变迁研究》[④]一书中,对清代云南瘴气存在的独特自然环境和分布区域进行了论述,认为其变迁方向与人口迁移、开发方向及生态变迁的趋势一致。瘴气分布从坝区向山区,由腹里地区向边疆民族地区的推进,是清代云南人口增长、农业垦殖、高产作物种植、山地农业民族的刀耕火种,及铜矿、铁矿、锡矿等金属矿产的大规模开采冶炼导致的。瘴气在早期对人类的生存和经济的发展造成了巨大的阻碍,但正因此,在人类对生态破坏过程中一定程度上延缓了生态恶化进程。曹树基、李玉尚对瘟疫灾害较为关注,他们在《鼠疫:战争与和平——

---

①　李志英、周滢滢:《环境史视野下的近代中国火柴制造业》,戴建兵主编:《环境史研究》第2辑,天津古籍出版社,2013年,第110页。

②　李志英、周滢滢:《环境史视野下的近代中国火柴制造业》,戴建兵主编:《环境史研究》第2辑,天津古籍出版社,2013年,第90页。

③　汪志国:《自然灾害对近代安徽乡村环境的破坏》,《安徽师范大学学报》(人文社会科学版)2010年第5期。

④　周琼:《清代云南瘴气与生态变迁研究》,中国社会科学出版社,2007年。

中国的环境与社会变迁(1230—1960 年)》[①]一书中首次对中国鼠疫流行史进行了详细而全面的讨论,从鼠疫史的方法论、鼠疫流行模式、环境变迁与国家医学等角度,探讨了中国的鼠疫流行对中国公共卫生环境的考验。

在卫生史与环境史的关系方面,余新忠的观点较有代表性。他在《卫生史与环境史——以中国近世历史为中心的思考》一文中认为:"卫生史与环境史不仅在研究旨趣上相当一致,而且在研究内容上也有很大的交集,卫生史关注的很大一部分内容同样也是环境史的研究课题。不过,这并不意味着卫生史可以囊括在环境史之中,而是说就环境史研究来说,从卫生史的角度切入来探求人与自然的关系,当不失为一种有效的研究路径。这除内容和旨趣上接近等缘由外,还因为从卫生史的视角出发,对促进环境史研究的深入开展并更进一步融入国际主流学术颇有助益,而且从卫生史的角度可以为我们构建和谐而良性发展的生态环境提供一些深层次的思考。"[②]他的观点为环境史研究带来了新的视角,也为环境史研究拓展了新领域。

从上述研究成果可以看出,目前中国学界关于中国近代环境变迁的综合性研究和系统性研究成果较少,将自然环境与社会环境结合起来系统研究的成果更少。为构架出一部综合研究近代中国环境问题的专著,本书在吸纳前人研究成果的基础上,重点研究近代中国人在社会生产过程中与自然环境的相互关系。为全面完整地呈现中国近代环境的变迁,本书将气候条件、动植物、环境意识、社会制度、经济模式和技术条件等多方面内容予以综合考量,探究它们的动态变化与相互关系。

本书所涉及时段是从 1840 年鸦片战争到 1949 年中华人民共和国成立,全书共分为七章:第一章是近代气候与环境变化,主要探讨温度变化、降水变化,以及主要自然灾害及其影响;第二章是动植物与生态环境,从森林覆被变化、虎群分布及其变化、外来物种的引进与改良三个角度入手,探

[①]　曹树基、李玉尚:《鼠疫:战争与和平——中国的环境与社会变迁(1230—1960 年)》,山东画报出版社,2006 年。

[②]　余新忠:《卫生史与环境史——以中国近世历史为中心的思考》,《南开学报》(哲学社会科学版)2009 年第 2 期。

讨动植物与生态环境的关系;第三章是农业与生态环境变迁,重点剖析农业垦殖与生态环境、水井与农业生产环境、农业新技术推广与农业生产环境变化;第四章是经济发展与城市环境变迁,主要从东部地区经济转型与城市环境变迁、近代华北地区工业与环境、中西部城市环境变迁、东北地区城市环境变迁等几个方面,探讨不同区域的经济发展与城市环境变迁的关系;第五章是近代水环境变迁,以 1920 年华北五省大旱灾、1931 年江淮水灾、1939 年华北大水灾为例,探讨近代水旱灾害对环境造成的影响;第六章从近代环境保护机构与法规的角度,分析顺直水利委员会、华北水利委员会、长江水利委员会等组织管理机构,以及民国时期中央政府颁布的与环境保护相关的法规;第七章从近代环境保护思想的角度切入,对近代西方环境保护思想的传入,孙中山、熊希龄、李仪祉、竺可桢等人具有代表性的环境保护思想予以剖析。总之,本书尝试通过人文地埋、动植物、历史等多学科、多角度探讨中国近代环境问题,以期解读中国近代历史上人类社会活动与环境变迁的关系。

第一章

近代气候与环境变化

　　1840 年至 1949 年是地球气候由小冰期向现代增温期过渡的重要阶段。与 1840 年以前的气候记录相比，这一阶段全球气候变化资料以实测记录为主，一定程度上提高了气候变化研究的准确性和可靠性；与此同时，该阶段也是人类活动显著作用于地球气候系统和自然生态环境的开端。近代以来，随着气象观测标准和技术的提高，我国主要城市也陆续建立了气象观测站（如北京、上海、香港、天津和青岛等），这些气象站记录的数据为研究我国气候变化提供了珍贵资料；但受历史条件限制，早期气象站观测记录残缺不全，导致我国缺少近代以来气候变化的完整记录。所幸，这一时期我国保留了大量丰富的历史文献和物候记录，这为研究该阶段气候变化提供了可靠证据；此外，一些高分辨率代用指标记录（如树轮、石笋、冰芯和珊瑚等），也为恢复和重建区域气候变化提供了重要参考。

　　考虑到数据资料的区域代表性、连续性和完整性，本书将以器测资料为主，同时结合高分辨率代用指标记录和历史文献记录，讨论我国近代气候变化的整体特征、区域差异以及自然灾害事件的频次和影响。

第一节 ｜ **温度变化**

联合国政府间气候变化专门委员会(Intergovermental Panel on Climate Change,IPCC)第五次气候变化综合报告指出,1850 年以来全球气候变化以显著增温为主要特征,表现为明显的波动上升趋势,尤其在 1910 年以后,增温速率显著加快。[①]

随着小冰期寒冷气候的结束,我国温度变化也经历了巨大转型(如图 1.1 所示)。根据我国近代以来气候观测数据,林学椿等重建了 1873 年至 1990 年全国逐月平均温度距平。[②] 全球和北半球温度变化对比结果显示(如图 1.1 所示):1840—1950 年我国年平均温度变化与全球和北半球温度变化规律相似,呈现波动上升趋势;但我国增温开始时间相对较早,约开始于 19 世纪 80 年代;此外,我国年均温增长约 2 摄氏度,增温速率达每 10 年 0.25 摄氏度,尤其是 1920 年以后,增温速率进一步加快,显著高于全球和北半球地区。与此同时,全国夏季均温和冬季均温变化与年均温变化表现出相同趋势,增幅分别为 2 摄氏度和 4 摄氏度。

一、东北地区

受历史条件和区域位置等限制,我国东北地区缺乏关于气候变化的详尽历史资料。因此,该区历史时期气候变化研究主要依靠树木年轮和湖泊沉积记录等。已有研究显示,东北地区树木年轮生长指数主要受温度变化

---

① 政府间气候变化专门委员会:《气候变化 2014 综合报告》,政府间气候变化专门委员会,2015 年,第 3 页。

② 林学椿、于淑秋、唐国利:《中国近百年温度序列》,《大气科学》1995 年第 5 期。

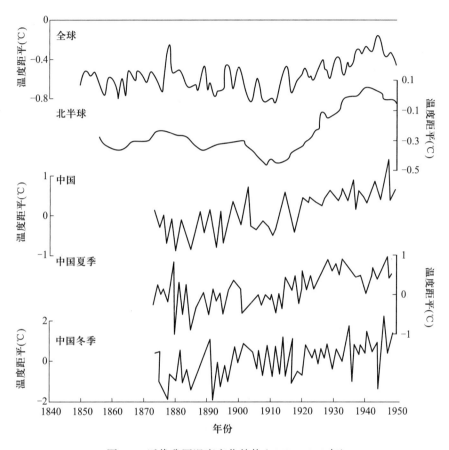

图 1.1　近代我国温度变化趋势(1840—1950 年)

资料来源:①全球温度距平(相对于 1986 年至 2005 年期间的温度均值)参见联合国政府间气
候变化专门委员会《气候变化 2014 综合报告》(政府间气候变化专门委员会,2015 年,第 3 页);
②北半球温度距平(相对于 1961 年至 1990 年期间的温度均值)参见 Brohan P.,Kennedy J. J.,
Harris I.,et al. "Uncertainty Estimates in Regional and Global Observed Temperature Changes:A New
Data Set from 1850" (*Journal of Geophysical Research Atmospheres*,Vol.111,No.D12,2006,pp.1–35);
③中国年均温、夏季和冬季温度距平(相对于 1951 年至 1990 年期间的温度均值)参见林学椿、
于淑秋、唐国利《中国近百年温度序列》(《大气科学》1995 年第 5 期)。

影响,并据此重建了该区域近代温度变化过程。[①] 来自长白山地区和老白山地区的树轮资料显示:1860—1870 年、1885—1895 年、1905—1910 年温度相对较高,1863 年为整个时期最温暖年份,2—4 月和 4—7 月均温分别达 −1.9 摄氏度和 9.3 摄氏度;1880—1885 年、1895—1905 年、1915—1940 年气候较为寒冷,1919 年为整个时期最寒冷年份,2—4 月和 4—7 月均温分别降至 −5.6 摄氏度和 6.4 摄氏度(如图 1.2 所示)。近代东北地区 2—4 月和 4—

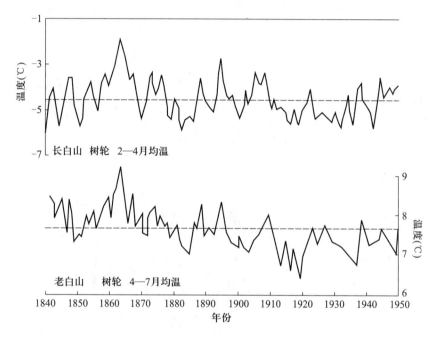

图 1.2　东北地区温度变化特征(1840—1950 年)

资料来源:①长白山 2—4 月均温:Zhu H. F., Fang X.Q., Shao X.M., et al., "Tree ring-based February–April Temperature Reconstruction for Changbai Mountain in Northeast China and Its Implication for East Asian Winter Monsoon", *Climate of the Past*, Vol.5, No.4, 2009, pp.661–666; ②老白山 4—7 月均温:Lyu Shan Na, Li Zong Shan, Zhang Yuan Dong, et al., "A 413-year Tree-ring Based April–July Minimum Temperature Reconstruction and Its Implications on The Extreme Climate Events, Northeast China", *Climate of the Past*, Vol.12, No.9, 2016, pp.1879–1888.

①　Zhu H. F., Fang X.Q., Shao X.M., et al., "Tree Ring-based February–April Temperature Reconstruction for Changbai Mountain in Northeast China and Its Implication for East Asian Winter Monsoon", *Climate of the Past*, Vol.5, No.4, 2009, pp.661–666.Lyu Shan Na, Li Zong Shan, Zhang Yuan Dong, et al., "A 414-year Tree-ring Based April–July Minimum Temperature Reconstruction and Its Implications for the Extreme Climate Events, Northeast China", *Climate of the Past*, Vol.12, No.9, 2016, pp.1879–1888.

7月均温变化均呈波动下降趋势,与全国及北半球地区年均温变化表现的增温趋势相反。由于东北地区目前重建的温度序列仅限于早春和初夏,还缺乏夏季和秋季温度变化序列,因此,该区域年均温变化呈何种趋势、全球变暖是否会导致该区域季节性温差变大等都需要更多的研究资料来证实。

二、华北地区

华北地区年均温、冬半年均温和5—8月均温重建结果显示(如图1.3所示),近代华北地区温度变化可划分为两个阶段:1840—1870年属降温期,

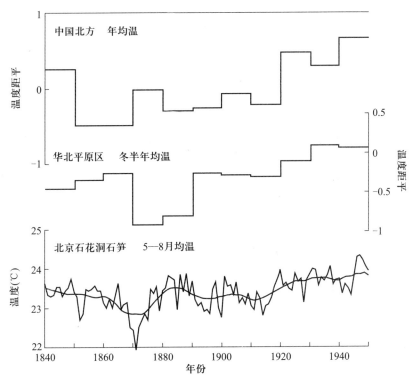

图1.3 华北地区温度变化特征(1840—1950年)

资料来源:①中国北方年均温距平:王绍武、叶瑾琳、龚道溢《中国小冰期的气候》,《第四纪研究》1998年第1期;②华北平原冬半年平均温度距平:Yan Jun Hui,Ge Quan Sheng,Liu Hao Long,et al.,"Reconstruction of Sub-Decadal Winter Half-Year Temperature during 1651–2010 for the North China Plain Using Records of Frost Date",*Atmospheric and Climate Sciences*,Vol.4,No.2,2014,pp.211–218;Tan Ming,Liu Tungsheng,Hou Ju Zhi,et al.,"Cyclic Rapid Warming on Centennial-scale Revealed by a 2650-year Stalagmite Record of Warm Season Temperature",*Geophysical Research Letters*,Vol.30,No.12,2003,pp.19(1–4).

这一阶段华北地区年均温下降约 0.7 摄氏度,5—8 月均温降幅达 1.5 摄氏度,冬半年均温下降 0.6 摄氏度。1870—1950 年,与北半球和全国年均温变化趋势相似,华北地区年均温、冬半年均温和 5—8 月均温均呈波动上升趋势。年均温增幅达 1 摄氏度,增温速率每 10 年约为 0.1 摄氏度;尤其在 1870 年和 1920 年前后,增温幅度大于 0.5 摄氏度;冬半年均温增幅与年均温相近,也接近 1 摄氏度,在 1890 年、1920 年和 1930 年前后增温较快,增幅分别为 0.5 摄氏度、0.2 摄氏度和 0.2 摄氏度;5—8 月均温增幅高达 2 摄氏度。

三、华中地区

根据区内历史文献的物候记录、树轮宽度年表和器测数据等资料,郑景云等重建了我国华中地区 1850—2008 年年均温度变化序列。[①] 结果显示(如图 1.4 所示):我国华中地区近代年均温度变化以年际至年代际尺度振荡为主,1855—1870 年、1888—1900 年、1905—1915 年和 1945—1950 年是该区气候相对寒冷的时期,年均温低于现代均温约 0.4 摄氏度左右,其中 1893 年是最寒冷的年份;1850—1855 年、1870—1878 年、1900—1905 年和 1940—1945 年则相对温暖,年均温高于现代均温 0.2 摄氏度左右。但对我国长江中下游地区冬季温度的重建结果却表明,近代以来该区冬季温度呈逐年上升趋势。[②] 尤其自 1870 年以来,增温速率高达每 10 年 0.27 摄氏度。这说明在近代全球增温的气候背景下,我国华中地区气候变化以冬季增温为主,年均温增幅相对较小。

四、西北地区

关于西北地区气候变化的历史记载相对较少,无法依据历史资料全面

---

① 郑景云、刘洋、葛全胜等:《华中地区历史物候记录与 1850—2008 年的气温变化重建》,《地理学报》2015 年第 5 期。

② Hao Zhi Xin, Zheng Jing Yun, Ge Quan Sheng, et al., "Winter Temperature Variations over the Middle and Lower Reaches of the Yangtze River since 1736 AD", *Climate of the Past*, Vol.8, No.3, 2012, pp.1023–1030.

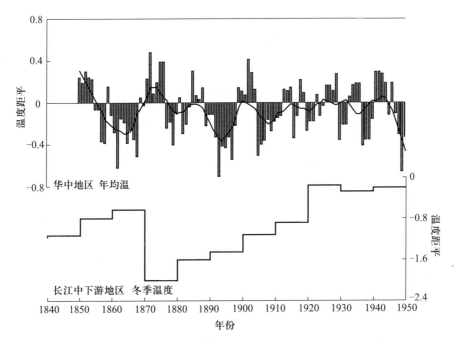

图 1.4 华中和长江中下游地区温度变化对比（1840—1950 年）

资料来源：①华中地区年均温度距平：郑景云、刘洋、葛全胜等《华中地区历史物候记录与1850—2008 年的气温变化重建》，《地理学报》2015 年第 5 期；②长江中下游地区冬季温度距平：Hao Zhi Xin, Zheng Jing Yun, Ge Quan Sheng, et al., "Winter Temperature Variations over the Middle and Lower Reaches of the Yangtze River since 1736 AD", *Climate of the Past*, Vol.8, 2012, pp.1023–1030.

恢复气候变化，目前大多只能利用代用指标研究其变化过程，因此树轮资料成为该区域近代以来气候变化研究的主要依据。天山北麓树轮重建的7—8 月均温和祁连山中段树轮宽度指数[①] 显示，近代西北地区东部和西部温度变化略有差异。但整体来看，东部和西部地区的温度变化与北半球和全国年均温变化趋势具有相似性，均表现出波动上升的变化趋势（如图 1.5所示）。基于树轮、湖泊沉积等数据资料，刘洋等定量重建了 1850—2001 年新疆地区年均气温变化序列。[②] 结果显示：1850—1880 年和 1900—1925 年

---

① 尚华明、魏文寿、袁玉江等：《树木年轮记录的新疆新源 350a 来温度变化》，《干旱区资源与环境》2011 年第 9 期。Liu Xiao Hong, Qin Da He, Shao Xue Mei, et al., "Temperature Variations Recovered from Tree-rings in the Middle Qilian Mountain over the Last Millennium", *Science in China Ser. D Earth Sciences*, Vol.48, No.4, 2005, pp.521–529.

② 刘洋、郝志新、郑景云：《1850~2001 年新疆地区年均气温变化重建与分析》，《第四纪研究》2015 年第 6 期。

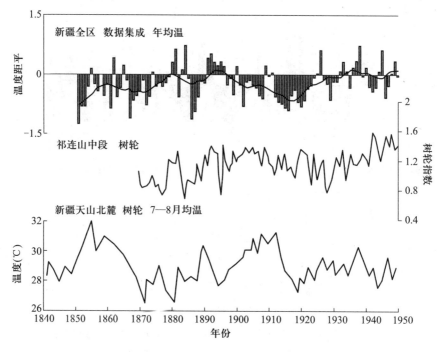

图 1.5　西北地区温度变化特征(1840—1950 年)

资料来源:①新疆地区年均温距平:刘洋、郝志新、郑景云《1850~2001 年新疆地区年均气温变化重建与分析》,《第四纪研究》2015 年第 6 期;②祁连山中段树轮温度指数:Liu Xiao Hong,Qin Da He,Shao Xue Mei,et al., "Temperature Variations Recovered from Tree-rings in the Middle Qilian Mountain over the Last Millennium",*Science in China Ser. D Earth Sciences*,Vol.48,No.4,2005,pp.521–529;③天山北麓 7—8 月均温:尚华明、魏文寿、袁玉江等《树木年轮记录的新疆新源 350a 来温度变化》,《干旱区资源与环境》2011 年第 9 期。

全区年均温低于现今 0.5—1 摄氏度,气候偏冷;1880—1900 年和 1925—1949 年,全区年均温度高于现今平均值,气候偏暖。

第二节 ｜ 降水变化

东亚夏季风是亚洲季风的重要组成部分,其移动规律和强弱变化直接影响我国降水变化。因此,恢复我国历史时期季风强弱变化,重建不同时期全国降水分布模式和降水变化特征,有助于认识和理解降水变化对农业生产、人口数量和经济发展的影响,同时也可为预测我国未来气候变化提供重要参考。

根据英国和美国国家环境预报中心提供的海平面气压资料,郭其蕴等计算了1873—2000年东亚夏季风指数,结果显示:1873—1915年,东亚夏季风指数较低,指示季风强度较弱,自北向南全国降水分布表现为负、正、负;1915—1949年,东亚夏季风指数相对升高,季风增强,降水分布表现为正、负、正。[①]来自陕西大鱼洞的石笋氧同位素值与夏季风指数存在相似的变化特征。[②]如图1.6所示:1885—1915年,石笋氧同位素值偏正,表明季风强度相对较弱;1915—1949年,石笋氧同位素偏负,表明季风增强。由于降水变化受区位、地形和局地气候条件影响较大,我国各区域干旱期和湿润期出现和结束的时间、变化趋势、波动幅度等存在显著差异。因此,我们对我国近代时期的降水变化做分区讨论。

一、东北地区

到目前为止,我国利用树轮资料重建干湿变化研究主要集中于中西部地区,关于东北地区降水或干湿度变化的研究相对较少,仅见呼伦贝尔沙地开展的相关研究。如基于现代樟子松年轮宽度和现代气象参数建立的帕尔默干旱指数(Palmer Drought Severity Index,PDSI)[③],时忠杰等重建的呼伦贝尔地区公元1800年以来的干湿度变化过程[④],为研究我国东北地区近代干湿变化提供了重要参考。呼伦贝尔地区1840—1950年干湿变化指

①　郭其蕴、蔡静宁、邵雪梅等:《1873~2000年东亚夏季风变化的研究》,《大气科学》2004年第2期。

②　Tan Liang Cheng,Cai Yan Jun,An Zhi Sheng,et al.,"A Chinese Cave Links Climate Change,Social Impacts,and Human Adaptation over the Last 500 Years",*Scientific Reports*,Vol.5,2015,pp.12284(1–10).

③　尚建勋、时忠杰、高吉喜等:《呼伦贝尔沙地樟子松年轮生长对气候变化的响应》,《生态学报》2012年第4期。

④　Shi Zhong Jie,Xu Li Hong,Dong Lin Shui,et al.,"Growth-climate Response and Drought Reconstruction from Tree-ring of Mongolian Pine in Hulunbuir,Northeast China",*Journal of Plant Ecology*,Vol.9,No.1,2015,pp.51–60.

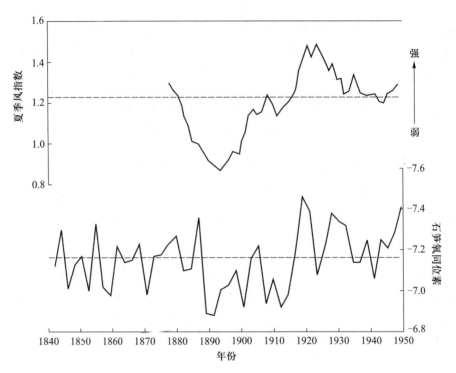

图 1.6　我国季风降水变化趋势(1840—1950 年)

资料来源:①夏季风指数:郭其蕴、蔡静宁、邵雪梅等《1873~2000 年东亚夏季风变化的研究》,《大气科学》2004 年第 2 期;②石笋氧同位素值:Tan Liang Cheng,Cai Yan Jun,An Zhi Sheng,et al.,"A Chinese Cave Links Climate Change,Social Impacts,and Human Adaptation over the Last 500 Years",*Scientific Reports*,Vol.5,2015,pp.12284(1–10).

数显示(如图 1.7 所示):近代以来该区干湿变化呈现出显著的阶段性波动,在 1840—1850 年、1865—1890 年和 1932—1949 年,区域干旱指数偏正,指示气候条件相对湿润;而 1850—1865 年和 1890—1932 年,干旱指数偏负,气候干旱;其中 1850 年前后是该区气候最为干旱的时期,1932—1949 年是该区最为湿润的时期。此外,时忠杰等对树轮宽度指数的周期检验分析显示:在 0.05 显著性检验水平上,该区干湿变化存在 7.2 年、3.9 年、2.7 年、2.4 年和 2.2 年的变化周期;在 0.1 显著性检验水平上,存在 36.9 年、18.1 年和 5 年的变化周期。这表明东北地区干湿变化受西太平洋和北印度洋海表温度、太平洋年代际振荡和北大西洋涛动等共同影响。[1]

---

　　① Shi Zhong Jie,Xu Li Hong,Dong Lin Shui,et al.,"Growth-climate Response and Drought Reconstruction from Tree-ring of Mongolian Pine in Hulunbuir,Northeast China",*Journal of Plant Ecology*,Vol.9,No.1,2015,pp.51–60.

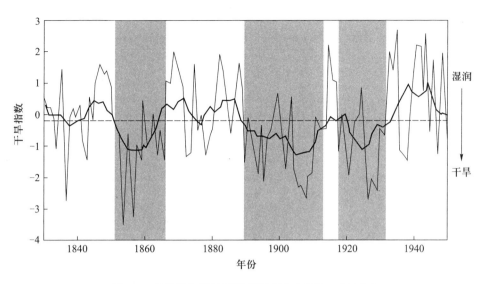

图 1.7　呼伦贝尔地区干旱指数变化(1840—1950 年)

资料来源:Shi Zhong Jie, Xu Li Hong, Dong Lin Shui, et al., Growth-climate Response and Drought Reconstruction from Tree-ring of Mongolian Pine in Hulunbuir, Northeast China, *Journal of Plant Ecology*, Vol.9, No.1, 2015, pp.51–60.

二、黄河中下游地区

基于雨雪档案、现代器测气象记录及农田土壤含水量观测资料,郑景云等定量重建了我国黄河中下游地区的降水变化。结果显示,以 1915 年为界,近代我国黄河中下游地区降水变化可分为两个明显阶段:1840—1915年,区域降水整体较多,但波动幅度较大;1915—1949 年,全区降水量呈波动下降趋势。[①] 各子区降水变化长期趋势基本一致,但不同区域降水总量、峰值和谷值出现时间、变化幅度略有差异(如图 1.8 所示)。

三、长江中下游地区

我国东部地区旱涝分析研究表明,受东部地区季风强弱变化影响,江南和江淮地区降水变化具有明显的反相位关系:当江淮地区气候相对偏湿时,江南地区处于偏干时期;当江淮流域气候相对较干时,江南地区相

---

① 郑景云、郝志新、葛全胜:《黄河中下游地区过去 300 年降水变化》,《中国科学:地球科学》2005 年第 8 期。

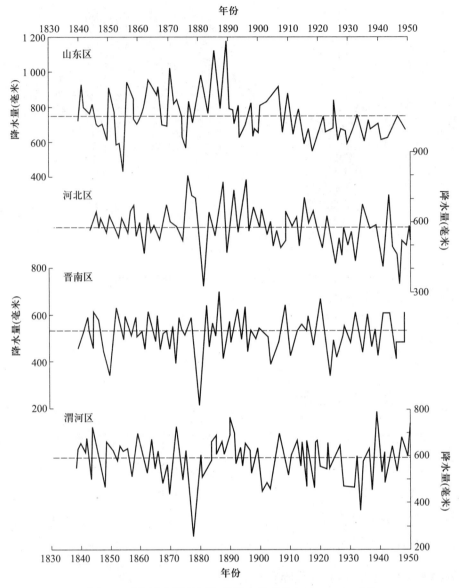

图 1.8　黄河中下游地区年均降水量变化(1840—1950 年)

资料来源:郑景云、郝志新、葛全胜《黄河中下游地区过去 300 年降水变化》,《中国科学:地球科学》
2005 年第 8 期。

山东区:年均降水量为黄河中下游地区最高,达 750 毫米以上。1840—1900 年,降水波动相对剧烈,降
水偏多;1900—1949 年,降水量明显减少,变化幅度减弱。该区降水较多的年份有 1841 年、1856 年、
1863 年、1870 年、1885 年和 1890 年,降水偏少的年份出现在 1852—1855 年、1875 年、1899 年和 1915 年。

河北区:年均降水量为 580 毫米左右。1840—1870 年,降水变化小;1870—1900 年,降水明显增多且
波动幅度加大;1900—1949 年,整体呈波动下降趋势。降水最多的年份出现于 1875 年,其次 1887 年、
1895 年和 1942 年降水也较多;降水偏少的年份分别为 1880 年、1924—1931 年和 1946 年。

晋南区:多年降水量基本持平,无明显趋势性增加或减少,常年在 550 毫米上下波动。1885 年和 1920
年是降水最多的年份,约达 700 毫米;最干旱的年份出现在 1850 年和 1880 年,降水不足 400 毫米。

渭河区:降水变化与晋南区类似,主要表现为年际波动特征,年降水量约为 600 毫米。1877—1878 年、
1901—1903 年和 1928—1931 年,该区降水显著减少,指示干旱事件;1891 年和 1941 年,年降水量明显较高。

对偏湿。①

在我国江淮地区,梅雨出现的早晚和强度与东亚大气环流的季节变化,特别是夏季风的变化密切相关:东亚夏季风偏强,副热带高气压带偏北时,中国东部季风雨带位置多位于华北和华南,梅雨期偏短;东亚夏季风偏弱,副热带高气压带偏南时,雨带多位于长江中下游地区,梅雨期偏长。②基于历史材料和气象站记录,葛全胜等重建了 1840 年至 1950 年我国长江中下游地区梅雨变化的基本特征,结果显示,我国江淮地区梅雨量与梅雨期长度密切相关(如图 1.9 所示)。1840—1850 年、1885—1900 年和 1920—1950 年该区域梅雨强度相对较弱,梅雨期长度及梅雨量均低于历史均值。其中,1920—1950 年是梅雨强度最弱的时期,平均梅雨量低于 200 毫米,梅雨期天数少于 20 天。1850—1885 年和 1900—1920 年,梅雨强度明显增强,梅雨期长度均大于 24 天,降雨量也多在 230 毫米以上。

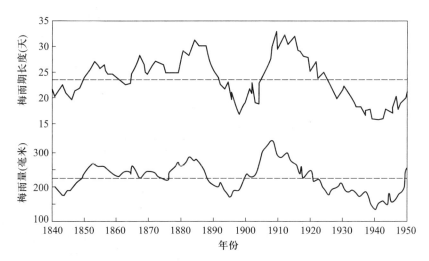

图 1.9 1840—1950 年长江中下游地区梅雨变化的基本特征

资料来源:葛全胜、郭熙凤、郑景云等《1736 年以来长江中下游梅雨变化》,《科学通报》2007 年第 23 期。

① Zheng Jing Yun, Wang Wei-Chyung, Ge Quan Sheng, et al., "Precipitation Variability and Extreme Events in Eastern China during the Past 1500 Years", *Terrestrial*, *Atmospheric and Oceanic Sciences*, Vol.17, No.3, 2006, pp.579—592.

② 葛全胜、郭熙凤、郑景云等:《1736 年以来长江中下游梅雨变化》,《科学通报》2007 年第 23 期。

据此可以推断,在 1840—1850 年、1885—1900 年和 1920—1950 年,我国夏季风强盛,江淮地区降水相对减少,江南地区气候相对偏湿。在 1850—1885 年和 1900—1920 年,夏季风相对较弱,江淮地区降水增多,江南地区气候相对偏干。

四、西北地区

与我国东部地区相比,西北地区经向地域跨度大,不同地区借助代用指标恢复的降水及干湿状况有一定偏差,不同地区进入干旱期或湿润期的时间也存在差异。整体看来,近代时期西北地区东部和西部干湿变化趋势基本相近,大致可划分为三个阶段(如图 1.10 所示):1840—1890 年区域气

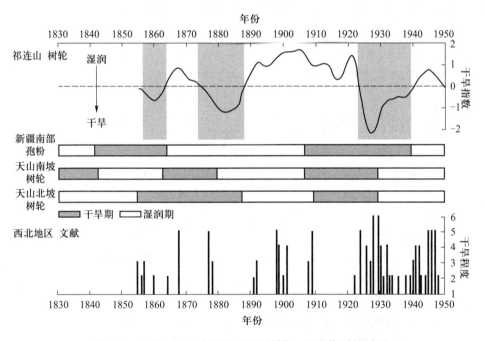

图 1.10　1840—1950 年西北地区干旱期—湿润期时间对比

资料来源:①祁连山干旱指数:Tian Qin Hua,Gou Xiao Hua,Zhang Yong,et al., "Tree-ring Based Drought Reconstruction(A.D. 1855-2001)for the Qilian Mountains,Northwestern China", *Tree-Ring Research*,Vol.63,No.1,2007,pp.27-36;②新疆南部孢粉记录:郭峰、赵灿、赵元杰等《近 400 年来塔克拉玛干沙漠南缘红柳沙包孢粉组合与环境变化》,《古生物学报》2016 年第 1 期;③天山南坡树轮记录:张瑞波、魏文寿、袁玉江等《1396—2005 年天山南坡阿克苏河流域降水序列重建与分析》,《冰川冻土》2009 年第 1 期;④天山北坡树轮记录:陈峰、袁玉江、魏文寿等《天山北坡呼图壁河流域近 313 年降水的重建与分析》,《干旱区研究》2009 年第 1 期;⑤西北地区干旱程度指数:袁林《西北灾荒史》,甘肃人民出版社,1994 年。

候相对干旱，1890—1920 年相对湿润，1920—1949 年整体偏干旱。

在东部区域，祁连山树轮记录提供了 1860—1950 年的干湿变化过程，结果显示这一阶段本区气候经历了三次干湿交替：1855—1865 年、1875—1890 年和 1925—1940 年气候干旱；1865—1875 年、1890—1925 年和 1940—1949 年气候相对湿润，其中 1925—1931 年树轮干旱指数显著偏负，指示极端干旱事件。[①] 天山南北的树轮和南疆地区的孢粉资料记录显示，西部区域干旱期和湿润期起讫时间与东部地区略有不同：1860—1890 年和 1910—1930 年，西部区域气候整体干旱；1840—1860 年、1890—1910 年和 1930—1949 年，气候相对湿润。[②]

第三节 ｜ **主要自然灾害及其影响**

气候变化，尤其是极端气候事件，往往对自然生态系统和人类社会产生极大影响。联合国政府间气候变化专门委员会的气候评估报告显示，工业革命以来，全球温度显著上升，极端气候事件的发生频率、幅度逐渐增加；此外，全球人口数量激增，人类活动对自然生态环境的改造和破坏加剧，都导致自然灾害事件（如洪涝、干旱、飓风、森林火灾等）的发生概率明显升高，影响显著加强。[③]

[①]　Tian Qin Hua，Gou Xiao Hua，Zhang Yong，et al.，"Tree-ring Based Drought Reconstruction（A.D. 1855–2001）for the Qilian Mountains，Northwestern China"，*Tree-Ring Research*，Vol.63，No.1，2007，pp.27–36.

[②]　张瑞波、魏文寿、袁玉江等：《1396—2005 年天山南坡阿克苏河流域降水序列重建与分析》，《冰川冻土》2009 年第 1 期。陈峰、袁玉江、魏文寿等：《天山北坡呼图壁河流域近 313 年降水的重建与分析》，《干旱区研究》2009 年第 1 期。郭峰、赵灿、赵元杰等：《近 400 年来塔克拉玛干沙漠南缘红柳沙包孢粉组合与环境变化》，《古生物学报》2016 年第 1 期。

[③]　政府间气候变化专门委员会：《气候变化 2014 综合报告》，政府间气候变化专门委员会，2015 年，第 3 页。

我国是世界上自然灾害种类最多的国家之一,同时也是自然灾害损失最严重的少数国家之一。[①]晚清至民国时期,随着小冰期气候结束,温度升高,水循环加快,人类活动强度增加,围湖造田、垦殖等行为愈演愈烈;加之战乱频繁,水利设施失修,水土流失加剧,河道淤塞严重。在上述多种因素共同作用下,我国这一时期洪涝、干旱、蝗灾和地震等自然灾害发生的强度与频率急剧上升,对当时的社会结构、农业生产和生存状况产生了巨大影响。

1840—1927年全国自然灾害统计数据显示[②],这一时期我国自然灾害存在以下主要特点:(1)各种灾害爆发频繁、分布范围广。全国(不含新疆维吾尔自治区、西藏自治区和内蒙古自治区)受灾县次合计37 059次,平均每年400余县受到灾害的影响,即全国约1/4的面积受灾。(2)灾害类型繁多,如干旱、洪涝、寒潮、霜冻、虫灾、地震等,且各种灾害在大部分省区均有发生;洪涝和旱灾是爆发最频繁的灾害类型,发生次数明显多于其他灾害类型。(3)灾害分布的区域性显著,不同灾害类型在特定区域发生概率相对较高;如受季风气候影响,黄河中下游地区和江淮地区是洪涝和旱灾爆发最频繁的区域;台风主要影响我国东南沿海区域;地震主要发生于青藏高原东缘和东北缘。

一、洪涝

洪涝灾害是我国爆发频率最高的自然灾害,同时也是造成经济损失最严重的灾害类型。洪涝灾害具有明显的季节性、地域性和突发性等特征。与其他灾害类型相比,洪涝灾害的形成原因既包括自然因素又包括人为因素。

统计资料显示,1800—1950年我国洪涝灾害集中出现在晚清(如表1.1所示);其中1840—1860年是洪涝灾害爆发最为集中的时期;从分布区域上

---

①　秦大河:《中国极端天气气候事件和灾害风险管理与适应国家评估报告》,科学出版社,2015年。

②　鲁克亮:《略论近代中国的荒政及其近代化》,《重庆师范大学学报》(哲学社会科学版)2005年第6期。

表 1.1　1800—1950 年我国不同地区旱涝变化时期对比

区名	区域范围	偏旱期	过渡期	偏涝期
晋陕区	五台山、太行山以西的山西省大部分地区及陕西省	1916—1950	1906—1915	1806—1905
华北区	河北省、北京、天津、河南北部及山西省东部的少部分地区	1921—1945	1901—1920	1816—1900 1946—1950
山东区	山东省	1916—1950	1901—1915	1816—1900
徐淮区	安徽省西部、北部的大部分地区及苏北	1931—1950	1856—1880	1816—1855 1881—1930
长江、钱塘江三角洲区	苏南、安徽省东南部、浙江省北部	1931—1950	1891—1930	1821—1890
华中区	河南省南部、湖南省北部的少部分地区及湖北省	—	1836—1860	1861—1950
湘赣区	湖南省大部、江西省大部、浙江省西南部及福建省西北部的少部分地区	—	1891—1900 1946—1950	1811—1890 1904—1945
云贵区	贵州省大部及云南省	1936—1950	—	1821—1935
两广区	广东省大部、海南省及广西壮族自治区	1881—1905	1906—1950	1816—1881
闽浙区	福建省大部、浙江省东南部、广东省西部、江西省南部的少部分地区	—	1926—1950	1836—1925

资料来源:张丕远《中国气候与海面变化及其趋势和影响①:中国历史气候变化》,山东科学技术出版社,1996 年,第 322~332 页。

看,黄河中下游地区是洪涝灾害的集中爆发区。历史文献记载,道光二十一年(1841),自入夏以来黄河水位暴涨,六月在河南祥符县(今属河南开封)决口,随后大水冲破护城堤直逼省城开封,城下迅速变成一片汪洋,城内外溺毙者不计其数,次年二月末决口才堵住[1]。此次洪涝事件主要影响河南和安徽两省,其他如江苏、江西、湖北等地均有受灾。道光二十二年(1842),黄河在江苏桃源县(今泗阳县)决口达一百九十余丈。[2]道光二十三年(1843),黄

---

[1]　李文海等:《中国近代十大灾荒》,上海人民出版社,1994 年,第 5 页。

[2]　李文海等:《中国近代十大灾荒》,上海人民出版社,1994 年,第 10 页。

河沿途的陕州、新安、郑州等地因为暴雨致河水暴涨漫溢,沿河民房农田均被冲毁。同时,黄河在中牟决口百余丈,由于土壤结构等多种原因,时隔一月之后,决口范围已经宽约三百六十余丈。[①]洪水自北流向东南,夺淮河入洪泽湖,影响范围包括河南、安徽、江苏三省。灾民流离失所,溺死者不计其数,农田绝收,直到次年决口才得以修补合拢。咸丰元年(1851),黄河于江苏丰县决口,殃及山东、江苏两省,此后几年间反复决口堤溃,水患不绝。咸丰五年(1855)黄河于河南铜瓦厢决口改道后夺大清河入渤海,结束了黄河自江苏入黄海的历史。

此外,在民国初期,受气候变化、人类活动以及动荡的政治局势的综合影响,1912—1919 年,全国几乎年年发生大面积洪灾。仅 1917 年,直隶、山东等省大雨多日,河流泛滥,遭受水灾区域达 100 余县,灾民达 500 余万人;京汉、京奉、津浦、京绥等铁路被淹。1931 年,全国范围内再次爆发了大规模洪涝灾害,主要水系的几乎所有流域(包括长江及其主要支流、淮河、运河、钱塘江、闽江、珠江、黄河、辽河、鸭绿江、松花江、嫩江等)均泛滥成灾;约有 40 万人葬身洪流之中,造成了成百上千万灾民衣食无着。[②]

二、旱灾

干旱是所有与气候相联的自然灾害中最严重、广泛的自然灾害[③],不仅会导致农作物减产或歉收而引发饥荒,致使人畜因缺乏足够饮用水而死亡,还有可能引发与旱灾相关联的蝗灾、瘟疫和鼠灾等灾害。

近代我国共发生了三次规模巨大的干旱灾害,其中发生于光绪元年(1875)至光绪五年(1879)的大旱灾,是清朝持续时间最长、受灾面积最广、对社会经济影响最为深刻的干旱灾害,史称"丁戊奇荒"。此次旱灾以山西、陕西、河南、直隶、山东五地为主,并影响江苏北部、安徽北部、湖北北部和四川北部等地区。其直接导致华北地区粮食歉收,粮价急剧上涨;与此同

---

① 李文海等:《中国近代十大灾荒》,上海人民出版社,1994 年,第 16 页。

② 李文海等:《中国近代十大灾荒》,上海人民出版社,1994 年,第 202 页。

③ [澳]E. 布赖恩特:《气候过程和气候变化》,刘东生等编译,科学出版社,2004 年,第 183 页。

时,人口死亡和迁出数量激增,瘟疫频发。据统计,这次旱灾导致华北地区人口约减少 2 200 余万人,其中灾情最严重的山西省和河南省,人口分别减少 818 万人和 748 万人。[①]

1928—1930 年,我国北方大部分省区爆发特大旱灾,严重程度仅次于晚清时期的"丁戊奇荒"。陕西、河北、山东、山西和甘肃等省区自 1927 年起持续大旱,及至 1930 年,大部分地区出现了野无青草、满目皆赤、生人相食的悲惨景象。[②]此外,这次旱灾还引发了蝗灾、瘟疫、鼠灾等其他并发灾害,导致人口损失严重,严重影响农业发展。

1934—1936 年,我国北方再次爆发特大旱灾。1934 年,山西、河北、山东、河南、陕西和甘肃等十余省区先后出现严重旱情;1935—1936 年,干旱范围进一步扩大,波及察哈尔、江苏和安徽等地区。[③]随着旱情的不断加剧,多地瘟疫流行,如四川在连续干旱之后,春瘟流行,"重灾县份,每日死亡二百人左右,轻灾县份亦日死百余人"[④]。

三、风灾

我国近代文献中关于严重风灾的记述相对丰富,其发生区域以东部沿海地区为主,且夏季多以台风为主;此外,大风常与其他灾害并发(如风霾、大雨、冰雹、潮汐等),给当时百姓生活及农业生产造成了极大损失。风灾对农业生产和人民生活产生的影响主要包括三个方面。

一是农业损失。巨大风灾会导致农作物减产或绝收。如清道光二十八年(1848),浙江省永康县(今永康市)"秋大风拔木,禾尽偃"[⑤];江苏省泰兴县(今泰兴市)"夏六月,壬戌飓风作,自寅至申,未巳江暴溢,平地水深数尺,岁大歉"[⑥]。光绪元年(1875),山东省寿光县(今寿光市)"秋七月,谷熟未割,

①　曹树基:《中国人口史》第 5 卷,复旦大学出版社,2001 年,第 647~689 页。
②　王金香:《近代北中国旱灾的特点及成因》,《古今农业》1998 年第 1 期。
③　王金香:《近代北中国旱灾的特点及成因》,《古今农业》1998 年第 1 期。
④　《行政院将开会讨论救济办法》,《申报》1937 年 4 月 27 日。
⑤　光绪《永康县志》卷 11《祥异》,成文出版社,1970 年,第 27 页。
⑥　光绪《泰兴县志》卷末《志余一 述异》,江苏古籍出版社,1991 年,第 7 页。

大风五日，粒委地，贫者扫食之"[1]；昌乐县"秋七月十七日，大风磨谷，三昼夜不息，谷粒殆尽"[2]；费县"七月，大风一昼夜，禾粒刮尽，岁饥"[3]。

二是建筑物损坏。大风会毁坏或摧毁民居、官署和城垣等建筑物，造成巨大经济损失。据记载，清道光三十年（1850），云南省陆良县"元旦日食，二十八日大风拔木，民屋尽圮"[4]。同治十二年（1873）五月，宁夏固原"大风，坏城中回回寺"[5]。同治十三年（1874）夏，云南凤庆县"澜沧江青龙桥桥板被大风毁折，铁缅十六股齐断落江"[6]。

三是人畜伤亡。大风致使居所等建筑物坍塌，往往造成居住其中的人畜伤亡；或是台风造成船只倾覆，引起渔民死伤。同治十二年（1873），广东番禺县（今广州市番禺区）"四月飓风，坏疍户房屋数十家"[7]。同治十三年（1874），浙江丽水县（今丽水市）"四月大风折屋，压死数人"[8]。广东省多地在八月遭受大风侵袭，广州市"八月十二日，飓风并潮大作，坏房屋、船筏无算……澳门坏船千余，溺死万人，捡得尸者七千；香港死者数千"[9]。

四、蝗灾

蝗灾是对我国社会经济影响最大的生物灾害之一。蝗虫导致农作物产品完全遭到破坏，引发粮食短缺饥荒，造成严重的农业损失。近代时期，我国蝗灾集中爆发于咸丰年间和民国时期。

晚清时期，广西、江苏、安徽、浙江等地相继发生区域性旱灾，受干旱事件的影响，又引发了区域性的蝗灾。据统计，咸丰元年（1851）至五年

①　民国《寿光县志》卷 15《编年》，成文出版社，1968 年，第 23 页。
②　民国《昌乐县续志》卷 1《总纪》，成文出版社，1969 年，第 7 页。
③　光绪《费县志》卷 16《祥异》，凤凰出版社，2008 年，第 6 页。
④　民国《陆良县志稿》卷 1《天文志三·祲祥》，凤凰出版社，2009 年，第 6 页。
⑤　赵尔巽等撰：《清史稿》，中华书局，1977 年，第 1620~1621 页。
⑥　民国《顺宁县志初稿》卷 1《大事记》，凤凰出版社，2009 年，第 15 页。
⑦　宣统《番禺县续志》卷 42《前事》，上海书店，2003 年，第 2 页。
⑧　同治《丽水县志》卷 14《兵戎·灾祥附》，成文出版社，1975 年，第 17 页。
⑨　光绪《广州府志》卷 82《前事略八》，上海书店，2003 年，第 43 页。

(1855),广西省境内共计 60 县次爆发蝗灾,平均每年 12 县次。[①] 咸丰六年(1856),蝗灾波及苏浙皖三省,遭受蝗灾的州县达 59 个之多,近三省州县总数的 1/3。[②]

民国时期,蝗灾持续爆发,且几乎连年不断,除 1924 年、1937 年和 1948 年没有发现蝗灾记载以外,其余年份均有蝗灾发生。[③] 从爆发时间来看,1927—1936 年是这一阶段蝗灾爆发最频繁的时期,有 7 年遍及 6 省以上,其中 1928 年和 1929 年蝗灾波及 12 个省份之多,1933 年达 10 个省份。[④] 从爆发区域来看,河北省、河南省和江苏省是蝗灾爆发的集中地区,其次为山东省、浙江省、安徽省和陕西省。频繁发生的蝗灾对当时政局的稳定和社会生产与经济发展产生了破坏性影响。

---

① 鲁克亮:《清代广西蝗灾研究》,《广西民族研究》2005 年第 1 期。
② 闵宗殿:《清代苏浙皖蝗灾研究》,《中国农史》2004 年第 12 期。
③ 胡惠芳:《民国时期蝗灾初探》,《河北大学学报》(哲学社会科学版)2005 年第 1 期。
④ 胡惠芳:《民国时期蝗灾初探》,《河北大学学报》(哲学社会科学版)2005 年第 1 期。

第二章

动植物与生态环境

　　动植物是生态系统的重要组成部分,对人类的生存和发展起着重要作用。但是,在生产活动中,人们的砍伐森林、垦殖等行为破坏了原有的生态。同时,随着乱捕滥猎,野生动物的生存面临着各种威胁。从 1840 年到 1949 年,一些珍贵动植物物种在中国灭绝。[①] 虎是处于食物链顶端的大型肉食动物,其生存状况也受到了严重影响。近代植物的引进和改良也使中国的环境发生了变化,同时,环境的变化又影响了动植物的生长。

---

　　① 云南闭壳龟于 1906 年灭绝,新疆虎于 1916—1920 年间灭绝,中国犀牛于 1922 年灭绝,亚洲猎豹于 1948 年灭绝。

第一节 ｜ 森林覆被变化

近代中国森林覆被变化受自然环境、社会经济等多种因素的影响。其中,森林所处的自然环境条件决定着森林覆被变化的基本趋势,而社会经济因素的作用也产生了一定影响。可以说,近代中国森林覆被变化是多种因素相互作用、共同影响的结果。其中,东北毁林开荒是助推东北地区森林覆被面积缩减的主要原因。

一、北方森林覆被的变化

河北、山西、河南等地开发较早,清代初期,太行山北段尚有小面积杂木林,燕山有小面积次生林,但在修建承德离宫过程中,上述林区遭到过度砍伐。冀北坝上因皇家猎场的缘故,有清一代曾受到保护,但在清末放垦过程中受到严重破坏,木植局也大量砍伐木材,这里的森林几乎被砍光。到民国时期,"除河南嵩山,山西宁武山,山东蒙山、崂山等名山胜地及寺庙,尚保存一部残余林木外,殆无森林之可言"[①]。西北地区的森林主要分布在秦岭、祁连山、贺兰山、天山,以及洮河、白龙江、大通河、黄河上游等区域,林区大多残破不整。近代,我国北方地区除东北森林覆被较多外,其他地区已经没有大面积森林了。

东北林区是中国林木及林副产品的重要生产基地,是黑龙江、松花江等重要河流的水源涵养地,是三江平原、松嫩平原、呼伦贝尔草原粮食和牧业基地的生态屏障,对维护国土生态安全和经济社会发展具有重要意义。清朝建立以后,清政府对东北森林长期实行封禁措施,客观上保护了东北的森林资源,使其在近 200 年的时间里发展良好,基本保持了原始状态。咸

---

① 陈嵘:《中国森林史料》,中国林业出版社,1983 年,第 232~233 页。

丰年间,清政府开放了呼兰局部地区的森林。同治年间,又开放了盛京(今沈阳)东面山场的森林。光绪末年,清政府迫于内外交困的严峻形势,不得不对东北森林实行开禁。"鸭绿江木植公司、黑龙江木植总局等各种形式的木材公司如雨后春笋般纷纷建立,开始对东北森林进行大规模采伐。"[1]这虽然促进了经济的发展,却使东北的森林遭到了严重破坏,导致生态环境的迅速恶化。"随着封禁政策的松弛、放垦政策的实施以及西方列强的侵入与掠夺,东北森林遭到了史无前例的严重破坏,森林面积急剧减少,成为我国近代森林面积减少最为迅猛的地区之一。"[2]到中华人民共和国成立前,东北的林区主要集中在鸭绿江、图们江、松花江、牡丹江、拉林河等流域,以及大小兴安岭,是我国天然林的精华所在。

二、南方森林覆被的变化

近代,我国西南、东南、华中地区的部分地区,森林覆被呈现出面积逐渐缩小的趋势。

西南地区森林覆被较好的是渝东南,林区中熊猫、虎、豹等大型动物较多。清末民初以来,随着人口的增加,以及辟林耕田,这一地区的森林植被遭到破坏。不过,"由于渝东南地区位置较为偏远,其森林植被较巴蜀腹地仍是较好的"[3]。桐子、乌桕、生漆、茶、松脂等林副产品还相当丰富,到20世纪40年代,四川盆地的森林覆盖率有的地方高达30%,如黔江县(今重庆市黔江区),有的地方在18%以上,如酉阳县(今重庆市酉阳土家族苗族自治县)。但"渝东南地区森林植被总体而言覆盖率在不断降低,分布区域在不断缩小,生物多样性在不断减少,生态密闭性在不断减弱"[4]。

---

① 张文涛:《清代东北地区林业管理的变化及其影响》,《北京林业大学学报》(社会科学版)2010年第2期。

② 何凡能、葛全胜、戴君虎等:《近300年来中国森林的变迁》,《地理学报》2007年第1期。

③ 张铭、李娟娟:《历史时期渝东南地区森林植被变迁研究》,《长江师范学院学报》2015年第6期。

④ 张铭、李娟娟:《历史时期渝东南地区森林植被变迁研究》,《长江师范学院学报》2015年第6期。

清代,四川、贵州及云南仍有藏量相对丰富的森林资源。"尤以云南与交趾连界之处,有连亘数百里之大森林,其主木为滇柏。"[①] 到 1947 年以前,西南林区森林分布主要在岷江、青衣江、大渡河、金沙江、雅砻江、澜沧江、怒江、元江、乌江、清水江、渠江、赤水河、都柳江等流域之山谷地区,其中,以四川、西康、云南三省的蕴藏量最多。

东南林区包括台湾、海南岛、闽江、汀江、九龙江、莽山等林区,除台湾外,森林面积均散布于各处,没有大面积林区。

华中地区的森林,除湖北之神农架及湖南、江西两省较为丰富外,其余地区均零星分布。关于近代中国森林的储蓄量,陈嵘进行了统计(如表 2.1 所示)。

表 2.1 1947 年中国各区森林面积及蓄积量统计表

区域	森林面积 / 千市亩		森林蓄积 / 千立方尺
	联总农业处统计	农林部统计	
东北区	457 739	976 000	100 706 139
西北区	17 940	17 940	4 754 669
西南区	94 464	94 464	42 454 017
东南区	144 363	144 363	7 267 635
华中区	35 362	37 125	1 595 113
华北区	5 987	5 987	5 219

资料来源:陈嵘《中国森林史料》,中国林业出版社,1983 年,第 233~237 页。

三、森林覆被变化对环境的影响

近代以来,无论是清末还是民国时期,中国毁林面积大于植林面积,森林覆被率越来越低。我们引用何凡能等学者推算的 1850 年、1900 年和 1949 年我国各省区森林面积及覆盖率数据,来说明晚清至民国这一时期全国森林覆被变化的特点(如表 2.2 所示)。

---

① 陈嵘:《中国森林史料》,中国林业出版社,1983 年,第 54 页。

表 2.2 1850—1949 年中国各省区森林面积推算值

地区	1850 年		1900 年		1949 年	
	面积 / 万公顷[①]	覆被率 / %	面积 / 万公顷	覆被率 / %	面积 / 万公顷	覆被率 / %
全国	18 780	19.6	16 013	16.7	10 901	11.4
京津冀	193	9.0	129	6.0	69	3.2
山西	109	7.0	78	5.0	37	2.4
内蒙古	1 390	12.0	1 158	10.0	914	7.7
辽宁	466	32.0	435	29.0	306	21.0
吉林	1 077	57.0	1 001	53.0	529	28.0
黑龙江	3 546	78.0	3 182	70.0	1 819	40.0
沪宁	25	2.3	16	1.5	8.5	0.83
浙江	438	43.0	417	41.0	397	39.0
安徽	276	20.0	221	16.0	180	13.0
福建	693	57.0	632	52.0	583	48.0
江西	684	41.0	634	38.0	584	35.0
山东	68	4.5	60	4.0	30	2.0
河南	66	4.0	50	3.0	30	1.8
湖北	632	34.0	558	30.0	502	27.0
湖南	911	43.0	762	36.0	617	29.2
粤琼	720	34.0	615	29.0	466	22.0
广西	713	30.0	546	23.0	379	16.0
川渝	2 660	47.0	2 263	40.0	1 134	20.0
贵州	459	26.0	369	21.0	211	12.0
云南	1 722	45.0	1 416	37.0	1 148	30.0
西藏	221	1.8	184	1.5	149	1.2
山西	329	16.0	309	15.0	268	13.0
甘肃	630	14.0	405	9.0	141	3.1
青海	317	4.4	231	3.2	146	2.0
宁夏	23	3.5	13	2.0	6.6	1.0
新疆	412	2.5	329	2.0	247	1.5

资料来源：根据何凡能、葛全胜、戴君虎等《近 300 年来中国森林的变迁》(《地理学报》2007 年第 1 期) 的相关数据编制而成。

----

① 1 公顷 =10 000 平方米。

从表 2.2 可以看出,1850—1949 年,全国森林覆被整体呈下降趋势,至 1949 年,全国森林覆被率仅为 11.4%,森林面积减少了约 7 879 万公顷,其中 1850—1900 年减少面积约 2 767 万公顷,1900—1949 年减少面积约 5 112 万公顷。各省区也均呈现逐渐下降的特点,东北、西南和东南地区是森林面积缩减最为严重的三个地区,其中吉林、黑龙江、四川覆被率减少都超过了 20%,辽宁、湖南、广西、贵州、甘肃等地也超过了 10%。1850—1900 年,各省区森林覆被下降并不迅速,西南和东北是这一时期森林破坏最为严重的地区。1900—1949 年各区域森林覆被率锐减,主要分布在东北、西南和东南三区,其中东北地区和西南地区尤为突出,这 50 年中,黑龙江和吉林森林面积分别减少了约 1 363 万公顷和 472 万公顷,森林覆被率分别锐减了 30% 和 25%;川渝区森林面积减少了约 1 129 万公顷,森林覆被率锐减了 20%;这三个省份森林面积减少量占全国总减少量的 58%,尤其是黑龙江、吉林、辽宁和四川等省区,下降幅度分别达 30%、25%、8% 和 20%。

形成上述特点的原因是多方面的:清政府的开禁政策加速了毁林垦殖,同时,大规模无序采伐树木加快了毁林的速度。而近代战争毁林用林,使我国森林生态恶化达到了顶峰。尤其是东北地区,受沙俄和日本的掠夺最为严重。日俄战争以后,日本占领东北 40 余年,成立了多个造纸厂、林业公司,对林木进行掠夺式采伐,造成了极其严重的后果。王希亮认为:"从东省铁路修筑及通车,到 1945 年日本投降,东北森林经历了 47 年殖民开发。殖民开发的最大特征是以攫取木材为第一目的,完全不考虑森林资源的永续利用及其引发的次生灾害。此期间,至少有 1 400 万公顷林地变成荒山秃岭,4 亿多立方米木材被砍伐运出,消耗林木资源 8 亿立方米以上,鸭浑两江流域、东省铁路沿线几乎变成荒山秃岭,长白山、老爷岭、张广才岭、大小兴安岭等重点林区,大多变成蓄积量少、材种质量差、可采资源下降的过伐林区。"[1] 同时,东北森林被大规模砍伐,还给人类生存带来了隐患。"栖息在这片森林中的虎、豹、野猪、蛇、鹰等动物,失去了赖以生存的生

---

① 王希亮:《近代中国东北森林的殖民开发与生态空间变迁》,《历史研究》2017 年第 1 期。

活环境。东北森林中的动物食物链也开始发生变化。其中,在东北森林中处于动物食物链底端的东北原生物种中的貂、獭尤其是灰鼠等由于没有了鹰、蛇等天敌,开始大量繁殖,带有鼠疫病菌的灰鼠通过同田鼠和家鼠的接触,将鼠疫病菌通过田鼠、家鼠间接地感染给了人类。"[1]西北地区的毁林开荒、滥砍滥伐造成植被破坏,大片森林和草原消失,沙漠南移数十里到数百里不等。华北地区由于人口规模急剧膨胀,导致河北、山东、河南等地森林遭到砍伐与破坏。西南地区山民多毁林种田,待土地肥力消退,则移至他处。东南地区状况相似,森林被破坏造成了无可挽回的损失。大规模垦荒,使水土流失严重,生态环境不断恶化,大量的野生动物失去了生存环境,分布区域逐渐缩小,数量及种类大量减少,甚至灭绝。

第二节 ｜ 虎群分布及其变化

晚清时期,随着清政府垦殖政策的推行,大量森林被砍伐。进入民国以后,军阀混战,外敌入侵,大片森林被焚烧和破坏,全国森林及草原面积迅速减少,出现了人与动物争夺资源的紧张关系。由于动物栖息的环境发生了巨大变化,许多大型兽类的生存受到严重影响。"毋庸讳言,近300年中,中国大动物如麒麟、斑马、猩猩等人为猎杀过多,以致这些物种在中国大地上消失;凶猛动物如虎、豹、熊、罴、大熊猫、象、猿、猴、野马、扬子鳄等数量锐减,一直延续到20世纪末尚未能抑制。"[2]大型动物老虎在许多地区未能避免种群数量锐减的命运。不过,我国近代东北、东南、华中、西北都有老虎活动记录,虎群较为集中的地区是东北,其次为陕西、华南、江西和新疆等地。

---

① 王铁军:《近代以来东北地区森林砍伐对生态环境的影响简析》,《社会科学辑刊》2013年第6期。

② 郭郛、[英]李约瑟、成庆泰:《中国古代动物学史》,科学出版社,1999年,第533页。

一、虎群的分布

（一）东北虎

东北虎也叫西伯利亚虎，主要分布在我国东北的小兴安岭和长白山区。清代中晚期，东北地区东北虎的数量还很多，主要分布在黑龙江的伊春、带岭、双鸭山、密山、张广才岭、虎林、铁力、依兰、汤原、宁安、桦川、林口、东宁、桦南、宝清、尚志、穆棱、巴彦、呼兰、宾县、讷河、完达山等地，吉林的敦化、通化、辉南、集安、安图、珲春、抚松、汪清、和龙、延吉、长白、漫江等地，以及内蒙古的呼伦贝尔等地。直到1935年，辽宁还有少量虎、豹、狼、熊等大型动物。与明清时期相比，20世纪初，东北虎的种群开始急剧减少，"中国境内的东北种群数量由上千只锐减到500只左右"[①]。

（二）新疆虎

新疆虎主要分布在新疆中部塔里木河与玛纳斯河流域，是里海虎的一个分支。晚清时期，在北疆和南疆均有新疆虎活动的痕迹。光绪年间，在北疆的昌吉县（今昌吉市）南山草木丛杂，虎、豹、狼、鹿、黄羊、大头羊等常在这一带活动。昌吉位于天山北麓，准噶尔盆地南缘，"南山"指天山山脉，当时这里草木茂盛，动物种类丰富。光绪三十四年（1908）《塔城直隶厅乡土志》记载，达尔达木图河上游两岸，苇柳交生，鹿、兔、水獭等动物常常在阿林淖尔湖边苇林中觅食。"苇柳交生""阿林淖尔湖边苇林"，既体现出其植被特点，又体现出其水源条件，"鹿、兔、水獭"则表明了虎可以猎食的丰富动物资源，正是虎在这些地区有所分布的原因。在南疆地区，《新疆纪略》记载，库尔喀拉乌苏（今新疆乌苏）地方所出者有黄羊、狐狸、野猪、野驴子、野骆驼、老虎等类，野猪、老虎甚多。英吉沙尔（今英吉沙县）一带也有獐、豹、野鹿、野猪、老虎等动物。在喀喇沙尔（今焉耆回族自治县）所管之克尔里地方，老虎不仅数量甚多，而且常在大路上往来行走。

（三）华南虎

华南虎亦称中国虎，是老虎的鼻祖，主要生活在我国中南部，如华东、

---

① 曹志红:《老虎与人:中国虎地理分布和历史变迁的人文影响因素研究》,陕西师范大学2010年博士学位论文。

华中、华南、西南等地。20世纪90年代初,据林业部门调查,我国福建、广东、湖南、江西等地的野生华南虎还有二三十只,目前几乎灭绝。

历史上,陕西是华南虎聚居的主要区域之一,尤其是陕南位于我国南北过渡带,气候从亚热带向暖温带过渡,秦岭和巴山在海拔2 000~3 000米左右,又有丰富的水资源,植被茂密,动物资源丰富,是"多虎"地区。明清时,随着北方移民的南下,垦荒活动危及虎群的生存,人虎矛盾突出,虎群数量减少。江西在明清小冰期以前,虎群数量很多,之后因气候异常,境内的老虎大批死亡。此外,居民采伐森林导致老虎栖息地面积缩减,老虎被逼退到人迹罕至的深山老林。为觅食,老虎有时下山祸及居民,群虎为虐的情况时有发生。福建对华南虎的记载在清末民初还很多,主要分布在闽西。湖南的虎群主要分布在湘西山区。

二、虎群的生存状态与环境

无论是东北虎、新疆虎还是华南虎,近代以来其生存状况急剧恶化,新疆虎甚至灭绝。东北虎是现在世界上生存的老虎中体形最大者,对环境的要求较高,喜欢栖息在海拔1 000米以下的低山密林中,在森林生态系统中处于消费者的峰顶地位。近代以前,东北虎广泛分布在东北的森林地带。清末"新政"时期,清政府对东北实行放垦政策,大批内地移民来到东北,人口增加的同时大量开垦荒地,而且还深入山林进行采伐,使森林分布由平原地带向山区退缩,加重了生态环境的压力。由于东北虎的活动领地很大,通常成年雄性虎的活动范围为300~600平方千米,在生活环境受限的情况下,东北虎数量骤减,分布地域大大缩减。

森林是东北虎的主要栖息地,中国古代在东北虎分布区域内人们对土地的小面积开发,对东北虎的生存没有造成太大的影响,但清代中期以后,人们对土地利用的变化,不断压缩东北虎的生存空间。据资料记载,清中期,松嫩平原还是森林密布,东北虎时常出没。但放垦后,经过移民开发,森林被毁,东北虎的数量逐渐减少。之后,俄日的掠夺式开发破坏甚为严重,铁路沿线的木材被采伐殆尽。东北沦为日本殖民地期间(1931—1945),约有1亿立方米的木材被掠往日本。历经半个多世纪的滥砍滥伐,原本森林遍布的东北地区,森林覆盖率严重降低,森林被破坏严重影响了东北虎的生存环境。"大面积土地被开垦,广袤的原始森林在面积和质量方面持续下降,而东北虎分布区的面积也不断缩小。"[1]除自然环境外,人为的捕杀活动对东北虎也造成了十分不利的影响。捕虎技术和工具的改进,如猎枪的出现,使东北虎的生存遭遇到前所未有的威胁。由于栖息环境的变化和人为的过度捕猎,"野生东北虎的种群数量日益稀少,其分布区也明显的缩小"[2]。同样的原因,新疆虎在1916年以后就很少见,故中国新疆虎的灭绝时间大概在1916—1920年之间。[3]清末,华南虎的活动领域也逐渐缩小,虎群数量急剧减少,甚至在一些地区已经看不到华南虎活动。

虎群生存状况的恶化乃至灭绝与植被破坏有直接关系,因为在生态系统中,生物和非生物是互相联系、互相制约的。昆虫、鼠、鹿等食草动物依赖绿色植物生存,而食草动物又成为虎、豹等食肉动物的物质能量来源,通过这些营养关系,自然界的生物和非生物联成一体。由于植被破坏导致的栖息地缩减和食物链脆弱,是加剧老虎种群减少甚至灭绝的根本原因。

第三节 ｜ 外来物种的引进与改良

我国对外来物种的引进历史悠久,汉朝传入中国的就有苜蓿、西瓜、大蒜、核桃、石榴等植物和蔬果品种。明清时期外来物种的引进进入高峰期,其中,美洲作物的传入最为明显。民国时期,人们希望通过外来物种的引进与改良改变中国农业落后的局面。下面以河北省为例,纵观近代外来物

---

[1]　李钟汶、邬建国、寇晓军等:《东北虎分布区土地利用格局与动态》,《应用生态学报》2009年第3期。

[2]　马逸清:《东北虎分布区的历史变迁》,《自然资源研究》1983年第4期。

[3]　关于新疆虎的灭绝时间,学界有不同的观点。曹志红认为新疆虎于1916年灭绝的说法不可信,详见曹志红:《老虎与人:中国虎地理分布和历史变迁的人文影响因素研究》,陕西师范大学2010年博士学位论文。

种的引进与环境变迁的关系。

一、政府开展物种引进工作

民国初期,中央政府即通过行政手段整合资源,设立专门农业实验机构,颁布农业法令,提高人们对农业改良和引进良种重要性的认识。北洋政府时期中央政府设立了农林部,并在农林部设农林司专门负责农业改良和物种引进工作。此外,还在农商部设立农林传习所。该所的主要工作为:"一、耕作及种树事项。二、巡回讲演及冬期教授事项。三、实习农具肥料及农产林产制造及改良事项。四、学习兽疫预防事项。"[1] 与此同时,各地也开始建立农业机构。以行政区域大小划分,主要为省级农业机构(主要是各省实业司和实业厅)和县级农业机构(实业科)。直隶省级农业组织机构和试验场所主要有直隶实业厅公署、直隶农业讲习所、直隶公立农业专门学校、直隶农事试验场等。直隶实业厅公署负责农业政策实施和规划;直隶农业讲习所是沟通试验和引种的桥梁,试验效果良好的种子、新作物通过该组织推广到农户手中;直隶公立农业专门学校则是培养农业人才的摇篮;直隶农业试验场属于实践部门,负责进行良种的培育和试验。

北洋政府时期,河北物种引进工作的重心是新的经济作物。因财力、精力有限,蔬菜水果等作物仅停留在试验阶段,并没有推广到农户。引进的重点则为美棉(也称陆地棉、长绒棉)。之所以改进棉花、引进良种,农商部认为中国原产棉花纤维短、直径粗,产量低,如果推广美棉,不仅产量可以增加,销路亦可扩充。民国时期在农商部任职的张謇对美棉极其推崇,1915 年成立了部属的棉业试验场,第一试验场设在直隶正定。1920 年改为部立第四棉业试验场。此后,中央政府给各省实业厅发布训令,采用免费分发美棉种子等办法进行推广。据农商部棉业处统计,1920 年,河北沧县、南皮、河间、吴桥、迁安、抚宁、滦县、遵化等 20 多个县区都种植了美棉,

---

[1] 《农商部农林传习所传习员规则》,蔡鸿源主编:《民国法规集成》第 10 册,黄山书社,1999 年,第 41~42 页。

到 1921 年,河北省美棉种植面积达 31 万亩[①],虽然在全省棉花总种植面积中所占比例不足 10%,但其影响开始显现出来。[②]此外,农业教育机构和农业推广机构进行了蔬菜、水果等作物的栽种推广试验,如直隶公立农业专门学校所出版的《农学月刊》就连续登载了引种番茄、葱、豌豆等品种的试验报告和调查结果。他们通过与日本、朝鲜一些农学试验场的交流来获取最先进的种子。直隶农业讲习所则通过走访调查,记录了黄瓜、落花生、苜蓿、蓝靛等常见作物的引种栽培情况,附有农民详细的种植心得和学生报告书,具有很强的操作性和指导性。

南京国民政府建立后,作物引进和农业改良工作更加细化、更具科学性。

首先,1930 年 8 月,南京国民政府出台了"实施全国农业推广计划",提出了推广目标和实施的具体方式,这一政策推动了全国农业机构的建立。从 1932 年调查统计的农事试验场看,河北 1926 年 2 个,1928 年 2 个,1929 年 3 个,1930 年 19 个,1931 年 5 个。[③]农业新技术推广工作在全国逐渐开展。其次,实业部替代了北洋政府时期的农商部和其下辖的农业司。中央农业推广委员会、中央农业研究所负责整体农业推广计划的制定、部署实施、作物的研究、改良和试验,地方机构为各省实业厅或建设厅。在河北,虽然很多农业专门机构由于政权的改变被裁撤或者更名,但是新的农业管理部门(实业厅)、农业教育部门(河北省立农学院)和农业试验推广部门(农业推广所、农业试验场、种子繁育场圃、示范农田、农场指导办事处等)逐渐建立起来,而农业试验推广部门大大超过了北洋政府时期的数量。据实业厅的统计,到 1931 年,河北除了建立 6 个省立农事试验场(天津、北平、易县、大名、徐水、兴隆),5 个林务局(兴隆、邢台、获鹿、易县、昌平),共有约 150 个县区建立了二级或三级农业试验或推广部门,其中面积较大的天津试验场为

①　1 亩 ≈ 666.7 平方米。

②　农商部棉业处编:《京兆直隶棉业调查报告书·后编·直隶》,中国国家图书馆藏本,1920 年,第 97~108 页。

③　章有义编:《中国近代农业史资料》第 3 辑,生活·读书·新知三联书店,1957 年,第 928 页。

600亩,定县试验场占地为400亩,较小的沙河、唐县、安国为几亩到几十亩不等,而各试验场每年的经费也从一百多元到一千多元不等。[1]这些地方性的推广试验机构,共同组成了河北引进作物,改良农业的协作体系。农业管理部门负责行政决策,农业教育部分负责理论研究,而农业推广所和农业试验场负责推广。1934年,曲阳、井陉等地农业试验场进一步改为农业推广所,说明河北省地方政府已经意识到了良种引进、试验、推广的有机统一。

北洋政府时期的棉花引进,只是为南京国民政府的大规模推广活动做了必要的铺垫,新品种脱里思棉(Trice)的引进,开始于北洋政府末期,在河北大规模推广是在1925年之后。根据调查结果,1935年河北绝大多数农学试验场和农业推广所都引进了脱里思棉,并在此基础上开始改良试验。良乡县(今北京市房山区良乡镇)引入的美国脱里思棉,"栽植成绩尚佳"[2]。安国县(今安国市)也引入了美国的脱里思棉,"颇合当地栽种"[3]。许多美棉种子并不是通过外省或者外国引入,而是由省立农场直接分配,说明河北省的作物引进推广工作,开始形成了省立试验场牵头,各地区机构积极参与、具体实施的完整体系。从河北省实业厅公布的《本厅分发各县美棉籽棉试种成绩表》看,截至1931年,河北美棉种植初见规模,播种量54 491斤,栽培面积12 121亩,收获量1 149 761斤。[4]虽然与中棉相比还有很大差距,但是作为一个新品种来说,美棉的引种和推广已经取得了相当不错的成绩。

除棉花外,各地试验场和推广机构还尝试对玉米等河北常见粮食作物的新品种加以引进和试验,品种以美国和意大利原产品种为主。1931年4月15日,河北省实业厅召开了第一次农业会议,其中第八项议题提到:"各试验场每年应选择地方需要最多之重要农产物数种,以廉价分给各县,如

---

[1]　河北省实业厅视察处编:《河北省实业统计》,河北实业厅第四科发行,1934年,第149~151页。

[2]　冀察政务委员会秘书处编:《冀察调查统计丛刊》1936年第2期,第146页。

[3]　冀察政务委员会秘书处编:《冀察调查统计丛刊》1936年第3期,第136页。

[4]　河北省实业厅视察处编:《河北省实业统计》,河北实业厅第四科发行,1934年,第68页。

美棉花、绿茎棉、外国玉蜀黍、陆稻、小麦、谷子等。"[①]具体试验地点有省立第一、第三、第四农事试验场,第一、第二林务局附属农场。到1935年,县区的农事试验场几乎全都进行了玉米的推广试验,比较常见的品种有美国的"黄风格""银王""扁白玉",还有意大利所产"马齿"玉米。在蔬菜、水果方面,保定省立农学院所栽培的草莓品种,产量有八九百斤,供不应求。但这些品种并不适应乡间偏僻地区的生产要求,很难进行营利性的种植,茄子、黄瓜等蔬菜品种也只是在农事试验场的试验项目中零星出现。

在注重农业生产的同时,河北省还提倡养蜂等副业生产。1914年,天津农事试验场从日本引进了意大利蜂。北伐战争后,河北已经逐渐形成了养蜂的风气。1929—1930年,农矿厅给东明、南宫、威县、武邑、献县等十余县发布训令,提倡意大利蜂养殖,购买蜂群。河北实业厅也在第一次农业会议上提出提倡副业议案:"近年养蜂都重在繁殖蜂群,现拟添黄蜂一群,与中国蜂群比较试养,注重采蜜。"[②]1928—1930年,河北的养蜂事业因为养蜂知识匮乏,蜂种参差不齐,缺乏管理,造成巨大损失,出现了濒临破产的局面。针对这一情况,1931年4月16日,实业部发布《实业部商品检疫局蜜蜂进口检验规程》,之后,河北省实业厅颁布了《蜂种制造取缔规则》,从法律上对养蜂事业进行保护,避免了对外国低劣蜂种的盲目引进,促进了河北蜂业的健康发展。通过不懈的努力,至1931年,河北外国蜂群数(主要是意大利蜂)已经达到了108 091群,产蜜量为1 750 650斤,产蜡数量为12 403斤[③],引进蜂的各项指标已基本和本地蜂种处于同一水平线。

二、民间组织与物种引进

在政府进行引进工作之外,许多民间组织机构或个人在推进物种引进和改良方面也作出了一定贡献,比较突出的组织机构是中华平民教育促进会和华北养蜂协会。

---

① 河北省实业厅编:《河北实业公报·纪要》,1931年第1期,第19页。
② 河北省实业厅编:《河北实业公报·纪要》,1931年第1期,第31页。
③ 河北省实业厅视察处编:《河北省实业统计》,河北实业厅第四科发行,1934年,第107~112页。

1923年，中华平民教育促进会成立，简称"平教会"，主要在河北地区活动。1926年秋，晏阳初选定河北定县（今定州市）为"华北实验区"，从事平民教育和乡村建设。其中，在定县工作的重要内容之一就是推广、试验和引进新的植物、动物品种。平教会的植物育种工作开始于1927年，先期试验的品种包括"小麦、谷子、棉花、高粱、玉蜀黍、豆子及马铃薯7种作物"[①]。这些工作在经费、管理、人才上远逊于河北省政府的省立农场，平教会的植物改良工作，除育成平字棉外，并无太大的成绩。

在家畜和家禽养殖方面，平教会另辟蹊径，取得了不错的效果。河北实业厅第一次农业会议上讨论的第三农业试验场计划中，曾提出了"巴克夏种猪推广繁殖计划"[②]，平教会从1928年开始将其付诸实施。在"生计教育"具体实施办法中，晏阳初明确提出了夏季8、9月宜训练动物生产，如"选择鸡种，改良鸡舍，选择猪种，改良猪舍，家畜疾病的防治与疗治"[③]。在猪种改良上，平教会认为波支猪种"是现在世界上最好的猪种，并且是最大的猪种，最有名的猪种，它的血统非常的新"[④]。与民国政府试验场所注重的引进繁殖不同，定县猪种引进的重点是将引进猪种与本地猪进行杂交，取二者之长，比政府的引进工作更进了一步。从试验成果来看，经过改良后，"本地猪每年可增全实验区（定县全县）农民猪肉的生产，达二百万元至三百万元的价值"[⑤]。试验成绩相当明显。平教会根据这一经验将杂种养猪法推广到了全县试验区，到1932年，在对第一区某中等大小村庄所做的调查汇总中，波中杂交猪的数量达到了24头。[⑥] 在全村猪总量中所占比例已经达到了1/5，而到1934年波支猪种第一代改良猪推广到定县已达15 959头，共

①　中华平民教育促进会编：《植物生产改进组作物改良报告》，中国国家图书馆藏本，1935年，第1页。

②　河北省实业厅编：《河北实业公报·纪要》，1931年第1期，第45页。

③　《中华平民教育促进会定县实验工作报告》，宋恩荣编：《晏阳初文集》，教育科学出版社，1989年，第95页。

④　中华平民教育促进会总会华北试验区普及农业科学部推广股编：《改良定县猪种》，全国图书馆文献缩微中心，2008年，第5~6页。

⑤　中华平民教育促进会总会华北试验区普及农业科学部推广股编：《改良定县猪种》，全国图书馆文献缩微中心，2008年，第9页。

⑥　李景汉编著：《定县社会概况调查》，上海人民出版社，2005年，第634页。

增益 58 367.48 元。[①] 工作已经初见成效。

养鸡为农村重要的副业,平教会于 1930 年前后开始了新品种力行鸡的改良和引进工作,改良试验的高峰是在 1931—1934 年,各年份力行鸡的繁育数量为:1930 年 528 只,1931 年 581 只,1933 年 134 只,1934 年 384 只,建造改良鸡房者有 54 家,产孵记录者有 43 家。[②] 平教会还将 1 000 余只繁育出来的力行鸡与本地鸡进行杂交,成果颇丰。平教会对新鸡种的引入不仅停留在单纯物种上,还注重配套设施的完善和引进经验的总结,尤其强调与当地实际相结合,其工作的科学性和技术性大大增加。从专家在 1932 年 3 月对定县一个村庄的调查数据看,“全村 120 家,养鸡者计 76 家,共养鸡 294 只,其中有改良种之白色力行鸡为 20 只。”[③] 虽然力行鸡与将近 300 只的本地鸡数量无法相比,但说明一些农户对这一新品种有了初步认识,开始进行饲养,这得益于平教会推广工作的大力开展。

此外,曾仙舟、陈德广、张德田等人,于 1929 年 4 月成立华北养蜂协会,“以提倡改良养蜂事业为目的”,“研究关于养蜂之必要事项”。[④] 协会以《华北养蜂月刊》为喉舌,以河北为工作重点区域,开展了民间外来蜂种引进、养殖的研究。协会在其创办的杂志《华北养蜂月刊》《中国养蜂月刊》上发表了《饲养中蜂和意大利蜂之我见》《饲养中国蜂之商榷》《中蜂与意大利蜂之比较》等文章,探讨蜂种引进问题。李俊、曾仙舟等人还撰写了一些通俗性、指导性比较强的著作,如《最新养蜂学》《养蜂实务志》和《蜂王养成法》等。在实践方面,黄子固、李玉衡等还出资建立了养蜂场,用科学方法养蜂,形成了很好的示范效应。该协会还积极同政府部门联系,为重振河北养蜂业建言献策。但是,由于政府在推动养蜂事业方面缺乏必要的组织,成效不大。

---

① 《定县实验区工作概略》,宋恩荣编:《晏阳初文集》,教育科学出版社,1989 年,第 116 页。

② 《中华平民教育促进会定县实验工作报告》,宋恩荣编:《晏阳初文集》,教育科学出版社,1989 年,第 99~100 页。

③ 李景汉编著:《定县社会概况调查》,上海人民出版社,2005 年,第 634 页。

④ 《华北养蜂协会简章》,《华北养蜂月刊》1933 年第 4 卷第 9、10 期合刊,第 1 页。

三、基督教会与物种引进

清末民初,西方在华基督教组织开始尝试引进新的外来物种,改良农作物品种。

1883 年,杨家坪苦修会圣母神慰院在涿鹿杨家坪成立,祈祷、劳作、攻读为苦修会的宗旨。除祈祷外,苦修会就是学习攻读和垦荒劳动。通过几十年的苦心经营,苦修会把涿鹿大小荒坡沟岭,垦出了层层梯田。培植大扁杏树,嫁接各种梨树、苹果、香果、葡萄、蜜桃、核桃等果树。到 1933 年,"杨家坪共种植大扁杏树两万株,各种果木树数千株,杏仁、核桃远销国外"①。此外,苦修会还饲养了荷兰黑白花奶牛百余头,瑞士高产奶羊百余只,奶制品、黄油奶饼行销北京、天津、上海等地。繁养意大利蜜蜂百余箱,每年产纯蜜数千斤外销。以上几项收入,"不仅满足了全院修士神父们的生活需要,而且还扶助了远近部分农民的生活。每年除从山外购进小米杂谷百余石周济贫民及医治疾病外,还传授培育果木葡萄等技术。另外,为了蔬菜自给,修士、神父们劈山引水,开渠二千余米。除进行园田灌溉外,还设计喷泉,美化环境。并设计安装了水磨机,利用水力磨制各类面粉。成功地试种了小麦,引进了旱稻"②。

20 世纪 20 年代,基督教会以金陵大学和岭南大学农学院的设立为契机,在全国范围内开展农业传教活动。除这些教会大学外,各地方差会和农业宣教会也投身于此。为此,教会"用展览、演讲、示范、家庭试验等方法把学校培育的纯粹良种和改良种子分发给农民"③。从 1901—1920 年的统计数字来看,在河北从事农业宣教活动的差会有昌黎的美以美会、北京的协和事业会、邢台的北美长老会、通县(今北京市通州区)的美国公理会。进入 20 世纪 30 年代后,以美以美会、华北公理会、伦敦会等差会为主。其中,

---

①　侯本如、钟志廉:《杨家坪苦修会散记》,《涿鹿县文史资料选辑》第 1 辑,中国人民政治协商会议河北省涿鹿县文史资料征集委员会编印,1985 年,第 94 页。

②　侯本如、钟志廉:《杨家坪苦修会散记》,《涿鹿县文史资料选辑》第 1 辑,中国人民政治协商会议河北省涿鹿县文史资料征集委员会编印,1985 年,第 94 页。

③　中国社会科学院世界宗教研究所编:《中华归主》(下卷),中国社会科学出版社,1987 年,第 940 页。

华北公理会在通县(潞河)樊家庄设立了乡村服务部,是河北农业传教的典型。

差会在试验区还推行农民生计教育和品种改良工作。农作物方面,引进了莴苣、番茄等新品种,牲畜方面,则引进了来亨鸡和波支猪。与此同时,有基督教背景的农业教育机构也直接进行了新品种的引进推广活动。1924年,金陵大学农学院成立推广部,派出大量推广人员到河北巡回演讲,推广作物。在良种引进本地化的过程中,金陵大学农学院扮演了重要角色,从政府到民间组织都对其推崇备至,对河北棉产业有着深远影响的金氏棉、爱字棉和脱字棉,大多都来自金陵大学农学院的培育基地。

四、引进物种的影响

(一)引种组织者的协作

政府、民间团体以及基督教组织,在对物种引进工作的手段、方式方面各有千秋。政府主要依靠人才、资金和行政权力,保证整合现有资源,无论是引进手段,还是农事试验场所设立的数量、投入的资金,都远远超过其他途径的物种改良工作。民间团体进行物种引进、推广的地域范围和基督教农业传教相差无几,因其拥有中国本土的世俗背景,决定了其在中国乡村农民间的认同和受欢迎度要高于基督教组织的农业传教。尽管平民教育促进会的许多核心成员有基督教背景,但从未将自己所从事的工作定义为基督教农业传教。基督教虽然看到了传教要与中国实际相结合的重要性,喊出了农业传教的口号,但受其传播时间较短、文化差异较大、实践经验不足的限制,影响范围较小。与平教会等组织首要注重品种推广不同,基督教的农业传教首先建立起较健全的教育体系,培养了一批农业人才,也为自身进行农业试验提供了场所。金陵大学农学院、岭南大学农学院,不仅对基督教当时的农业传教事业有所帮助,也造福了我国农业。

当然,三者是互为补充的。事实上,政府层面的物种引进很大程度上只注重了量而忽视了质,除省立农事试验部门有一定成绩之外,其他地方农业推广引进机构都没有什么实效。政府也承认,"河北省县立农场,尚属不少。已调查者计有45处。惟大都经费不足,设备简陋,虚有其名,无裨实际。"[①] 平教会定县实验区的试验工作,给混乱中的物种引进事业开辟了新路,政府在官方报刊上刊登其试验经验,为其试验大开绿灯。中央农事试验场、华北农产研究改进所,都与平教会有过密切的合作。在人才方面,基督教的农业教育与农业传教为政府提供了人力资源和智力支持,国立学校和试验站不但对金陵大学和岭南大学育成的品种直接引进,还聘用其毕业生。在河北省立农学院所作的河北农业组织的总结中,不但提及了平教会的一个实验区(定县)、两个试验农场(瘟神庙和翟城村),还提到了基督教背景的一个实验区(昌平汇文神学院的乡村试验区)和数个教会中附设的农场(如美以美会等)。抗日战争爆发前,河北地区物种引进工作呈现出政府牵头,民间团体和基督教组织共同参与推动的局面。政府负责统筹调控,民间团体和基督教组织查漏补缺,切实实践,这种良好的联动作用一直保持到抗日战争爆发。

(二) 物种引进对经济的影响

新物种的引进会带来农业生产及相互关系的变化。美棉、美国玉米、蜜蜂、波支猪等新物种,对河北经济的影响是十分明显的。据 1934 年统计,河北玉米产量和种植面积在当时均居全国第四位,产值为大洋 8 100 万元。棉花面积和产量均居全国第六位,产值为大洋 6 000 万元。[②] 与此同时,河北物种退化现象十分严重,尤其是西方农学引入中国以后,人们意识到通过引进新型品种,可使旧有品种的产量、质量进一步改善。如高邑县引种美国花生品种,"近年风气大开,以大花生粒大出油且多,农人极表欢迎,而小花生几被淘汰矣。"[③] 其中影响最明显的是美棉的引入,在三河县(今三河市),懒棉亦被称为洋棉花,纤维稍粗,而产量较倍于小籽棉,其籽可以制油,县境内种植这种棉花的人逐渐增多。在河北三个产棉区(西河区、御河区和东北河区)中,美棉种植产量在 1933 年分别达到了当地总产

---

① 农矿部农政司编:《农业推广·调查篇》,中央农业推广委员会发行,1934 年第 7 期,第 4 页。

② 孙醒东:《河北农业之现状》,《河北通俗农刊》,1934 年第 1 卷第 1 期,第 9~11 页。

③ 直隶农业讲习所辑:《直隶农业讲习所农事调查报告书·树艺篇》,全国图书馆文献缩微中心,2006 年,第 139 页。

量的 14.76%、49.08%、59.54%；1934 年，美棉产量所占比例分别为 28.87%、39.19%、65.79%[1]，几占半壁江山。全面抗战爆发前，河北有 70% 的棉田都种植了新品种，可见美棉发展之迅速，影响之广泛。美棉也成为一些地区农民致富的主要途径，在产棉大县清河县，美棉总产额约占全县物产总额的一半以上，大量棉花运销至天津、济南等处，为清河第一富源。美棉不仅在种植业上给当地农民带来了新的选择，也在纺织加工业上给他们带来了新的发展机遇，其对经济增长的拉动作用不可低估。

新物种引入引发了中国传统种植制度、种植结构的改变，还导致人们饮食结构和饮食习惯的改变。以棉花种植为例，"植棉的一年一作需要较好的灌溉和土壤条件，棉花是春播作物，生育期长，很难加入华北的二年三作体系中去，也不能与二年三作制相结合形成三年四作制"[2]。由此，在美棉种植面积越来越大的同时，河北植棉区的粮食生产大幅度减少，许多原来自给自足的地区，开始依赖粮食作物输入，这成为南京国民政府推广美棉所面临的困难之一。当然，在种植技术、生产技术方面，新作物也促使农民开发新的生产技术，如在甘薯种植上发展了留种技术，在棉花种植上发展了稀植和整枝技术，花生种植上发展了清棵技术等。

（三）物种引进对环境的影响

与积极的社会经济效益不同，民国时期物种引进对环境的影响也有消极方面，除农作物自身特质外，特种保护及引种后评估意识薄弱，推广手段盲目、混乱，政府监管不力，配套设施的不完善，都是物种引进对环境产生消极影响的原因。

物种引进的经济效益是显性的、迅速的，对环境的影响却是隐形的、缓慢的、深远的。人们常常因为眼前的利益而忽视其日后的影响，民国时期一味引种美棉、美国花生等作物，不但对土壤的肥力产生了掠夺式榨取，而且挤占了本土农作物的种植空间，使其逐步走向了消失的境地。而一些缺乏监管的引种物种在引入或栽种后的表现也不尽如人意，种群退化严重，

---

① 河北省棉产改进会编：《河北棉产汇报》1936 年第 7 期，第 3~4 页。

② 王建革：《传统社会末期华北的生态与社会》，生活·读书·新知三联书店，2009 年，第 116 页。

杂交时有发生。如民国初期对意大利蜂的引入,虽然曾使河北养蜂业出现了短暂的发展高峰,但其对环境的影响也是巨大的。意大利蜂进入河北后,与本地中华蜜蜂出现了不兼容性,导致中华蜜蜂在 20 世纪濒临灭亡,进而影响了许多原本依赖中华蜜蜂传粉的本地植物,破坏了植物的多样性。此外,"意大利蜂不加选择地传粉还导致了植物疾病的传播和植物物种杂交现象的出现,对本地野生动植物资源产生了危害"[1]。更为严重的是,一些外来物种日后甚至成为人们耳熟能详的外来入侵生物。如 20 世纪 30 年代中国引进的水葫芦,之后数十年中人们一直将其作为猪饲料。时至今日,水葫芦已经遍及中国大大小小的河流和水域,成为难以根治的有害外来生物。

---

① 　季荣、谢宝瑜等:《从有意引入到外来入侵——以意大利蜂 Apis mellifera L. 为例》,《生态学杂志》2003 年第 5 期。

第三章

农业与生态环境变迁

　　农业垦殖与生态环境的变化有密切关系。近代中国，垦区面积的扩大一定程度上解决了一部分人的生存问题，但也对生态环境造成了严重破坏，形成了土地荒漠化趋势。为改变干旱的土壤，人们开始推广凿井技术。随着凿井技术的不断提高，水井在灌溉农田方面发挥了重要作用，部分地区的农业生态环境得以改善。随着中外科技文化交流的增多，近代西方农业新技术传入中国，一方面提高了单位面积农业产量，另一方面对生态环境产生了一定的影响。尤其是化学肥料传入我国以后，一方面增加了土壤的肥力，提高了粮食产量，另一方面造成了土壤的板结等问题，对土壤环境造成了一些负面影响。

第一节 ｜ **农业垦殖与生态环境**

清末，随着人口的增加，人地关系逐渐紧张，清政府开始推行移民垦殖政策。移民对边疆荒地的开发短期内缓解了人地矛盾，促进了农业发展，收到了一定的经济效益。但从长远看，垦殖导致植被破坏、水土流失、土地沙漠化现象严重、灾害频发等一系列问题，造成了这些地区生态环境的恶化。

一、农业垦殖区的扩大

清末，清政府实行开禁政策，在许多地方设立垦务机构，农业垦殖面积迅速扩大。本节主要就蒙古、新疆、陕西、甘肃、青海等地的农业垦殖情况进行研究。

（一）对蒙古地区的垦殖

清末，张之洞、胡聘之等大臣曾经上书清政府，建议开垦蒙古地区以增加财政收入，清政府采纳了大臣们的建议，将开垦蒙地作为一项政策确定下来。此后，对于如何垦殖，两广总督陶模、山东巡抚袁世凯、山西巡抚岑春煊等大臣纷纷上奏陈明自己的主张。

光绪二十八年(1902)四月，清政府任命贻谷为垦务大臣，赴内蒙古西部办理垦务。到任后，贻谷在绥远城设立了垦务大臣行辕和督办蒙旗垦务总局，又在丰镇、张家口、包头分设察哈尔右翼丰宁垦务局、察哈尔左翼垦务总局、西盟垦务总局等垦务机构。此外，贻谷还在各旗建立垦殖机构，派官管理，全面放垦，并清丈乌兰察布、伊克昭两盟、察哈尔左右翼、归化城土默特旗等地官私牧场土地。

为加快垦荒速度，贻谷将清理旧垦与开放新垦同时进行。具体办法是由垦务局派员会同各旗总管核定垦地价，并令垦户限期缴纳押荒银两。到光绪三十一年(1905),察哈尔八旗及其境内官私土地已大体丈放完毕。察哈尔左翼四旗放垦土地 20 000 余顷[①],右翼四旗放垦土地约 24 800 余顷。光绪三十四年(1908),伊克昭盟放垦的土地也已基本丈放完毕。清末十年,清廷在蒙古西部放垦土地计 8 万余顷。蒙古东部的垦田主要在东蒙南部地区,尤其是沿边地区。清末"新政"时期,清政府宣布解除东北蒙地(除呼伦贝尔外)禁令,准东北三将军设官局,主持各蒙旗开荒,形成了清末十年东部官放蒙地及其他官垦、屯垦的垦地高潮。

对于蒙古东部的垦殖,光绪二十八年(1902),黑龙江将军奉旨成立总理黑龙江扎赉特等部蒙古荒务总局,主持扎赉特、杜尔伯特和郭尔罗斯后旗的垦荒事务。从当年开始丈放嫩江两岸土地,至光绪三十一年(1905),共丈放土地 45 万余垧[②]。光绪二十八年(1902),科尔沁右翼前旗设蒙荒行局,制定了《领荒招垦章程》《蒙荒更定章程》,开始丈放土地。至光绪三十年(1904),已丈放了洮儿河一带的土地 62.5 万余垧。到光绪三十四年(1908),又陆续丈放土地 30 万余垧。光绪三十二年(1906),科尔沁右翼中旗设行局,制定《放荒章程》,丈放了北自茂改吐山,南至得力四台,西北到阿力加拉噶一带,共丈放毛荒 64 万余垧。光绪三十四年(1908),为加强防务,开辟姚南府至辽源州之间的官道,制定了《洮辽站荒规则》,放垦官道两旁各 10 里土地 8.3 万余垧。另加其他地带丈放的 8.67 万余垧土地,以上两处共丈放土地 16.9 万余垧。

(二) 对新疆的垦殖

清政府统一新疆后,首先对新疆北部地区进行开垦。之后,不断加强该地区的垦殖移民工作。

道光年间,北疆开发重点转向伊犁地区。究其原因,主要是驻防官兵逐渐增多,同时从内地流入伊犁的人口不断增加,粮食十分紧张。为减轻国家财政负担,清政府决定就地解决粮食问题,伊犁地区掀起了垦殖热潮。当时重点开垦了塔什图毕及三道湾、阿卜勒斯、阿齐乌苏等地,使伊犁新增耕地近 50 万亩,增加税粮 3 万余石,税银 4 000 余两。之后,清政府要求各

---

① 1 顷 =100 亩。

② 东北多数地区 1 垧约合 15 亩,西北地区约合 3~5 亩。

地积极仿效,开垦热潮从北疆发展到南疆。道光二十四年(1844),阿克苏、乌什、吐鲁番、库车、喀什噶尔等地相继奏请开垦,但由于清朝统治者对南疆治理戒心重重,对开垦南疆没有积极支持,对开垦的土地实行停工候旨的政策,直到林则徐任职新疆时这一政策才得以继续推行。在林则徐的督促下,几年间库车垦田就多达18万亩,吐鲁番、叶尔羌、喀喇沙尔垦田在15万亩到11万亩之间,喀什噶尔、乌什、阿克苏、和阗大体相同,垦田在10万亩左右。

光绪十年(1884),新疆建省后,省长刘锦棠为吸引内地无地、少地农民前来垦荒,制定了《新疆屯垦章程》。该《章程》规定:(1)不论父子共作,兄弟同居或雇伙结伴,均以两人为一户,每户给地60亩。(2)官借籽种粮三石,置办农具银、建房银、耕牛两头,合银24两,每户月给菜银一两八钱,口粮面90斤。(3)成本银当年还半,次年全还。额粮自第三年起征半,次年全征。(4)设屯长、屯正,委员请领成本,督察农工。与乾隆时的政策相比,政府拨给农民的土地数量及安置待遇更优厚。唯升科年限缩短,以满足征粮需要。到光绪三十一年(1905),全疆报部升科地亩计约10 349 323亩。农业开垦使农业耕作面积不断扩大,但同时也破坏了生态环境。"巴尔楚克所赖之水乃玉河以及浑河之水,在巴尔楚克垦区扩张以后,资灌其地之河流包括玉河(叶尔羌河)、喀什噶尔河和提孜拉普河,以及发源于英吉沙尔的岳普尔湖水,到了光绪年间,竟'苦乏水源'。"[①]

(三)对陕甘青的垦殖

同治、光绪年间,陕甘地区民族矛盾尖锐,农民起义时有发生,当地的农业发展受到很大影响。不仅原有荒地得不到开垦,而且已垦熟地大都荒废。为了恢复生产,同治四年(1865),陕西巡抚刘蓉制定《营田章程》12条,清查所谓"叛产""绝产"等荒地,兴办营田。到同治六年(1867),共垦荒田4 100顷。之后,在陕北地区采取了"招徕民众,筹给籽种,贷给耕牛、农具,劝导垦种"等措施。光绪四年(1878),关中地区也实行招民垦殖的办法,从湖北、山东、河南等地招徕流民拓垦,使陕西的耕地面积进一步增加。在甘

---

① 邓一帆:《清代新疆塔里木河流域的农业开发及生态影响研究》,西北农林科技大学2017年硕士学位论文。

肃,道光二十四年(1844),陕甘总督奏请专办招垦,立限升科。后清政府又责成邓廷桢专门办理招垦事宜,当年十一月,邓廷桢详细调查甘肃各属荒地,设法招垦。对青海的垦殖分为农业区开垦和对草原的开垦两方面,而以对草原的开垦为重点,清政府采取了一系列优惠的垦荒政策来鼓励农民垦荒,土地新垦数不断增加。西北地区对草原的大规模开垦是从光绪三十四年(1908)开始的,西宁办事大臣庆恕会同陕甘总督升允,呈奏举办青海垦务,清政府派员前往黄河沿岸勘察蒙藏民居住地区的可垦之地,并在西宁设垦务机构,厘定垦荒章程,拨给垦费,派专人负责管理。由于西北黄土层较浅,所以进行垦殖对土层的侵蚀很大。垦殖不仅使西北地区易变沙漠,而且对黄河流域的生态环境造成了较大影响。

(四) 对东北的垦殖

晚清时期,持续不断的国内外战争使清朝社会动荡,财政困窘,民众流离失所。为稳定社会秩序,清政府对东北实行从弛禁到全面开放的政策,招徕内地农民来东北垦殖。

咸丰十年(1860),清政府批准黑龙江的呼兰地区局部开放。翌年,黑龙江在蒙古尔山(今木兰、巴彦一带)建设旗厂屯田,到1879年,共丈放毛荒1 190 008垧,呼兰地区的土地开发进入迅速发展时期,呼兰北部的绥化、兰西一带也逐渐开放。1865—1895年,共丈放生、熟地262 535垧。咸丰九年(1859),绥芬河、乌苏里江等处山场也相继被开垦。光绪二十一年(1895),黑龙江通肯河也允许开禁,准旗人汉人一律垦种。

咸丰十年(1860),吉林将军奏请开垦吉林乌拉、阿勒楚喀、双城堡等处禁荒,得到清政府批准,吉林正式宣布弛禁,进入招民开垦时期。光绪七年(1881),西围场全部开放。到光绪十二年(1886),该围场已有升科地112 798垧。光绪四年(1878),开始丈放阿克敦城(今敦化市)一带官荒。几年后,珲春招垦局垦地达26 634垧,宁古塔招垦局垦地达12 400余垧,穆棱河垦地达600余垧。光绪十一年(1885),清政府把图们江沿岸划为朝鲜移民专垦区,设立垦局,成效显著。到甲午战争前,吉林所垦荒地达1 379 013余垧。光绪末年,清政府进一步调整边疆政策,鼓励大规模垦殖,集中开放了珲春、和龙、安图、抚松等地,长白山区得到初步开发。

二、农业垦殖对生态环境的影响

边疆地区的开发一定程度上增加了地方政府财政收入,解决了一部分人的生活问题,但对土地的垦殖破坏了当地的生态环境。

(一)破坏森林资源

康熙后期,人口空前增长。为了解决生计,平原已无地可耕的农民把目光投向丘陵山地、林区等,原本茂密的森林受到严重破坏。晚清时期,砍伐森林所造成的后果十分严重,整个东北地区的森林破坏程度加剧,大部分森林被砍伐殆尽。尤其是俄日侵入东北后大肆掠夺森林资源,沙俄不仅通过《中俄瑷珲条约》《中俄北京条约》,强行割占了我国东北一百多万平方千米的土地,还大量砍伐黑龙江右岸、乌苏里江左岸以及松花江沿岸我国境内的森林作为汽船航行的燃料。在修建中东铁路时,沙俄又将自满洲里到绥芬河一千多千米长的铁路沿线的森林砍伐殆尽,还胁迫清朝将中东铁路两侧大片林地长期租借给沙俄木材商人进行掠夺性采伐,使铁路沿线更大范围的森林遭到严重破坏。

此外,沙俄还对鸭绿江及图们江流域的森林进行强盗式采伐,使鸭绿江右岸我国境内及图们江支流许多地方变成光山秃岭。日俄战争后,沙俄在东北的势力被削弱,东北丰富的森林资源成为日本攫取的主要对象之一。日本在东北成立了鸭绿江采木公司,垄断了鸭绿江与浑江流域的森林开采权后,接着又成立了南满洲铁道株式会社,从俄商手中夺过在大兴安岭免渡河与海拉尔河流域上游的木材采伐权,之后迅速将掠夺森林资源的足迹伸向图们江、松花江、牡丹江、拉林河等河流域及完达山、张广才岭以及大小兴安岭等林区,使上述各林区的森林遭到更加严重的破坏。日本对东北森林生态环境的破坏一直延续到了伪满洲国时期。

在经历了晚清长期的滥垦以及俄、日等国的滥伐之后,东北森林资源受到严重破坏。资料显示,1942年,东北的森林面积仅剩300余万公顷,较之清代中期减少近三成;森林蓄积量也只有36亿立方米,较清代中期减少了2/5。根据中华人民共和国成立前夕东北人民政府经济委员会的调查材料,到20世纪40年代末,东北地区未经采伐利用尚保持大面积原始森林状况的林区,仅有大兴安岭北部森林面积525万公顷,蓄积量约为7.5亿立方米;小兴安岭森林面积1 178万公顷,蓄积量约7.5亿立方米;长白山森林面积3万公顷,蓄积量约为0.7亿立方米。这三处林区总计面积约1 706万公顷,蓄积量约15.7亿立方米。

在西北地区遇到了同样的问题,为了生存,人们砍伐森林,开垦草地。他们毁林开荒,伐木烧炭。到光绪三十二年(1906),宁夏固原一带已经呈现出官树砍伐罄尽,山则童山,野则旷野的状况。清前期尚保持有较好森林生态的天水地区,至清中叶时森林生态也已失去平衡。"由甘肃岷县至天水之间约220余公里的路程,仅岷县马坞镇西才有一段未开辟的老林。由天水至宝鸡间约170公里的路程,所谓老林竟然已完全开辟。"[①]大量森林被砍伐开垦成农田,带来了水土流失等一系列环境问题。

(二)土地退化严重

东北自古就被称为"黑土地",是世界三大黑土带之一。清末,随着移民垦殖政策的推行,"北大荒"变为"北大仓"。但是过度开发使东北的黑土发生了质的变化,集中表现为黑土退化、侵蚀和流失,有些地区甚至出现了荒漠化。东北平原土壤肥沃,以黑土、黑钙土和草甸土为主,土壤养分储量比我国其他地区高2~5倍。以上三类黑土在东北地区分布很广,尤其松嫩平原及其四周的台地低丘地带,是黑土的集中连片分布区。北起黑龙江省的嫩江县,南至吉林省的四平市,西到大兴安岭山地东西两侧,东达黑龙江省的铁力市和宾县,总面积约202 524.5平方千米,这三类黑土合计占耕地总面积的67.56%。

人们对土地的垦殖过程,同时也是土壤原有结构被破坏的过程。正是由于晚清以来的大规模移民和土地开垦,使东北地区在几千年里发育的黑土层,开始出现人为破坏和退化剥蚀的现象。黑土在地质构造和环境区位上存在一定的脆弱性,因而在垦殖黑土过程中,人类付出了巨大的资源环境代价。未垦黑土生长着十分茂盛的草甸植被,几乎没有土壤侵蚀,也见不到冲刷沟。但开垦为农地以后,自然平衡受到破坏,引起土壤冲刷,被称为水蚀。由于黑土质地黏重,并有季节性冻层,底层土壤透水不良。夏季

---

① 史念海:《黄土高原历史地理研究》,黄河水利出版社,2001年,第496页。

降水高度集中,地势起伏不平。因此,每年春季的融冻水和夏秋降水一时无法从土层中迅速下渗,形成大量的地表径流,造成土壤冲刷。长期实行粗放的土地垦殖和耕作,缺乏合理的防护措施,更加速了土壤侵蚀的过程,黑土的风蚀也日益严重。经过冬季长时间的冻结,黑土的表土一般都很疏松。东北地区每年春季又干旱多风,这种疏松的表土便随风吹起,引起风蚀。而且土壤耕翻后,由于孔隙度增大,通透性变好,加快了土壤中空气的交换、土壤微生物活动和土壤养分的释放。同时,黑土被翻耕后表层疏松,也加速了黑土区土壤风蚀和黑土的退化过程。

历史上曾经是肥沃的草原草甸或森林草甸环境,发育了极为肥沃的黑土层。正是这黑土层吸引了无数的移民在东北进行大规模的农垦。然而,黑土层之下即为厚层的泥沙土,一旦丧失了黑土层的保护,其下的沙物质会很快活化。清末至民国时期,东北的黑土地被大量放垦,人类在该地区的不断开发,逐渐破坏了地表的自然植被。特别是清末东北人口数量激增,在黑土区东部的山前丘陵和波状平原区域,绝大部分土地已被开垦为农田。毁林、毁草、开荒等人类活动使天然林木植被大量减少,草原面积所剩无几。原来稳定的森林、草甸草原生态系统转化为脆弱的农田生态系统,失去植被涵养水源和保护土壤的作用,使土壤遭受地表径流的冲刷,水力侵蚀加重。在黑土区西部,由于超载放牧和开垦土地,草原退化和植被破坏现象严重,削弱和丧失了植被对土壤的保护。长期的垦荒,已经使东北的黑土层在风力的吹扬下剥蚀殆尽,从而使东北黑土地地区成为中国荒漠化较为严重的地区。在曾经是水草丰美、雨量充沛的东北地区出现沙漠,是大自然对人类活动的惩罚。

其实,现今我国的诸多沙漠原来都是一片美丽的草原,陕北的毛乌素沙漠就是一个典型。清代中晚期,许多移民到这里垦殖,到 1842 年,陕北的垦殖已较清初向北推移了一百多里。为种庄稼,人们连草原上防沙护林的沙蒿等植物也被挖掘殆尽,导致日益严重的沙漠化。清代,西北森林植被遭到毁灭性破坏最突出的地区当属陕西,"尤其是位于汉水上游的陕南山区"[1]。如今这里已经没有了昔日的深林茂树、软草和肥美之地,没有植被保

---

[1]　赵珍:《清代西北生态变迁研究》,人民出版社,2005 年,第 236 页。

护,一遇大雨,极易造成水土流失。

(三)自然灾害频发

清代垦殖所造成的生态恶化到民国时已暴露无遗,垦殖对森林和草原的破坏,使植被覆盖率大大降低,尤其是那些不宜垦殖的土地被过度开发,因生态环境的脆弱而导致自然灾害频发,使生态环境更加脆弱,导致了更加频繁的自然灾害。根据清代陕南水旱灾害不完全记录显示,道光二十二年(1842)九月,汉江旬阳段暴发特大洪水。咸丰二年(1852),汉水暴涨,旬阳县西关被冲。次年,天降"红沙"。同治九年(1870),汉水溢,冲毁大量房屋庐舍。光绪年间,旬阳县几乎每隔两三年不是旱就是涝,灾情不断。光绪二年(1876),"甘肃大旱,各郡饥民聚集秦州者数十万"[1]。据统计,清朝至民国时期(1644—1949),陕西地区共发生旱灾189次,比例为1.62,是三年两旱,大旱灾以上灾害共45次,平均6.80年1次,占旱灾总数的23.81%。[2]明至民国时期(1368—1949),陕西和甘宁青地区水涝灾害发生年为348年、296年,平均1.67年和1.93年中有一年发生水涝灾害,与旱灾发生比例接近。[3] 随着人们对西北地区的农业开垦,灾荒也随之呈现增多的趋势。

总之,自晚清以来清政府重点推行的农业垦殖,虽然在当时取得了一定的经济效益,但开垦地大都为生态脆弱地区,不加节制地开垦破坏了当地的生态环境,造成了森林面积缩减、水土流失、土地沙漠化、灾害频发等严重后果。

第二节 | **水井与农业生产环境**

随着灌溉技术的进步,为了提高生产效率,人们开始在有条件的地方

---

① 李文海等:《近代中国灾荒纪年》,湖南教育出版社,1990年,第349页。

② 袁林:《西北灾荒史》,甘肃人民出版社,1994年,第67页。

③ 袁林:《西北灾荒史》,甘肃人民出版社,1994年,第115页。

凿井,以摆脱对江、河、湖、泊、泉等自然水源的依赖,改善了农业生产环境,对调节北方旱季用水发挥了重要作用。本节主要剖析近代华北、西北地区的水井与农业生产环境的关系。

一、华北地区凿井与农业

(一)凿井的原因

水是生命之源,也是农业发展之基础,可以说,"水利是华北农业生产上最大的一个锁钥。"[①] 在北方的大部分地区,"水量适否,不仅是农业繁枯的条件,而且是农业生死的条件"[②]。华北属于旱作农业区,该区域地形、光热等条件适于棉花、小麦等多种农作物的种植,但气候条件有不利于农业生产的因素,主要表现在两方面:一是雨量偏少,河北南部、河南北部和山东西北部地势低平,且是山东丘陵地的"雨影区",使其成为华北平原上突出多旱区域。二是一年中各季雨量分布不均,以北京为例(如表 3.1 所示),北方春季普遍少雨,大部分地区 3—5 月降水量占全年降水量的 14% 左右,加上春季气温升高快,多风,蒸发增加,很容易形成春旱。春季正是华北地区冬小麦抽穗拔节、灌浆的关键时期,也是棉花、杂谷、高粱等作物播种和出苗阶段,春季雨量的多少很大程度上决定了一年作物的产量。华北地区不仅雨量分布不均,而且雨量年际变化率较大。

表 3.1　1841—1953 年北京平均降雨量统计表

季节	月份	雨量/毫米	占全年比重/%
全年		628	100
春季	3—5	57	9.1
夏季	6—8	478	76.1
秋季	9—11	83	13.2
冬季	12—2	10	1.6

资料来源:张兰生编《华北旱涝的成因和防治》,中国青年出版社,1964 年,第 8 页。

---

①　应廉耕、陈道编著:《以水为中心的华北农业》,北京大学出版部,1948 年,序第 2 页。
②　应廉耕、陈道编著:《以水为中心的华北农业》,北京大学出版部,1948 年,序第 2 页。

雨量的不足与不均,制约了农作物生长。1939 年,旱灾和水灾严重影响了华北地区农作物的播种与生长。以河北省的棉花种植为例,这年河北省因春旱棉田种植面积大减,出现了大量废田,造成了较大的经济损失(如表 3.2 所示)。1940 年,在华北棉产改进会的推动下,华北的棉花种植面积有所增加,皮棉产量比 1939 年增收 27%,但因全年降水量不均,旱涝叠加,造成了大面积废弃棉田。河北省废田 74 万亩,占播种面积的 16%。山东省废田 200 万亩,约占播种面积的 59%。[①] 同时,灌溉用水的不足,已经成为限制农业增产的首要因素。所以,要在春季雨量不大的华北地区提高单位面积产量,做好灌溉工作是十分必要的。

表 3.2　1939 年华北因水灾旱灾废弃棉田损失之估值统计表

省份	项目						
	种植面积 / 亩	废田面积 / 市亩				因上项灾害损失之棉产额 / 担	损失总值之估计 / 元
		因旱发生者	因水发生者	小计	应当种植面积 /%		
河北省	4 453 092	564 900	1 318 099	1 882 999	42.28	479 600	33 572 000
山东省	2 332 184	342 151	228 100	570 251	24.45	148 265	10 378 550
河南省	653 840	44 586	28 473	163 059	24.93	42 232	2 956 240
山西省	464 250	71 505	30 645	102 150	22.00	19 643	1 375 010
总计	7 903 366	1 023 142	1 695 317	2 718 459	34.39	689 740	48 281 800

资料来源:马仲起《近年来华北棉产之概况》,《中联银行月刊》1943 年第 5 卷第 3 期。

备注:(1)损失之棉产数额系按各省平均每亩产量而推算者。(2)总值之估计每担以 70 元计算。

为应对雨量不足和不均及地表水不足等问题华北各省在农业灌溉方面采取了许多措施,其中,凿井是较有效的措施之一。华北大规模凿井是在日军侵华期间,日本为满足侵华物资需求,对华北地区农业采取"中"、日、"满"农业一体化政策,根据日本、伪满、华北三地的地理条件分工合作,相互补充。换言之,日本国内足用之农作物,对"中""满"采取抑制方针,日本国内有所不足之农作物,则要求"中""满"全力扩充增产。当时日军对棉花和粮食有大量需求,但是这些农作物严重不足,而粮棉产量的不足已经威胁到日军的战略物资供应。没有充足的粮棉供应,占领区的统治秩

---

① 　马仲起:《近年来华北棉产之概况》,《中联银行月刊》1943 年第 5 卷第 3 期。

序将陷入混乱,并将影响日本国内经济,所以日军开始在华北大力推行粮棉增产计划。但随着战争规模的不断扩大,日伪统治区耕地面积日渐缩小,生产条件日渐恶化,加上外来粮棉输入渠道的断绝,日军对中国农产品的需求突然增大,这时只有通过增加粮棉单位面积产量,才能继续维持战争物资的供应,日军认为最有效的方法之一就是实施灌溉。

实际上,整修泉塘沟渠灌溉农田更为便利,但华北地区地表水资源不足,且分布面积较小,大清河、滹沱河等地表水灌溉工程实施起来工程量较大,工期较长。日本侵略者急于在短期内提高农作物产量以供应战争的需求,没有资金和时间实施大型的河渠灌溉工程,只能采取增加耕地面积、防除病虫害、推广优良品种等农业增产措施。引用河水灌溉方面,"虽有种种方法,但考虑华北棉作地带内之地形,以及时局下之资材劳力工事费,工事期间等状况,其最简易适切者,厥用华北古来发达之凿井方法"[1]。而凿井灌溉相对来说投资少、收益高、见效快,粮棉增产效果明显,推行起来更易控制,如表3.3所示。

表3.3 河北省正定县三角村灌溉对于增加收益比较表

作物	产量		灌溉后增收			摊付灌溉费/(元/亩)	净益/(元/亩)	净益占非灌溉地之产品价值
	非灌溉地	灌溉地	增收量	增收	价值/(元/亩)			
棉	60斤	100斤	40斤	67%	22.8	10.22	12.58	32%
小麦	3斗	6斗	3斗	100%	15.0	14.27	0.73	4.8%
粟	6斗	10斗	4斗	67%	18.0	11.57	6.43	23.8%

资料来源:应廉耕、陈道编著《以水为中心的华北农业》,北京大学出版部,1948年,第78页。

日伪政权根据华北特有的地理环境和气候状况及自身掠夺的需要,在泉塘沟渠等地表水缺乏的地区,积极推广凿井灌溉增产计划,提高战争急需的粮棉等战略物资产量,一方面继续实施华北兵站基地的计划,另一方面解决华北地区的粮食供需矛盾,以稳定华北占领区的统治秩序。

(二)华北地区凿井计划的实施

太平洋战争爆发前,华北日伪政权为促进农业增产已开始贷放凿井资

---

[1] 《民国三十年度第一次凿井事业计划》,《华北棉产汇报》1941年第3卷第4期。

金,提倡农户凿井。华北地区的凿井事业由华北政务委员会、华北棉产改进会、华北交通公司等推广实施,主要针对棉田凿井灌溉发放贷款和资金补助,引导农户扩大种植日本急需的棉花。当然,在推广凿井计划时也出现了一些问题,日伪政权甚至不顾百姓的粮食问题,强制扩大棉花灌溉田面积。1941年初春,邯郸伪棉产改进会得知农户在前一年贷款凿井的耕地上种植小麦后,"召集各贷款打井户开会,要求凡是在贷款打井的地里种上麦子的全部毁掉改种棉花,最后决定大面积的在麦地里中间种棉花,小面积三、五亩的先毁掉小麦改种棉花"[1]。

为提高棉花产量,华北棉产改进会以贷款形式推动凿井。"1940年度凿大小井2 627眼,1941年度凿2 750眼。同年,华北政务委员会也拨款40万元,于河北、山东、山西、河南凿成大小井各617眼。"[2]华北交通公司针对当地旱情,预定实施凿井十年计划,自1940起,在北平、天津、济南铁路局所属"爱护村"之铁路、公路、航路两旁依次实施凿井,每年凿井500眼,十年完成。其他机构如伪河北省公署为提倡凿井灌田以便种棉,给各县发放贷款,"规定每县给2 500元"[3],同时颁布贷款与凿井补助费暂行办法。华北日伪政权仅对棉花农业战略物资实施凿井贷款计划,并且对贷款条件严格限制。1940年6月,《河北省贷款与各县凿井补助费暂行办法》规定,贷款主旨为提倡凿井灌田以便种棉。贷款要领包括:贷款以种棉为限,每户种棉在十亩以上者得凿二井,可领借凿井费100元,每井贷予50元等。[4]这与打井总费用相差甚远,而且还要通过各种抵押担保才能贷款,种种限制条件制约了凿井的推广。据1940年调查统计,当时凿井成绩已经显现,计河北省220 754眼,山东省190 950眼,山西省19 590眼,河南省18 043眼,北平市2 124眼,天津市22眼,青岛市5 939眼。[5]

1941年,华北日伪政权制定了《华北生产力扩充计划》,计划本年由华

① 康恒印:《日伪对河北棉花的掠夺——以伪冀南道为例》,《邢台学院学报》2007年第1期。

② 曾业英:《日伪统治下的华北农村经济》,《近代史研究》1998年第3期。

③ 《冀省提倡灌溉举办贷款》,《华北棉产汇报》1940年第2卷第12期。

④ 《河北省公报》,河北省档案馆藏,全宗号654,案卷号1,件号72。

⑤ 赵君实:《华北食粮增产问题之探讨》,《东亚经济月刊》1942年第1卷第1期。

北棉产改进会组织实施凿井约 3 000 眼。同年,华北棉产改进会在北平召集山东、河南、山西三省各分会指导科长,及北平、天津、沧县、保定、邯郸各指导区主任,就推广棉田面积、秋季实施凿井及第二年凿井计划进行协议。1941 年,计划凿井 5 300 眼,第一次所凿 2 800 眼在 8 月份之前已经完成,第二次所凿 2 500 眼中,天津、河北、山东三省各为 1 000 眼,河南省 450 眼,山西省 50 眼。[①] 因为战时统计资料不足,不能准确统计出凿井总数目,但可知太平洋战争爆发前,华北地区的日伪政权已经开始实施凿井计划,并且每年逐渐增加凿井数量,但每年计划凿井不足 10 000 眼,根本不能满足农业生产的需要,而且各机构的凿井计划主要针对棉花增产,更加限制了农业的全面发展。

1941 年 7 月,日本海外资产被冻结,尤其是随着太平洋战争中日本中途岛战役的失败,日军开始由战略进攻转为战略防御,外来粮棉输入华北地区的通道断绝。日本开始调整华北地区的农业政策,不仅重视棉花的生产与掠夺,而且更加重视粮食增产,以保证华北区粮棉的自给自足。以太平洋战争为界,可划分为前后两个阶段:战争爆发前,主要重视棉花生产;战争爆发后,棉花、粮食生产并举。1944 年,农作物分类增产凿井计划表中,小麦及杂谷凿井数量占了 2/3,棉田凿井数量仅占 1/3。

1942 年 1 月 15 日,日军华北方面第四课高级参谋西村乙嗣大佐在与政务有关军官集会上重点谈到了"确定粮食对策的紧迫性",指出太平洋战争爆发给华北对管区外的粮食依存性带来了致命打击,日"华"军官民必须向着自立自营、建立粮食自给态势的方向前进。[②] 日军认为:"仅靠凿井也并不能解决目前的粮食问题,但是就华北而言,确信此乃最为快捷,并可以普遍实施的手段。"[③] 因此,把凿井作为粮食增产对策之重点。在此次会议上,依据《华北紧急粮食对策纲要》及《华北紧急增产实施纲要》,为粮食增产决定立即凿井 20 万眼,到本年 4 月底,"最少打 4 万眼,至 6 月底打 8 万眼,其余到明年 3 月底全部完成。华北政务委员会为支援打井工作,无偿供给

---

① 《华北棉产改进会生产棉花处理对策》,《中联银行月刊》1941 年第 2 卷第 1 期。

② 中央档案馆等合编:《华北经济掠夺》,中华书局,2004 年,第 740~741 页。

③ 中央档案馆等合编:《华北经济掠夺》,中华书局,2004 年,第 744 页。

烧砖用煤,并发放贷款。"①此次凿井以华北合作事业总会、华北交通公司及
华北棉产改进会三机关为实施团体,预计1943年3月凿竣,由合作社分担
其凿井分配眼数及资金支出状况,1942年日伪在华北各地的凿井情况,如
表3.4所示。

表3.4　1942年日伪华北各地凿井分配眼数及资金支出状况

	分配井数/眼	特别资金/元	普通资金/元
河北省	86 400	4 320 000	1 000
河南省	15 000	750 000	500
山东省	35 000	1 750 000	—
山西省	12 000	550 000	750
青岛地区	900	45 000	—
共计	149 300	7 415 000	2 250

资料来源:方济需《华北之农业贷款问题》,《中联银行月刊》1942年第4卷第4期。

　　而据中国联合银行1942年统计,1941年华北各地日伪政权实行奖励凿
井政策,"分布数为148 900眼,每眼无利贷予50元,合计放出10 315 000
元之凿井资金,并每眼免费配给制造砖应用之煤1吨。"②因为没有准确的
官方统计数字可以参考,所统计的已开凿井数量有一定的差别,如青田在
《中国合作运动年表(续)》中提到,至1942年,河北、河南、山东、山西、苏淮
特区凿井工作共计已完成163 559眼,未完成者36 441眼。③

　　为推动凿井计划,华北政务委员会实业总署制定了1942年、1943年
《华北农业增产方策实施要领》,其中《民国三十二年华北农业增产方策实
施要领》重申:"为适应现在内外紧迫大势,遂于华北食粮亟应力谋自给自
足,同时对于棉花亦期在可能范围内求其增产,本此方针,拟于本年5月底
以前完成凿井50万眼,其他如土地之改良、肥料之配给、病虫害之防除以

① 日本防卫厅战史室编:《华北治安战》下册,天津市政协编译组译,天津人民出版社,
1982年,第59页。
② 中联银行调查室:《华北合作事业总会一年来之业绩》,《中联银行月刊》1942年第
4卷第6期。
③ 青田:《中国合作运动年表(续)》,《华北合作》1943年第9卷第3期。

及养成多数农业技术员以配置各处彻底指导等事,一并筹划,竭力推行,俾收实效。"①其中,大井 10 万眼,小井 20 万眼,自 1 月份实施,期望于 5 月底完成。预算凿井经费共需 5 500 万元,其中,贷借 4 000 万元,补助 1 500 万元,贷借部分由华北政务委员会令中国联合准备银行贷予华北合作事业总会,由华北政务委员会担保,自第二年起分两年平均偿清,年息 6 厘。此贷借资金经合作社系统借与农民,小井每眼 100 元,大井每眼 200 元,自第二年起分两年平均偿清,年息 3 厘。补助部分由华北政务委员会与华北合作事业总会承担,仅有 1 000 万元为凿井补助金,其余 500 万元中,华北合作事业总会以 300 万元为上项借款利息补给费,以 200 万元为该项放款所需之斡旋经费。华北合作事业总会委托县合作社联合会交付农民补助,大井每眼补助 50 元,小井每眼补助 25 元。②华北合作事业总会于 1942 年还规定,"华北全境凿井 20 万眼,每眼贷与无利资金 50 元,免费煤炭 2 吨"③。据统计,到 1942 年 9 月,"总会规定挖凿之 20 万眼水井,已凿成 14.83 万眼。计河北省 8.64 万眼,山东省 3.5 万眼,河南省 1.5 万眼,山西省 1.1 万眼,青岛 9 万眼"④。1943 年,由凿井而得到改善的耕田面积逐渐增加。"本年度水田开发为 8 万亩,既设水田改良 10 万亩,水田灾害复旧为 12 000 亩,旱田开发则为 11 万亩。"⑤为鼓励农户发展凿井灌溉,对于新完成的井户,各地还落实贷款补助政策。

1944 年年初,日本趁华北伪政权搞所谓"第二次促进华北新建设"之机,再次提出农业增产计划。"在河北、山东、河南三省指定 153 个重点县,作为其实施增产计划与重点劫掠粮棉地区。其计划十分庞大具体,如拨款 995 万元,新凿井 5 万眼,其中为小麦增产打井 40 027 眼,为增产棉花打井

---

① 《华北政务委员会实业总署关于 1942、1943 年华北农业增产方案实施要领》,北京市档案馆藏,J25-1-78。
② 王士花:《日伪统治时期的华北农村》,社会科学文献出版社,2008 年,第 52~53 页。
③ 王士花:《"开发"与掠夺:抗日战争时期日本在华北华中沦陷区的经济统制》,中国社会科学出版社,1998 年,第 165 页。
④ 王士花:《"开发"与掠夺:抗日战争时期日本在华北华中沦陷区的经济统制》,中国社会科学出版社,1998 年,第 165 页。
⑤ 介如:《华北产业开发之展望》,《中联银行月刊》1943 年第 5 卷第 5 期。

9 973 眼;重修旧井 10 万眼,其中为小麦增产修井 66 073 眼,为棉花增产修井 33 926 眼;拟设自喷深井 30 个,扬水机 1 万台。"[1] 水井的开凿和改修为农业灌溉提供了方便,提高了农业产量。关于华北四省作物分类增产凿井计划,如表 3.5 所示。

表 3.5　1944 年河北、山东、山西、河南四省作物分类增产凿井计划表

单位:眼

省名	作物	凿井		既设井改修	自流井
		大井	小井		
河北省	小麦	5 767	3 284	20 643	17
	杂谷	2 534	1 421	6 160	—
	棉花	6 489	2 037	30 212	
山东省	小麦	3 573	12 275	10 644	2
	杂谷	728	2 366	3 583	
	棉花	599	353	1 571	
山西省	小麦	3 085	724	6 060	4
	杂谷	724	250	1 586	
	棉花	171	26	332	4
河南省	小麦	2 978	—	6 820	3
	杂谷	612		1 360	
	棉花	1 910	—	3 820	
合计	小麦	15 403	16 283	44 167	26
	杂谷	4 598	4 037	12 689	—
	棉花	9 169	2 416	35 935	4

资料来源:郑会欣主编《战前及沦陷期间华北经济调查》下册,天津古籍出版社,2010 年,第 355 页。

从现有资料看,1944 年华北地区计划凿井 51 906 眼,其中用于灌溉小麦井共 31 686 眼,占总数的 61%;灌溉杂谷井 8 635 眼,占总数的 16.6%;灌溉棉花井 11 585 眼,占总数的 11.3%。灌溉小麦的井数占了计划的一半以上,而灌溉棉花的井数仅仅占了一成多,开凿水井灌溉已由棉花种植向粮食种植倾斜,反映了日军粮食供应的紧张程度。经过 1942 年、1943 年两次大规模的凿井增产计划,虽然取得一些成绩,但并没有达到日军预想的

---

[1]　居之芬、张利民主编:《日本在华北经济统制掠夺史》,天津古籍出版社,1997 年,第334 页。

效果。

(三) 凿井灌溉增产计划

从 1942 年、1944 年的凿井计划中,我们可以看出各省凿井分配眼数由多到少依次是河北省、山东省、河南省、山西省。这样的分布特点与该区域的社会治安环境、地理环境、农作物种类、凿井灌溉氛围等有着密切的联系。

第一,日伪政权主要在华北所谓的"模范区"及合作社地区推广水利开发、粮食增产等活动。这些"模范区"主要有北平、石家庄、保定、顺德、苏北、太原、山西省南部。其中,河北省是日伪在华北统治的核心区域,"模范区"及合作社数量均大于其他地区,故河北省的凿井计划数量要高于其他省份。

第二,地理环境也是凿井推广的先决条件。河北与山东两省耕地面积占华北地区耕地面积的一半以上,且处华北平原地带,地下水位往往较浅,易于开凿。如河北省灌溉区分布主要位于平汉线一带,这里靠近太行山麓,水源丰富,水质也佳。再则,交通发达,自然环境又适于种棉,沿平汉线各地区水井灌溉面积约占耕地面积的 60% 以上。此外,南皮、丰润、三河等县灌溉井均很发达,而平谷、平山等县地下水位浅,易于打井。山东省灌溉井的分布,大都在泰山山系的扇形冲积地带。河南省灌溉井主要分布在彰德、淇县、汲县等豫北平原地带。而山西省山多地少,灌溉水源主要依靠山泉沟渠等,凿井灌溉农田较为困难。华北平原还有一些地区地下水位较浅或者排水不利,存在大量盐碱地。但华北的耕作条件是可以改善的。"华北河川除须去害及兴灌溉之利外,对于土地改良或垦荒方面,可能发挥极大的效果。"[1] 而且,华北通过放淤、洗碱、修筑堤堰、整治河道取得了一定成绩。

第三,凿井数量与农户的经济条件相互促进。当时的中国农民生活处于极度贫困中:"在家庭收入中,90% 用于口粮、衣服和其他必需品。在交纳赋税、地租和还债后,没有剩下一点儿让农民用来购买农业资本品的钱。"[2]

---

[1] 应廉耕、陈道编著:《以水为中心的华北农业》,北京大学出版部,1948 年,第 36 页。

[2] [美]马若孟:《中国农民经济——河北和山东的农民发展,1890—1949》,史建云译,江苏人民出版社,1999 年,第 58 页。

凿井需要较大的开支,即使一般农户知道凿井灌溉的种种好处,但迫于经济压力也无法实施。从打井费用看,"1940年打一口20~30英尺[①]深的井要花300元左右。一个有40亩地的富裕农民一年的收益约为600元,这笔收益的3/4通常要用在日常消费上"[②]。一般农民根本没有能力开凿水井和购买水车等用具,那么,水井主要是哪些农户拥有呢?据调查,华北地区拥有井数最多的是自耕农,占总井数量的68%。投资较大的水车井,自耕农所占比例更大,高达80%。水井以辘轳井数量最多,几乎占了水井总数的57%,这与农民的经济实力相互对应,虽然水车井灌溉效率高于辘轳井,但他们没有购买水车设备的资金。如果准备灌溉农田,农户只能通过多家合作凿井才能达到灌溉的目的。关于华北地区农村凿井所属情况,从山东泰安涝洼村各种农户所有水井统计情况可见一斑(如表3.6所示)。

表3.6 山东省泰安县涝洼村各种农户所有水井表

	自耕农		半自耕农		兼农		农外		合计	
	井数/眼	占比/%	井数/眼	占比/%	井数/眼	占比/%	井数/眼	占比/%	井数/眼	占比/%
水车性	8	80	2	20	—	—	—	—	10	100
辘轳性	26	70	5	13	2	6	4	11	37	100
菜园井	10	66	5	22	2	11	2	11	18	100
合计	44	68	11	17	4	6	6	9	65	100

资料来源:应廉耕、陈道编著《以水为中心的华北农业》,北京大学出版部,1948年,第55页。

注:"兼农"指兼种果木园艺,"农外"指饮用井。

此外,一般种植棉花等经济作物的农户更愿意投资打井,因为棉花的商品化程度高于其他作物,收益较高,且日伪政府也重点扶持棉田凿井事业,棉田灌溉面积增加则种棉的农户收益相应提高,再拿一部分利润去投资水井灌溉,形成棉田经济发展的良性循环。而佃农和一些耕地面积较少的农户没有经济实力打井,靠天吃饭,不能保证粮棉产量。由于水井灌溉的不断推广,华北农村农户的贫富差距越来越大,穷者越穷,富者越富。

---

① 1英尺=0.304 8米。

② [美]马若孟:《中国农民经济——河北和山东的农民发展,1890—1949》,史建云译,江苏人民出版社,1999年,第73页。

第四,各地农民对凿井灌溉态度相差甚大。由于自然环境及农户对凿井灌溉投资收益情况认识不同,政府对农户的宣传导向作用十分重要,这样可以减少推广灌溉的阻力,让农民自愿全力发展凿井灌溉事业。例如华洋义赈会曾在河北香河和定县提倡新式凿井,随后临近诸县纷纷效法。邯郸凿井灌溉风气最为普遍,石家庄地区凿井工作推广力度也较大。据1946年调查,邯郸县(今属邯郸市)有3 000眼水井,定县为24 582眼,正定为20 000眼。[①]此外,定县、获鹿、高邑、元氏各地一部分地区也崇尚灌溉,当地农民均以凿井为耕种第一要务。另外一些地区却没有凿井灌溉的习惯,尚未打破靠天吃饭的思想,如东光县当地有俗语云:"愿盖三间房,不凿一眼井",主要因为该区水质不良,若以井水灌溉则耕地几年过后即变为碱土。所以,在地下水资源条件较好、灌溉之风盛行的地区,凿井灌溉事业较为发达,农户也愿意积极配合发展农田水利事业。

第五,随着凿井工作的推行,水井所属权呈现使用方式多样化的趋势。凿井对于农户来说是一项巨大的开销,与农户拥有土地数量和经济实力紧密相关。虽然日伪政权对凿井进行贷款补助,但补助资金与实际所用资金相差甚大,且贷款时还附带有一些限制条件,例如地契抵押、殷实铺保等,耕地数量与资产较少的农户根本无力贷款凿井。一些小资产农户,因受战争影响多迁居城镇,对发展农田水利事业漠然,普通农民则无能力负担凿井费用,水井多为地主和自耕农拥有。

其他农户怎样使用水井灌溉?又是如何管理的呢?对于灌溉用井的使用,因受井的水量及位置制约,使用者主要限于该井所在地的主人或他的佃农,出租地上的井由该块地的所有者挖掘、维修,这块地附近的同一地主的佃户也可使用该井。另外,其他依赖于该井的人也可使用,并且所有使用该井的人不需要向井的主人给予任何谢礼。但在水量小的时候或者用水高峰期,使用者就会有先后顺序。首先是井的所有者或该地上的佃农,其次才是其他人。还有一些地区是共同打井,共同使用。据南满洲铁道株式会社(简称"满铁")对河南省彰德县(今安阳市)宋村的调查:"灌溉井的

---

① 郑会欣主编:《战前及沦陷期间华北经济调查》下册,天津古籍出版社,2010年,第352~353页。

准使用权,作为掘井时无偿提供劳动力的报酬。在掘井时,无论是谁在凿井,附近有耕地的农民会无偿提供劳力,这是当地一直以来的习惯,报酬是这些无偿提供劳力的人可以免费使用该井,这也是当地的习惯。"[①] 水井的共同使用规则没有一定条例限制,全凭道义观念维系。自有井无偿借与他人使用,并不收取任何费用,此种水井管理使用习俗是农村同族相互帮忙的体现。关于华北水井的利用方式,如表3.7所示。

表 3.7　山东省泰安县涝洼村水井利用方式表

		井数 / 眼	灌溉面积 / 市亩	每井灌溉 面积 / 市亩	井数 百分比 /%	面积 百分比 /%
自家专用		30	128.67	4.29	46	36
除自用外并供 给他家之用	自用	16	32.35	4.37	25	20
	供他家		37.73			
	计		70.08			
共有共用		19	157.68	8.30	29	44
合计		65	356.43	5.48	100	100

资料来源:应廉耕、陈道编著《以水为中心的华北农业》,北京大学出版部,1948年,第58页。

如表3.7所示,由于凿井资金的制约和气候干旱,农户迫切需要灌溉用井,水井的共用率达到54%,说明水井共用在华北农村是一种普遍现象。水井的共同开凿与使用说明了村民良好的邻里关系,也反映了凿井的难度,一户独立完成难度较大,需要多户合作开凿。

据统计,日军侵占华北期间,虽然日伪政权试图通过大规模推广凿井灌溉、防止病虫害、改良土地等方面提高农业生产力,却没有达到期待的粮棉自给自足与以战养战目标,各种农产品产量不断下降,始终未恢复到战前水平。究其原因,一方面日军把农业增产与侵华战争紧密相连,把牺牲中国人民的利益来服务战争作为最高目的;另一方面,日本侵略者对华北地区疯狂掠夺和战争对生产诸要素的破坏,以及日伪政权通过大规模凿井灌溉计划期望粮棉增产,这是失败的最主要原因。农业增产没有达到预期的目的,反而使农村经济陷入破产的境地。

[①]　朱洪启:《二十世纪华北农具、水井的社会经济透视》,南京农业大学2004年博士学位论文。

这一时期大规模的凿井对华北环境产生了较大影响,是人类生产用水向地下水索取的一个重要节点,使农业生产用水从地表水转向了地下水的开发。

二、西北地区与井利之兴

西北地区地形复杂,既有高山、河谷,又有沙漠、丘陵,许多地方因缺少水源而影响灌溉,因自然环境恶劣导致农业生产落后。为此,历史上西北地区早就讲究兴修水利,灌溉农田。新疆的坎井儿、陕西的堰渠,都是较成功的水利工程,西北地区也将凿井作为其发展灌溉的重要举措。

(一)西北井利之兴

古代,位于黄河流域上游的西北地区对黄河的利用较为有限,农业发展缓慢。清代,人们逐渐重视利用黄河。时人有感于农业不振,提出"关中水利不兴,东南之河患终不去。关中病,则天下病。关中安,则天下安"①。光绪初年,左宗棠任陕甘总督,非常重视凿井灌溉田地,并督促陕西巡抚推动凿井事宜。光绪六年(1880),陕西遭遇旱灾,陕西巡抚谭钟麟下令各州县官员劝谕民间多凿井泉以资灌溉。左宗棠在给谭钟麟的信中提出开凿数万眼井的宏伟计划,并制定了勉励民间掘井政策。在凿井过程中,除实行以工代赈外,还于赈粮之外,又加给银钱,每一眼井给银一两,或钱一千数百文,验其大小深浅以增减。在这一政策推动下,陕西凿井取得了一定成绩。如光绪丁丑(1877)、戊寅(1878)年间,陕西大旱,大荔知县周铭旗导民凿井,复开、新开井三千余眼。朝邑、兴平、醴泉等县也打井数百眼之多。泾阳知县涂官俊,因龙洞渠利大减,亦劝民凿井,先后增井500眼有余。民国时期,陕西的凿井工程仍然继续。19世纪二三十年代,南京国民政府制定了通过掘井救助农业的政策,于1931年成立陕西凿井队,举办凿井技术培训班,在各县选址凿井。陕西省政府也制定并推行贷款凿井计划,根据当时的凿井技术,井利灌溉比之前有了较大进步。"井之日出水量,每秒为千分之一零六立方公尺(一公升余),则每昼夜出水量为九一五八又十分之四立

---

① 孙学雷主编:《地方志·书目文献丛刊》第6册,北京图书馆出版社,2004年,第142页。

方公尺。除耗损少数外,约可灌稻田十五亩,如灌麦棉等类,至少可灌五十亩。"[1]1931年至1936年,凿井225眼。到中华人民共和国成立前,陕西水井达40 213眼,灌溉面积达295 721亩。

民国时期,青海也开始推广凿井,派凿井工师到各县传布新法凿井,推广凿井灌田。甘肃在民国时期凿井成效也较显著,尤其在河西地区凿井技术较为发达,再加上这一地区地下水位较高,打井相对容易,所以到中华人民共和国成立前,甘肃共凿水井7 000余眼,灌溉农田将近10万亩。新疆的凿井工作是在原有坎儿井基础上经过改造推行的。由于坎儿井的开凿成本较高,所以近代坎儿井数量逐渐减少。为保证农业灌溉用水,南京国民政府督促新疆地方政府,一方面对原有坎儿井进行挑挖、疏浚,另一方面又开凿新坎儿井数百条,暂时缓解了农业生产和居民生活对水源的需求。

通过凿井,中国北方的农田水利工作得到加强,在远离江湖,无渠道灌溉的地区,井灌成为当时的主要灌溉方式,使这些地区的旱地有了收成上的保证。即便在有河湖渠道水利的地区,井灌也可以补充地面水源的不足。

(二) 于右任"十年万井"计划

1942年,作为南京国民政府的高级官员,于右任到西北视察,提出了"十年万井"计划,其目的是救西北之穷,谋西北之利。这一计划的提出源自于右任看到祁连山林木采伐严重,雪线逐年提高,水源成为百姓生产生活的大问题。他认为要解决这一问题,需要兴修农田水利。但是鉴于地面水源有限,只好掘井。他说:"只有开凿各式水井,吸取地下水脉,以兴百世之利。盖凿得一喷水深井,其利亦无异于得一油井也,因倡议十年万井计划。"[2]根据于右任的设想,这一计划以十年为一个阶段,主要工作有:"第一[年][3]专事筹备,即训练人才,预备机械,察勘水源;第二年开始试凿,以二十口井起算,无论全新式、半新式或坎儿井式,必须合于标准;此后按年以数学级数推算进行,而经验、技术、机械、人才以及地方人民之参加者亦

---

①　《凿井队成立与最近凿井之成绩》,《新陕西月刊》1931年1卷第8期。

②　中国第二历史档案馆:《于右任"十年万井计划"案》,《民国档案》1999年第4期。

③　本书编者依文义添加。

当逐年增多,为之指导辅助,实行普凿。至第十年,全计划必可告成。"[①] 当时,每眼井一般可灌旱田 30 亩左右,这一计划的提出为关中科学发展农业找到了一条路子。但由于多种原因,这一计划未能得到完全落实。

第三节 ｜ 农业新技术推广与农业生产环境变化

我国是一个农业大国,粮食生产在农业生产的发展中占有重要位置。自古至今,农民都致力于寻找提高单位面积产量的各种途径。随着中外交流的增多,以及留学生回国后的提倡与推广,近代新知识、新技术、新技能逐渐运用到农业生产中,增加了单位面积产量,提高了生产力。其中,化肥的引进与施用具有代表性。20 世纪初化肥传入中国,一方面,化肥对促进农业生产发挥了一定积极作用;另一方面,化肥也对土壤、水体和大气产生了一些负面影响。此外,人们对农业新技术的使用,在农作物改良、提高农业产量,改造农业生产环境方面均产生了一定影响。

一、化肥的施用与生态环境变化

施用化学肥料不仅能提高土壤肥力,而且是提高农作物单位面积产量的重要措施。我国农业施肥已经有了 3 000 多年的历史。20 世纪初,化学肥料开始传入中国,成为近代农业不可或缺的基本保障。历史证明,使用化肥提高了土壤的肥力,增加了粮食产量,为我国近代农业的发展作出了重大的贡献,但化肥在施用过程中也产生了一些问题。正如研究者所说:"随着现代农业的兴起,农用机械、现代水利设施、农药化肥和高产品种的开发与应用,极大地促进了农业的稳产高产,以前所未有的强度和规模改变地球生态圈,导致全球范围内普遍出现了严重的环境问题。"[②]

---

① 中国第二历史档案馆:《于右任"十年万井计划"案》,《民国档案》1999 年第 4 期。
② 高国荣:《生态、历史与未来农业发展》,《史学月刊》2018 年第 3 期。

(一) 化肥的引进

1904 年,化学肥料传入我国,这是中国施用化学肥料之始。化肥对促进农作物生长见效快,还可节省其他资源。但是大量使用化肥导致农产品质量下降,农作物病虫害增多,耕地出现板结现象。当时化肥进口数量有限,在随后的近 20 年一直处于试用阶段,具体数据如表 3.8 所示。

表 3.8　1925—1935 年中国的化肥消费情况统计表

年份	化肥的消费量 / 吨	年份	化肥的消费量 / 吨
1925	20 000	1931	110 000
1926	40 000	1932	140 000
1927	50 000	1933	82 000
1928	80 000	1934	74 000
1929	100 000	1935	92 000
1930	185 000	—	—

资料来源:曹隆恭《我国化肥施用与研究简史》,《中国农史》1989 年第 4 期。

从表 3.8 可以看出,1925 年到 1930 年,中国的化肥消费量由 2 万吨增加到 18 万吨。从 1931 年到 1935 年,化肥消费总量超过了前几年,但是年消费量仍然在 10 万吨左右。

从消费地区看,以沿海为主,其中"广东农民应用的化学肥料约占全国消费额的 49%,福建占 22%,浙江、江苏、安徽共计为 19%,山东、河北、河南、湖北、江西共计为 9%。当时所施用的化肥,全靠外国进口"[1]。另据《中国土产总览》记载,1931—1936 年,北方使用化肥的地区逐渐增多,青岛、烟台两港平均每年进口化肥 1.56 万吨,约占山东省总用量的 1/2。化肥主要销往胶东的黄县(今龙口市)、招远、掖县(今莱州市),其次为莱芜、淄博、昌潍(今潍坊市)。

(二) 化肥制造与肥效试验

化肥是农业增产增收的新助力,但是由于价格较贵,制约了其广泛运用与推广。鉴于此,邹秉文于 1937 年成立了中国第一家化肥厂——永利化肥厂,主要生产硫酸铵。在天津永利制碱公司总经理范旭东以及浙江兴业

---

[1]　曹隆恭:《我国化肥施用与研究简史》,《中国农史》1989 年第 4 期。

银行、金城银行、中国银行的支持下，邹秉文聘请化学家侯德榜出任总工程师，1937年永利化肥厂在南京建成投产。

土壤肥料学家戴弘是我国肥料试验事业的开拓者之一，长期从事化肥的肥效试验及土壤肥料科研工作，对发展我国化肥研究作出了贡献。1924年戴弘考入日本东京帝国大学农学部，专攻农艺化学，1927年毕业，获农学学士学位。1927年回国后，他受聘于杭州第三中山大学（后改称浙江大学）农学院，讲授日语、土壤学和肥料学。当时国内缺乏现成教材，戴弘编写的《土壤学》和《肥料学》讲义，是我国早期编印的这两门学科的教材之一。1929年秋，他出任浙江省建设厅矿产调查所技士，对浙江省的矿石和土壤进行了化学分析。1931—1934年，他又先后在上海劳动大学农学院、南京中央大学农学院和南京中央政治学校地政班执教，主讲分析化学和土壤学。1933年冬，南京国民政府实业部在南京郊区孝陵卫筹建中央农业实验所（简称"中农所"），戴弘被委任为中农所技正，参与该所土壤肥料系的筹建工作。

当时，我国近代土壤肥料科学尚处于萌芽时期，戴弘根据他在日本留学和参观所得的知识，精心规划，仅用了3年时间，就建成了具有一定规模的土壤肥料系，并开展了肥料田间试验和盆栽试验。1935年，他发表了《小麦三要素试验》一文，得出南京孝陵卫一带土壤施用氮化肥肥效极为显著，而磷、钾、石灰肥效不明显的结论。戴弘进行了不同种类氮化肥的肥效及其合适施用量的试验和8种有机肥料肥效的比较试验，得知硫酸铵、石灰氮等几种氮化肥的肥效差异不大，明确了当时硫酸铵在稻麦、棉作物上最适宜的用量。1937年2—4月，中农所派戴弘赴日本考察肥料事业，特别是化肥的生产、分配、施用、推广、管理和肥料试验的沿革和经验。戴弘先后在日本的东京、大阪、京都等16个县市考察了高等农林院校、肥料科研机构、化肥厂和肥料销售机构，归国后整理成《考察日本肥料报告》。同年秋，中农所派戴弘到柳州该所驻广西工作站工作，同时兼任广西省政府技正、肥料专业督导等职。在抗日战争的艰苦岁月里，戴弘除开展化学肥料试验外，在开辟农村有机肥源方面也做了大量工作，对促进当时广西省的农业生产起了一定作用。

（三）化肥对环境的影响

化肥有助于农作物产量的增加，对我国近代农业发展起到了一定的积极作用。但对化肥的不合理使用，不仅导致土壤养分失衡，而且造成了一系列环境问题，尤其是造成土壤、河流、大气等方面的污染，破坏生态环境。

化肥对土壤有一定的污染。化学肥料的副作用主要是造成土壤被重金属污染。一般化肥都含有锌、镍、钴等重金属和有毒物质。例如，磷肥的主要原料是磷矿石，而磷矿石中含有大量的有害元素氟和砷，长期使用磷肥，土壤中的重金属将越积越多，最终使农作物生长受影响。如果长期使用过磷酸钙、氯化铵、硝酸铵、硫酸铵等酸性化学肥料，则会导致土壤酸化，亦对农作物生长不利。如果长期使用氮肥，往往使土壤结构被破坏，导致土壤板结。

化肥对水体亦有污染。农业生产中使用的化肥剩余物将随农田排水流进河流湖泊，使地表水中营养物质逐渐增多，造成水体富营养化，水生中的植物和藻类大量繁殖，消耗氧，导致水体中溶解氧下降，水质恶化。因水质恶化，水体中生物种群的生存受到威胁。另外，还有一些化学离子进入地下水，使地下水的水质遭受污染，对人畜造成危害。

化肥对大气也造成一定的污染。化肥在运输和施用过程中，大量的氨气和氮气以气态形式损失，氨气和氮气进入大气。此外，氮进入土壤后逐渐会转化成二氧化氮进入大气。而氨肥在分解过程中产生刺激性气体氨气，直接损害人体健康。

二、农业新技术与农业环境变迁

近代农业环境变迁与农业新技术的广泛利用密切相关。随着传统农业机构向近代转型，以及农业新式人才的培养，农业新知识、新技术得以不断推广，农业耕作方式逐渐发生转变，农作物的种植种类、品种发生了较大变化，一些地区还推动畜牧业改良，上述种种变化对农业生产环境均产生了一定的影响。

（一）建立新式农业机构

新式农业机构为农业技术改革奠定了基础。专门性农业行政机构的设置是清末农业改革的一项重要举措,光绪二十九年(1903),清政府设立商部,下设平均司,主要负责农业垦荒、蚕桑、水利、造林、畜牧等事项。光绪三十二年(1906),商部改为农工商部,平均司改为农务司,其职能进一步扩大。"专司农田、屯垦、树艺、蚕桑、纺织、森林、水产、山利、海界、畜牧、狩猎暨一切整理农政、开拓农业、增殖农产、调查农品、组合农会、改良农具、渔具、刊布农务报告、整顿土货丝茶,并各省河湖江海堤防工程,培修堤岸、建设闸坝、疏浚河道、海港,各处沟渠岁修款项核销事宜,统辖京外各农务学堂、公司、局、厂、各省船政及办理农政、河工、水利人员,兼管农事试验场。"[①]光绪三十三年(1907),清政府颁布省级官制,令各省设立劝业道,负责创建和经营农事试验场。1917年,北洋政府下令各省设立实业厅,进一步推进农业改良。南京国民政府成立后,在各省设立建设厅,进一步加大了对农、林、牧、渔、水利等事务的管理。

在加强农业机构改革的同时,各地的农事试验场相继建立起来。光绪二十八年(1902),直隶开风气之先,在保定创办农事试验场,尝试种植国外的玉米、棉花等作物。光绪二十九年(1903),清政府要求各省设立农事试验场,同年,山西农事试验场建立。光绪三十二年(1906),农工商部在北京建立农事试验场[②],设置农林、蚕桑、动物等科,开展农事改良工作。宣统元年(1909),广州建立农事试验场,在场内建起了蔬菜、水果、花卉、畜牧、养蚕、造林等试验区,进行选种、培育、防治病虫害等试验和鉴定。此后,该试验场还设立了广州第一个现代气象观测站,研究农业与气候的关系。各地的农事试验场不仅是农业教育、试验、研究、推广工作的机构,而且成为人们交流农事经验的重要平台。1932年,中央农业实验所在南京成立,根据《中央农业实验所组织条例》的规定,该所隶属于农林部,主要职掌有:"(一)关于全国农艺、森林、蚕桑、畜牧等技术试验改进及推行事项。(二)关于改良种子、苗禾、农具、肥料及防除植物病虫害与防治兽疫等材料之介绍及推广事项。(三)关于农村经济及组织之调查研究事项。(四)关于农产品或原料品

---

① 张晋藩、李铁:《中国行政法史》,中国政法大学出版社,1991年版,第389页。
② 农事试验场于1916年改为中央农事试验场,1932年并入中央农业实验所。

分级标准运销制度之研究事项。(五)关于农业改进技术人员之训练事项。"[1]中央农业实验所下设稻作系、棉作系、麦作系、杂粮及特用作物系、园艺系、森林系、蚕桑系、畜牧兽医系、水产系、土壤肥料系、植物病虫害系、农业经济系等,在解决各种农业生产问题,促进全国农业技术改进方面发挥了重要的领导作用。

(二) 培养新式农业技术人才

与新式农业机构相辅而行的是新式农业技术人才的培养。农业新技术的推广离不开新式农业人才。清末新政时,清政府将兴办实业教育作为一项国策,颁布了《奏定实业学堂通则》,以振兴农、工、商各项实业为宗旨,是近代农业教育兴起的标志,也是近代开办专门农业学堂的开始。至1911年4月,"全国已有各类农业教育机构大约135所,清末的农业教育取得了令人注目的成绩"[2]。民国时期,农学的发展进一步得到重视,各地农学高等教育发展起来。中央大学农学院、金陵大学农学院,在农艺、畜牧兽医、水产、农业经济等方面培养了大量人才。

1927年,岭南大学设置农学专业,采用先进的科学技术进行蚕种培育工作,生产免疫蚕种,并在珠江三角洲推广。该学校还引进日本、美国的新式缫丝设备和先进的缫丝技术,把新式设备和先进技术向顺德、南海一带推广。从1928年开始,岭南大学在农学院设植物病理学系,这是广东最早进行植物病研究的机构。该系进行橘柑、水稻、甘蔗等病虫害防除的研究,还把夏威夷木瓜引种到校园,并向社会推广。1931年10月,河北省在保定成立了河北省立农学院,设农学系、林学系、园艺系,招生范围包括河北、山东、四川、广东、广西等19个省份,建有实验室、试验农场等,培养学生研究各地农村的种植习惯、种植种类与产量、土壤、气候、病虫害等情况,培育适合当地的优良品种和栽培技术。中山大学也设有农学院,进行水稻、蚕桑、柑橘、木瓜等农作物的改良和育种试验,把本校繁育和引进的优良作物品种在各地试验场推广,不仅促进了中国农业的改良,而且培养了一批农学专业人才。1937年,云南大学建立农学院,开始培养高级农业技术人才。

---

① 《中央农业实验所组织条例》,《科学》1941年第25卷第5~6期,第35页。

② 苑朋欣:《清末农业新政研究》,山东人民出版社,2012年版,第82页。

自20世纪初以来,云南分批派出一些成绩优良的青年学生到外国留学,其中有些留学生学习农业科技专业,尽管人数不多,但已成为云南高级农业技术人才的来源之一。如腾冲人张天放,赴日本学习和考察农业技术,回云南后致力于木棉种植技术的试验和推广。李毓茂(云南祥云籍)毕业于日本帝国大学林科、杜嘉瑜(云南昆明籍)毕业于日本帝国大学林科、米文兴(云南玉溪籍)毕业于日本帝国大学农科、陈立干(云南镇南人)毕业于日本帝国大学兽医科等,他们就职于云南省农业推广委员会,在各自的职位上大力推广农业新技术。此外,各地农学总会、林会也为农学人才的培养做了大量工作。

(三)尝试使用农业新技术

农业新技术的使用体现在培育新品种、研制肥料、防治病虫害等多个方面。在培育新品种方面,中央农业实验所、金陵大学、中山大学、岭南大学等研究机构的专家们,在实验室或农事试验场对水稻、小麦、棉花、玉米、大豆、高粱等农作物,以及水果、蔬菜等农业品种进行改良和育种试验,并在各地推广。在肥料方面,研究人员对有机肥料和化学肥料进行综合研究。在病虫害防治方面,"主要是对稻作病害、麦类病害、杂粮病害、油料病害、薯类病害、棉作病害、特作病害、果树病害和蔬菜病害的病原菌形态及生活史以及防治方法进行了研究。"[1] 专家们运用西方农业科学知识和理念,通过农业新技术改变中国的农业环境。

农业新技术的使用在各地的侧重点有所不同,但主要集中在棉花、蚕桑、茶、烟及动物的改良方面。

清末,华北地区开始改良棉花,一方面是改良种植技术,另一方面是改良棉花品种。在直隶、山东、山西等地,改良棉花品种以引种美棉为主。其中,山东省引种美棉成绩最显著,直隶、山西也取得了不错的成绩。民国时期,华北许多地区成立了棉花改良协会、棉产改进会、棉花分级检验研究会、棉农合作社等,推动棉花品种改良,扩大种植面积。1937年,山西省修订了《棉产改进事业实施办法》,成立改良棉种中心区办事处,在榆次、太

---

① 郭文韬、曹隆恭主编:《中国近代农业科技史》,中国农业科技出版社,1989年,第28页。

谷、太原、祁县、徐沟、清源等地推广定县脱字棉。位于华中的湖北省是我国最早大批引进美棉的省份，张之洞任湖广总督时购入美棉种子，推广种植美棉技术。民国时期，继续推广棉花改良计划，主要推广德字棉，德字棉的纤维较长，适合纱厂的需要，逐渐形成了以农促工的格局。

蚕桑本来主要在长江以南地区栽种，清末，北方也开始推广植桑养蚕。光绪十八年(1892)，直隶成立蚕桑纺织总局，推广桑蚕业。1911年，山西咨议局在《山西咨议局议决推广蚕桑报告》中提出，"晋省欲开利源以图补救，当以蚕桑为第一要务。"[1] 1934年，山西省又提出以推广蚕桑之利为农村副产。1937年，山西省公布了《收买改进蚕桑推广试办各区蚕茧办法》，对饲育新种的蚕户，政策上予以照顾。河南省实业厅也劝导农民栽桑，提出"民食本乎农事，衣被出于棉桑，值此国步多艰，民生凋敝，所以辟固有之利源……"[2] 广泛宣传桑秧栽植法，涉及从桑秧的挑选，到栽植方法、栽植之疏密、栽植之深浅、栽植后之培养管理等全过程。位于中国沿海的江苏、浙江，自古植桑养蚕，近代以来仍然作为其重要产业。1925年，江苏省制定了《改良推广全省蚕桑计划》；1926年，制定了《江苏省立蚕桑模范推广部简章》；1940年，制定了《江苏省蚕桑改良区暂行组织办法》；1943年，制定了《江苏省蚕桑改进区组织办法》等，使蚕桑改良有条不紊地进行。

中国南方，由于气候湿润，植物生长快，适合育种工作。以植物种类丰富的云南为例，该省在蚕桑、茶、烟、木棉等植物品种栽培与改良方面做了大量工作。20世纪初，云南建立农业学堂，云贵总督锡良、李经羲，提学使叶尔恺在昆明北门外建立试验农场，分水田、菜圃、花卉三部，把圆通山作为林木苗圃、第一桑园和林场，在小东门外设第二桑园。每年把这些试验所得农林籽种和秧苗，散发给各县农民栽种。1921年，建立省立农事试验场，分农艺、牧畜、林艺、桑蚕四部。农艺、桑蚕、牧畜三部在昆明市西北郊大普吉，林艺部在小西门外打猎巷。试验种类分为三类：农林、桑蚕和家畜。农艺、林艺两部为生育、播种量、播种法、播种期、移植法、育种法、采种法、施

---

① 《山西咨议局议决推广蚕桑报告》，《北洋官报汇编》(1911年)报告类，第一集，第13页。

② 《河南实业厅训令》，《河南实业公报》1926年第1卷第7期，第49页。

肥法、耕耘法、牧草栽培法、病虫害防除法、农产制造法等;蚕桑部为选种、制种、饲育法;牧畜部为家畜纯粹繁殖、杂交繁殖、饲养法、取乳法、疾病治疗法等。1922年,在金碧公园设立农林馆,陈列农林产品,并附以各种调查比较表。

当时,甲种农业学校试验农场的农业试验成绩最为突出。该农场对省内、省外、国外的农作物和蔬菜品种进行栽培试验:对10个水稻品种进行栽培试验,富民大白谷亩产595斤,昆阳冬吊谷亩产555斤,宜良麻早谷亩产552斤,嵩明青芒谷亩产550斤,玉溪香红谷亩产540斤,昆明长芒白谷亩产500斤,浙江杭县花秋亩产360斤,江苏苏州大黄谷亩产350斤,湖北黄粳谷亩产330斤,日本爱国谷亩产300斤。还对小麦、大麦、蚕豆、大豆、菜豆、玉米、高粱、甘薯、马铃薯、烟草、萝卜、胡萝卜、甘蔗、菠菜、白菜、青菜、大葱、大蒜、芹菜、青芋、茄子、南瓜等国内外优良品种进行栽培试验。

《续云南通志长编》记载:"滇省从前非无养蚕之人,惟所植之桑,叶干而小,所养之蚕,丝硬且粗,出货既劣而不精,售价遂贱而无利。目论之士,遂相率而自谢为不能,且诿为地土不宜,而不思补救。其实皆惮于谋始,未事讲求故耳。查滇中天气和平,地亦不燥不湿,一种蓄而未泄之象,实较他省为尤雄,似于蚕桑无不宜之理。"[1]留日学生也曾呼吁:"我云南土地之沃,气候之宜,悉适当于蚕业。……我滇上田一亩岁产数金,即种罂粟获最多者,岁不过一二十元,较诸桑园获利仅三分之一。又况毒我同胞,耗我财源之鸦片,今已绝种乎。"[2]为振兴云南蚕桑业,昆明成立了蚕桑总局、收茧公所、甲种农业学校,这些组织机构和学校成为培养蚕桑人才之策源地。实业司设有机器制丝工厂,缫成洋装丝,以销海外。许多县有蚕桑局、乙种农业学校。云南中部气候春无严寒,夏无酷热,两季养蚕室内温度皆能平均调节在21摄氏度左右,优于川、浙。后试养秋蚕,因当雨季,桑叶带雨,蚕多泻病,不易调护。20世纪20年代以后,蚕桑业有衰退之势。但经云南实业厅推广,

---

① 云南省志编纂委员会办公室编:《续云南通志长编》下册,云南省志编纂委员会办公室编印,1985年,第313页。

② 嘉瑗:《救云南宜速振兴蚕业》,中国科学院历史研究所第三所编:《云南杂志选辑》,科学出版社,1958年,第221页。

至 1934 年,"全省有大姚、楚雄、永善、宾川、弥渡、洱源等 32 个县种桑养蚕,养蚕户计 9 737 户,有桑树 610 余万株,年产生丝 14 442 斤"[①]。

云南为产茶名区之一,普洱茶闻名国内外,除自给外,尚有大量输出,影响民生经济甚巨。为振兴茶业,云南省政府于 1924 年设立云南茶业实习所,培养茶业技术人才,在昆明郊区"十里香茶"产地十里铺附近建立"模范茶园",作为学生实习场所,因该地接近十里铺,地质颇宜植茶。1930 年,云南省政府把这个茶园改为省立第一茶业试验场,进行茶叶品种试验,并从各品种中捡出一种最优良、最适宜本省环境之品种,进行育种工作,以期推广。但因雨季山洪暴发,狂流摧残,对茶树生长影响不小。而冬末春初发芽时节,又往往缺乏水源,此时天气异常干燥,朔风吹来,沙尘随至,既损茶质,复碍发育。但在试验场的反复试验和不断改进中,在西双版纳、凤庆、景谷、昌宁、下关等地,各族人民的种茶、制茶技术获得较大提高,"普洱茶""凤庆茶"等的品种、质量都有改进和提高。云南的茶叶除本省饮用外,大量运销四川、西藏等地,还向越南、泰国、缅甸等国出口,"是云南外贸出口的重要产品之一"[②]。

进入民国以后,云南省政府大力推广棉花种植(草棉),先后在开远、元江、宾川、弥渡等地建立棉业试验场,并购买省内外和美国棉籽优良品种,分发给适宜种棉的县种植棉花,先后有 30 余个县种植。尽管云南纬度低,光照、温度适宜,但由于地处高原,夏季温度偏低,旱、雨两季对美棉亦会造成极大的伤害。对于云南种棉,一般专家都持悲观态度,认为受自然条件的限制太大。"1. 地势多在海拔一千公尺之间,失之过高,此不独影响开铃吐絮,且能增加棉花僵瓣。2. 湿度在夏日适逢雨季较低,俗谚所说:'四季无寒暑,有雨变成冬'为严重的限制因子。3. 雨量分布不均,播种时多旱,开花吐絮时多雨。棉花受精率降低,蕾铃脱落率增高。"[③]为推广棉花种植,1921 年,云南实业厅在开远建立木棉种植场。1938 年,中央农业实验所云

① 杨寿川:《云南经济史研究》,云南民族出版社,1999 年,第 202 页。

② 杨寿川:《云南经济史研究》,云南民族出版社,1999 年,第 202 页。

③ 张天放:《云南木棉事业的发展和结束》,《云南文史资料选辑》第 16 辑,中国人民政治协商会议云南省委员会文史资料研究委员会编印,1982 年,第 61 页。

南工作站和中国银行到云南办理合作农贷的冯泽芳、张天放等人,考察了开远县城墙上生长的 200 多株木棉[①],认为其特点是纤维细长,系与埃及棉同种,在云南变为多年生木棉,为纺细纱的原料,有较高的经济价值。经过研究协商,1939 年,云南成立云南省木棉推广委员会,张天放任云南省木棉推广委员会主任,负责木棉种植与推广。任职期间,他并没有因为云南不利的自然条件而放弃种植棉花。云南木棉推广委员会成立后,张天放负责推广工作,他"会同各县机关团体召开种植木棉宣传大会,并印发木棉栽培法、领垦荒地办法、木棉贷款办法等,以期扩大人民普遍了解。"[②]生态条件尤其是雨量问题,是种植云南美棉失败的主要原因,而木棉在云南的生长可谓是独有的,国内外都很少能发现比云南更适合木棉培育的生态环境。从 1931 年逐步进行栽培试验和技术培训,向农民发放贷款,推广扩种。到 1947 年,云南全省许多地方开始种植木棉,种植面积扩大到了 7 万余亩,云南木棉栽种工作已见成效。由于外国棉花倾销云南,而云南的纺织工业又不发达,农民种出的木棉没有销售市场,推广工作不得不停止,木棉种植面积越来越萎缩。

云南具有得天独厚的种烟条件:(1)滇西、滇南大部分地区海拔高、光照强、太阳辐射量大,平均日照率达到 50%~70%,十分有利于烟叶的光合作用。(2)土壤为微酸性的黄壤、红壤,肥力适当且土层厚、土质松,易于排水通气,可谓白天蒸发快、夜晚易回潮,有助于烟株根叶成长。(3)无霜期长,滇中、滇南、滇西大部分地区为亚热带,气候温和,特别适于喜温性烤烟的生长。(4)降雨量充沛,只是降雨分布不均,有时需要灌溉。但当时云南不产烤烟,烟叶或用云南旱烟,或购外省和外国烤烟。1931 年,南华烟草公司请求省政府出面,引导农民种植烤烟。1932 年,昆明第一农事试验场进行美种烟草的栽培试验,取得一定成绩,证明云南适宜种烤烟。后由于种种原因一度停止试种。1939 年恢复试种,又获得成功。

---

① 云南木棉不同于我国北方种植的棉花(草棉),是一种多年生木本灌木,亦称"洋棉花树",木棉所结棉桃与草棉相似,但棉花纤维比草棉细长,且韧性好,一年可采收两次。

② 张天放:《云南木棉事业的发展和结束》,《云南文史资料选辑》第 16 辑,中国人民政治协商会议云南省委员会文史资料研究委员会编印,1982 年,第 52 页。

1940年,云南省政府成立云南改良烟草推广处,任命农业技术专家常宗会为处长,进行烤烟的引种和推广工作,购买美国籽种航寄到昆明,在昆明、富民、玉溪、开远四县进行小面积试种,结果以美国"金元"种最适宜云南的自然条件,产量高、品质优。云南省政府为进一步推广烤烟种植,于1941年3月1日成立云南烟草改进所,负责技术研究,进行试种和推广,先后任所长和副所长的有赵济、常宗会、徐天骝、褚守庄等人。褚守庄曾根据云南种烤烟的经验,结合科技理论,写成《云南倡种美烟概况》《云南烟草事业》,徐天骝著有《十年来之云南美烟事业发展纪实》,这些著作是研究云南烤烟种植史和科技史的宝贵资料。云南烟草改进所在昆明西郊长坡试验场和富民县选择多种烟种栽培、进行良种试验,证明从美国引进的"金元"种适于云南种植。1942年,在昆明、玉溪、江川、晋宁、富民、武定、禄劝、罗茨等县推广成功,这年,"全省种植烤烟2 727亩,收烟61 816斤"[1]。1943年,推广到14县,"种植面积为23 595亩,产量达946 553斤"[2]。1948年,种烟县份达72个,"面积达32万亩,产量激增至36万担(即3 600万斤)"[3]。

此后,云南种植烤烟的地区和面积逐年扩大,产量逐年增加。推广至1945年,技术人员发现"金元"种有退化趋势,云南烟草事业总管理处负责人徐天骝向省政府提出引进新品种。1946年,云南从美国引进了"大金元"种,昆明农林植物研究所亦同时引进"大金元"种,经植物学家蔡希陶、俞德浚等人在长坡试验场试种,发现"大金元"生长健壮,枝叶茂盛,厚薄适度,烤制后色香味俱佳,最适宜云南的土质和气候。云南省政府和云南烟草改进所决定推广。从1943年到1948年,云南全省种植烤烟的县从14个增至72个,遍及滇中、滇东、滇西、滇南,以玉溪、曲靖、楚雄三地区最多。种植烤烟面积从6万亩增加到301 000亩,总产量由600余万斤增至1 540余万斤。[4]烤烟成为云南发展最快,商品率最高的经济作物。

---

① 杨寿川:《云南经济史研究》,云南民族出版社,1999年,第201页。

② 杨寿川:《云南经济史研究》,云南民族出版社,1999年,第201页。

③ 杨寿川:《云南经济史研究》,云南民族出版社,1999年,第201页。

④ 《云南烟草改进所三十七年度工作报告》,云南省档案馆馆藏云南省建设厅档案,全宗号:77,目录号9,卷号808。

为扩大耕地面积,1935年,云南成立开蒙垦殖局,兴办蒙自县草坝的水利农垦事业。草坝是一个方形大平坝,由东至西和由南至北,各约10千米,面积近8万亩,是云南著名的大平坝。在草坝的东南部山岩石缝中,每年夏秋雨水季节涌出大量洪水,这些洪水由草坝黑水河流入开远坝下坝蚂蝗沟三角海中的落水洞落泻。由于洪水量大,落水洞口小,水量落泻缓慢,洪水每年都把草坝淹没过半。雨水过多的年份,淹没地面2/3,要到冬春季节洪水才能落完。露出的地面不能栽种农作物,遍地生长水草,故名草坝。开蒙垦殖局经过调查研究,设计出"除水患""兴水利"开垦草坝的方案。第一步"除水患"工程:凿开黑冲山峡,开挖一条2千米长的新河道,使草坝洪水流入蒙自沙甸河,疏浚沙甸河20千米,不使洪水危害沙甸河沿岸。第二步"兴水利"工程:修筑灌溉渠,引蒙自大屯海和长桥海水,灌溉排除洪水后的草坝垦殖土地。第一步工程完成后,解除了草坝水患,有了大片可耕地。第二步工程完工后,到1944年开垦出稻田5万余亩,建立9个农垦新村。这些新垦田地,绝大部分由政府租给农民耕种。这个昔日荒芜的坝区,迁来大批农民,在这里种植水稻、甘蔗、棉花。垦殖期间,这里建立了蚕业新村公司,进行大规模的栽桑养蚕。开蒙垦殖局的局长杨文波、副局长徐嘉锐都曾赴欧美学习农业技术,工程师刘治熙是天津大学工科毕业生,还有一些农业技术和工程技术人员参与垦殖工作。他们按照科学方法除水害、兴水利,开垦土地,使垦殖事业取得一定成绩。抗日战争时期,可以说是云南水利史上发展的黄金时期。这一时期农田水利经费之多、人工投入量之大、受益田亩之多,是近代以来其他时期所不能比拟的。至1949年,云南全省保灌面积为364万亩,占当时全省耕地总面积3 716万亩的9.8%。

(四)利用新技术改良畜牧品种

随着农业生产的发展,畜牧业的改良也提上了议事日程。我国在西南、西北、华北等地建立了牧场、种马场、畜产改进所等,引进并培养优良畜牧品种。

云南在畜牧改良方面较有代表性。1917年10月,云南省第一牧场成立,附设于昆明市郊大普吉省农事试验场。1918—1938年,第一牧场陆续引进丽江马、罗平牛、邓川牛、师宗山羊、曲靖绵羊等地方良种,以及越南杂种马、印度山羊、法国大白猪、美利奴绵羊、荷兰牛、吉尔牛、巴克夏猪、约克夏猪、荣昌猪等良种,与本地畜种杂交,取得一些成效。1938年,云南省畜产改进所成立,附设普吉种畜场,任务是改良畜种,防治兽疫,改良畜产品等。同年,丽江畜牧试验场成立。1939年,云南省政府又建立宣威种猪场,筹建嵩明军马牧场。1942年,在宣威建立西南绵羊改良场(1946年更名为宣威绵羊场),同时,嵩明军马牧场建成。[①]1921年,云南省农事试验场场长米文兴(毕业于日本帝国大学农科)用越南杂种马与本地马杂交改良试验。1938年5月,丽江畜牧试验场吴镜漪由昆明运陕西驴6匹至丽江,与本地马作杂交试验。至年底配种24匹,次年所生骡驹较本地驴交配所生骡驹大且健壮。1943—1948年,嵩明军马牧场对丽江马进行调查,并进行了蒙古马与丽江马的杂交改良研究。

1923年,熊作舟用从越南购入的3只印度羊与本地山羊杂交,用从北京购回的美利奴绵羊与本地绵羊进行剪毛量比较,前者比后者多1倍以上。1942年,熊作舟用美利奴绵羊与寻甸绵羊进行杂交改良试验。1942年,西南绵羊改良场在中央畜牧所技师彭文主持下,用美利奴绵羊到昭通、会泽等地改良本地绵羊。

1928年,熊作舟购入法国大白猪与越南黑公猪的杂种猪,与昆明本地猪作增重比较试验,发现肥育率增加90%。1938年5月至1941年3月,云南省畜产改进所从四川家畜保育所引进巴克夏猪、约克夏猪、荣昌猪,与本地猪作杂交改良试验。

云南人民在长期的实践中,选育出武定鸡、茶花鸡、尼西鸡、盐津乌骨鸡、西双版纳斗鸡、云南麻鸡等优良鸡种,但因不重视科学养殖,大多处于自生自灭状态。1926年,云南第一牧场负责人何毓芳经过调查,认为产蛋鸡较好的品种有普通鸡、茶花鸡、乌骨鸡等,此后开始推广。20世纪40年代又引入少量芦花鸡、澳洲黑鸡、奥品顿鸡、火鸡等外来鸡种。

在西北地区,由于石山较多,"宜于耕种者,不过十分之三四,宜于畜牧者,居十分之六七。"[②]所以,畜牧业是当地的经济支柱。但当地畜牧养殖方法仍依旧习,牛瘟泛滥时,常常造成巨大损失,畜牧业亟待改良。南京国民政府建立后,全国经济委员会加强推行西北畜牧业计划,1934年6月,全国

---

① 夏光辅等:《云南科学技术史稿》,云南科技出版社,1992年,第242~243页。

② 《改良西北畜牧事业计画》,《农业周报》1933年第14期。

经济委员会在甘肃和青海交界的甘肃省夏河县甘坪寺设立西北畜牧改良场,该场主要职责如下:"(一)改良羊种,就本国原有滩羊加以选种改良,使国内服装皮料生产增加。(二)改良牛种,增加肉用牛乳用牛之生产,及注意皮革改良。(三)改良骡马驴种。(四)饲料饲养之方法,切实改良。(五)发展畜牧事业,并普遍防治病疫之实施,将来该场办有成效,拟再在甘肃、宁夏、陕西等省设立分场。"[1]1941 年 4 月,农林部在岷县东教场成立西北羊毛改进处,负责甘肃省等西北省份羊毛改进事宜。主要任务是"改良绵羊品质、改良草原羊群饲养管理方法、改良剪毛及羊毛处理方法、防治及研究羊病、训练畜牧兽医推广人员、成立推广站队等"[2]。此外,西北地区还建有大型种马场,甘肃岷县的种马场规模最大。1935 年,陕西省为改良本省畜种,下令各县设立种畜交配所,以增加牲畜之生产。民间交配种畜暂以牛马羊为主,并对种畜的标准进行了严格规定。[3]

为发展畜牧业,华北也建立了一些大型牧场。如 1936 年,绥远集宁县建立的奎腾梁牧场,场内畜种主要有羊、马、牛,并以纯种美利奴羊为种羊开始畜种改良工作。山西省建设厅也积极推广用美利奴羊种改良本地绵羊,制定了各县推广美利奴羊改良绵羊配种注意的事项,加强对畜种改良工作的监管力度。此外,华北对本地猪的改良做了大量工作,前文已述及,在此不再赘述。

为使畜牧业健康发展,民国时期,我国各地的畜牧机构开展了家畜传染病的普查工作,开始用兽医生物药品对家畜传染病进行防治,从 20 世纪 30 年代开始,上海采用牛瘟血清防治牛瘟,南京采用注射猪瘟血清的办法防治猪瘟,这对防止家畜传染病传播有十分重要的意义。

总之,近代以来,随着农业新技术的推广,各地农业环境发生了不同程度的改变,主要表现为农作物品种引进、改良与推广,运用科学方法进行栽培试验。这一方面提高了农业产量,另一方面提高了农产品在市场上的竞争力,同时使农业种植结构发生了变化。

---

① 《西北畜牧改良场》,《中国实业》1935 年第 5 期。

② 张恒:《近代甘肃畜牧业转型研究》,西北农林科技大学 2018 年硕士学位论文。

③ 《陕省改良畜牧》,《农学》1935 年第 1 卷第 1 期,第 108 页。

第四章

经济发展与城市环境变迁

近代工业发展不仅促进了近代中国社会经济的发展，而且引发了城市环境的变迁。近代工业经济触角延伸的广度与深度，直接决定着其对环境影响的程度。从这个角度考察，经济发展首先引发城市变革，进而波及城市及其环境的变迁。这种变迁伴随着经济发展的步伐，影响了城市的物质环境、空间布局、人口数量、公共卫生、劳工处境、疾疫传播等诸多层面。总体来看，这些变化还带有明显的区域性特征，尚未达到工业化时代的全方面和深层次变化。因此，本章对近代工业发展与环境变迁的互动关系论述，以近代中国不同区域的主要城市和特定主题为节点展开。

第一节 ｜ 东部地区经济转型与城市环境变迁

我国东部地区由于开埠通商较早,自然经济解体亦早于其他地方。随着人口的增加,东部的城市规模逐渐扩大,商业贸易日益繁荣。而随着近代工业的发展,东部城市的环境问题不断显现。本节重点以上海、济南、苏州为例,剖析近代城市经济发展与环境变迁之间的关系。

一、上海城市环境变迁

上海开埠后,因得天独厚的区位优势和自然环境,工商业迅速发展,很快成长为中国第一大贸易港口,工业化和城市化进程居全国首位,引发了上海社会经济结构与环境的深刻变革。

（一）城市人口显著增加

19 世纪七八十年代,随着西方各国向中国拓展市场,在较早开埠通商的江浙一带,许多地方发展经济作物。随之,缫丝厂、纺织厂、烟厂相继建立,马路两旁造房开店,百工居肆成市。洋纱厂、织布厂、牛皮厂、电灯厂等相继成立,市面逐渐发达。上海的周家桥本是一个小村落,荣氏兄弟置地开办申新纺织厂,几年后纱价大涨,富商购地设厂者接踵而至,百工麇集,遂成市面。经济结构的变化最明显的影响是就业岗位的增加和外来人口的大量迁入,上海日益繁华。19 世纪中叶至 20 世纪初,上海城市人口从 54万余人增长至 128 万余人,增长约 74 万人,增幅较大。到 1933 年,上海仅工人总数就多达 35 万人。经济结构的变化改变着当地的传统农业社会,农田变成工厂,农民变为工人,农村种地人口的减少和人口结构的变化反映着自然环境和社会环境的共同变迁。

（二）人口增加带来的城市环境问题

19 世纪 60 年代以前,人烟稀少的上海县(今闵行区)西北的曹家渡逐渐发展成繁华的工商业区。"衣于斯,食于斯,聚居于斯者不下数千人。"[①]随着人口的增加,这一带逐渐繁华,城市景观初露端倪。昔日寂静无声、一片漆黑的乡村景观渐行渐远,取而代之的是灯火通明、机器轰鸣的场景。乡村经济受到城市冲击之时,城市资本不断涌向农村。但是,在城市底层,社会民众的生活和居住环境异常艰苦。棚户区居住着大量的小贩、清道夫、乞丐和失业者。以人力车夫为例,他们居住在二三层的通透式阁楼地板上,地板上铺着肮脏的被席,这里的空气是污浊的,地板是龌龊的,臭虫、白虱等到处可见。部分人力车夫居住在自己搭建的窝棚里,"草棚大率建于泥地之上,四周墙壁或用竹篱,或用泥草碎石等泥凝物,顶覆稻草,窗是大都没有的。通常一座草棚是一大间,长二丈,宽一丈余,也有用芦席或板壁隔成小间,前部为炉灶和休憩之所,后部为卧室厕所。地下没有沟渠的设置,一遇天雨,积水是无法排泄的"[②]。而在与此不远的租界内,洋楼、西餐和西装构成了另一番景象,二者对比鲜明。难怪一位英国游人感叹道:"回到明亮、宽阔、干净、道路铺设良好、卫生设施齐全的洋上海街道上,我对从前这样多的居民不认识邻近城市黑暗、拥挤、肮脏、狭窄、污秽、烟雾弥漫的旧城街道,就一点不觉得奇怪了。"[③]类似的棚户区在近代上海发展迅速,到中华人民共和国成立前,上海市中心区分布着规模不等的数百处棚户区,约有1/4的城市人口生活于此。

从郊区远眺城市,当时人们已经体会到上海工业化、城市化过程中的空气污染问题。"再讲到空气和居住实在是更糟了。我们如果走到闸北、江湾或南市龙华等处的乡村里远望着上海,只见半空中烟雾弥漫,十里洋场,完全埋于烟雾丛中,分不出什么是高楼,什么是矮屋,试想数百万住在上海的人们,整天整夜在烟雾弥漫中过活,生命是多么危险!纵使不被烟雾熏

---

① 黄苇、夏林根编:《近代上海地区方志经济史料选辑(1840—1949)》,上海人民出版社,1984年,第292页。

② 上海市政府社会局编:《上海市工人生活程度》,上海市社会局编印,1934年,第55页。

③ [英]伊莎贝拉·伯德:《1898:一个英国女人眼中的中国》,卓廉士、黄刚译,湖北人民出版社,2007年,第28页。

死,至少也要减少阳寿十年。"[①] 尽管当时缺乏对空气污染的详细指标监测,但人们对当时上海城市生活场景的描述,足以反映出污染问题的严重性。

此外,上海的公共卫生情况堪忧。"在徐家汇路上有很多粪坑,靠近边界有一个巨大的粪坑(大约 30 米)。……此外,还有违章建造的羊圈,一潭死水和成堆发酵的垃圾。从西门直到租界边界,地面上有一层厚厚的肮脏烂泥。一条河穿过县城,居民每天都把垃圾扔进河里,每当低潮时便细菌滋生,成了传染病的病源中心。这条河向西流入周泾,严重影响周泾周围的卫生环境。"[②] 受西方科学技术和城市规划理念的影响,市政问题和环境公共卫生也在逐步改善。19 世纪 60 年代租界开始供应煤气,19 世纪 80 年代电灯、电话、电报和自来水在上海相继出现。排水设施不断改进,开始新建下水道。最有代表性的是在法租界,"直径 2 米到 3 米的砖砌下水道,这在上海从未看到过,被建造在这条河浜的旧河床上,这条下水道从 1900 年或 1901 年开始建造,到 1908 年完工。"[③] 对当时铺路,清理死水潭、整治城市卫生死角、拆除窝棚和低矮建筑等整治城市环境卫生的情况,时人记载:"在不到两年的时间里,在葛罗路、华格臬路、维尔蒙路地区的所有河浜和水塘都被填埋,我们填平新租界边界的小河,对以前直到这里不能进入的地块进行填方,搬走棺材,放宽现存的小巷,并辟筑人行道和排水沟,挖掘沟渠用于排水。"[④]

上海人口增多,产生很多垃圾和废弃物。据上海市卫生局统计,1935年的垃圾总量为 423 426 吨,1946 年的垃圾总量为 861 727 吨,10 年间增加了 438 301 吨。按人均计算,1935 年每日每人平均产生垃圾 0.32 公斤,而

---

① 鼎鼎:《上海的繁荣是如此:告诉没有到过上海的人们》,《上海周报》1933 年第 15 期。

② 牟振宇:《近代上海法租界"越界筑路区"城市化空间过程分析(1895—1914)》,《中国历史地理论丛》2010 年第 4 辑。

③ 上海市档案馆藏:《上海法租界公董局关于公共道路、下水道和粪便处理系统的城市卫生工作报告(1849—1940 年)》,牟振宇、张华译,《历史地理》第 23 辑,上海人民出版社,2008 年,第 405 页。

④ 牟振宇:《近代上海法租界"越界筑路区"城市化空间过程分析(1895—1914)》,《中国历史地理论丛》2010 年第 4 辑。

1946年的每日人均产生垃圾量为0.62公斤,也增加了近1倍。[1] 这引发了市政环境卫生管理的变化。上海市颁布了一系列规章,与环境卫生直接相关的规定有:禁路上倾积垃圾;禁道旁小便;禁春分后、霜降前卖野味;禁卖臭坏鱼、肉;禁沿途攀折树枝;禁九点钟后挑粪担等。

伴随着上海工业化的推进,工厂纷纷建立,废水直接排入河中,上海城市的水污染问题开始显现。譬如,在宝山县江湾一带,沿淞沪铁路天通庵与江湾车站之间,有威士制革厂,傍江湾河而立。厂中秽水,皆泄于河中。江湾沿河居民因河水污染诉请淞沪警厅卫生科检验水质,经检验此水不仅不能饮用,即便煮沸之后饮用依然有害健康。上海市卫生局发现了污水对环境造成的破坏,在《卫生局业务报告》中提出:"市内工厂林立,各厂排泄污水,随意弃置,殊与饮水卫生有碍,尤以制皮厂硝皮作污水为甚,故已函请公用局制定滤水地图样,分发各厂,命其将各种污水先行过滤,然后放入河中。"[2] 此外,上海市政府还修理阴沟便池,拟定了改良公厕办法,并对水质不合格的自流井予以取缔。

自然景观变迁方面,以上海江湾五角场地区为例。开埠之初,此地为棉花生产基地,纺织业发达,以农业经济为主。伴随着近代化的启动,这里的乡村景观形态逐步为城市景观形态所取代。至1900年,这里仍以乡村景观为主,河流纵横,绿野平畴。徐和浜、毛家浜、巽风浜、南老河这些以河道命名的村名即可为证,河道周围分布着近百个村庄。1908年,万国体育场的修建,花园的兴建,体育会西路、翔殷路、淞沪路等道路的修建,以及复旦大学等教育机构的迁入,加快了乡村环境向城市景观改变的步伐。1929年,上海市政当局制定"大上海计划",拉开了以政府主导的当地大规模城市化的序幕。

在此过程中,修建公路51条,兴建淞沪铁路支线、各级政府办公大楼、医院、图书馆、码头等城市公共设施,建设上海制酸厂、发电厂和养殖场,使得这里村寨大量消失,形成了道路纵横、高楼林立、车水马龙的城市景观。

---

① 周钰宏编:《上海年鉴》,华东通讯社,1947年,第6~18页。

② 《上海特别市市政府卫生局业务报告》,上海特别市市政府:《市政公报副刊各局业务汇报》,1927年第1期,第3页。

在江湾地区景观变迁过程中我们可以发现,人为原因导致此地的城市景观严重碎片化。农田减少,林地消失,部分河道淤塞断流,影响灌溉。道路的硬化使得原有生态系统之间的联系割断,生态通达性降低。

譬如,在经济开发和房屋修建过程中,地产开发商为自身利益,无序填浜填河,致使河浜体系紊乱,河水的自然流动被阻,臭水河浜大量出现。造成河浜水质变差的原因包括:生活污水的排放,生活垃圾的堆积,越界填浜筑路等改变了河网自身的生态和新陈代谢功能,河道自净能力下降。1900—1920年,上海填浜修路出现了一个高峰期,昔日河道被人为分割,支离破碎,死水浜、断头浜随处可见。河道淤塞严重,变成残沟断河,填浜筑路引发的环境问题和负面效应开始集中显现。

为应对各种环境问题1920年以后,上海市工部局卫生处新增职能:整治污秽水体、消灭蚊子、预防疟疾等传染病,这与传统疏浚河道的职能相比发生了巨大变化。同时,在工部局所受理的投诉案件中,因河浜臭水造成的空气污染和景观污染案占相当大的比重。填浜筑路和环境污染之间还形成恶性循环。填浜首先引发水污染,继而遭到周围业主的投诉,工部局在无法疏浚河道的情况下,只能接受业主的投诉而无法从根本上解决问题。总之,上海富有特色的水乡景观被现代化的城市景观所取代,本质上也是资源利用方式在近代化过程中的转型。经济发展与环境变迁紧密相连,经过多年建设,上海景观发生变化。这里不再是宁静原始的城市,不再是露天生活的殖民城市。大片的田地和长着芦苇的河浜消失了,乡村原野消失了。

二、济南城市环境变迁

近代经济兴起之前,济南的商业以日常消费为主,西关"五大行"为集中体现。济南近代城市经济发展和市政建设,肇始于1904年的正式开埠。特别是胶济铁路的修建和商埠的开通,促进了济南的城市变迁。此后,在近代经济的冲击下,工商业发展迅速,但由此环境问题也接踵而来。

(一)城市工商业发展带来环境变化

济南人口密繁,物产丰饶,交通水路咸备,工商营业区域甚广,货物输出输入及其分散聚集,皆由于此。商埠区发展迅速,很快由昔日荒郊坟地变成了商铺林立的繁华市区。"1915 年商埠区内华商开设的商家店铺已有五六百家,1927 年,商埠的商号店铺总数已发展到 1 534 家。"[1]济南人口由 1914 年的 245 978 人增长至 1933 年的 427 772 人。

经济发展和人口增多给传统的城市管理带来挑战,为此,济南商埠总局成立了工程局、发审局和巡警局,分别管理相关事宜。商埠总局完成规划布局后,道路建设、污水排放工程、公共卫生治理和公园广场等基础设施建设次第开展。宣统年间,市廛栉比,路线纵横的状况初步形成,以致常年在外的人士回到家乡感叹道:"西关外之十王店,本系荒野,今已修成马路,列肆而居,无不惊讶,大有沧桑之感。"[2]1904 年,商埠总局规划修建了山东省最早的商埠公园,松柏青翠满园,花卉争艳溢香。这些城市建设工作使济南的城市面貌得以初步改善。以此为契机,市政建设的水平和规模不断扩大。

1929 年 6 月,山东省政府制定了《山东省济南市组织条例》,将老城区、商埠区和周边郊区合并,实施统一规划和管理,全城范围内的大规模市政建设和生态变化由此开始。济南市市长阮肇昌顺应形势变化,就任之始就提出扩建道路、加大公共设施建设力度、改造排水系统等规划。改建道路的问题上,市政当局采纳了拆除城墙的建议,很快就将原城墙改造为长 3 560 米、宽 9 米的城头马路。工务局还在 1929 年制定了《行政计划大纲》,提出了市内主要道路的建设方案。至 1934 年,济南道路修筑里程达 20 千米,总面积 13 万平方米。

(二)城市环境的整治

为改善城市环境,济南地方政府对城市道路进行了改建,昔日泥土路,晴天尘土飞扬,雨后泥淖难行的状况不复存在。大部分道路变成了石渣路或沥青路,道路硬化率大大提高。此外,由于道路排水系统不甚完善,大雨时,路面经常被冲毁,或雨水停积为患,政府改建道路时,将两侧的明沟改

---

[1]　林吉玲、董建霞:《胶济铁路与济南商埠的兴起(1904—1937)》,《东岳论丛》2010 年第 3 期。

[2]　《今昔殊观》,《盛京时报》1906 年 12 月 29 日。

为暗沟,且"通盘筹划,规定水道所由出,分划水量所宣泄"①。由此,秽气熏蒸,浊流四溢的场景得到改善。随着城建工作的开展,道路的绿化提上了议事日程,到 20 世纪 30 年代中期,全城道路两侧共栽植树木 12 000 余棵,绿化面积的扩大提升了城市的美感。

城市规模的膨胀和新增人口导致用水量日增,用水压力加大。先前供饮用的地表水由于企业污水和生活污水的大量排放,污染日趋严重。供水源问题催生了自来水厂的建设,1936 年 12 月,趵突泉水厂正式建成,当时用户达 1 600 余户,此后供水规模不断扩大,用户逐年增加。不过,用户多为官府、军队、货栈、医院和工厂等,普通市民大多难以企及。

在城市公共卫生方面,1929 年济南市政府成立后,通过了一些法规,成立了专门性组织机构,颁布了《济南市取缔粪场规则》《济南市公共厕所整理办法》《公共娱乐场所清洁方法》《清洁道路暂行规则》等法规。在具体执行和管理方面,济南市公安局设置卫生科,专司办理卫生事宜,并设置保健股、病疫股、化验股。饮用水管理是城市公共卫生管理的重要内容,为此,济南市内公、私泉井的管理得以强化。据统计,到 1937 年,济南市内有公、私水井 2 100 余眼,是济南市民主要的饮用水源。

根据济南市公安局的管理规程要求,专门技术人员必须对水质进行不定期检查和消毒。各公、私泉井必须设置围栏或盖上井盖,并于名泉处所悬牌严禁倾倒污秽及就泉洗濯衣物。井之附近,禁止建筑厕所。就连市民洗涤衣物的时间也有明确规定:"在春秋冬三季,每日于下午三时以后,夏季于四时以后,方准就河洗濯衣物。"②

在固体垃圾处理方面,济南市成立由市公安局统一管理的清道队,负责清运垃圾。1937 年,济南市清道队有职工 103 人,人力垃圾车 30 辆,马拉垃圾车 8 辆,安放垃圾箱 295 个。③清道队严禁居民乱倒垃圾,每日以摇

---

① 《本市商埠下水沟渠计划》,《市政月刊》1930 年第 2 期。

② 山东省会警察局编:《山东省会警察概况》,全国图书馆文献缩微复制中心,2011年,第 305 页。

③ 山东省会警察局编:《山东省会警察概况》,全国图书馆文献缩微复制中心,2011年,第 366 页。

铃为号沿街搜集垃圾,最后以垃圾车转运。市民闻铃,如有积污秽物未能尽向垃圾箱内倾注者,即可移倾垃圾车内,以便运输而重清洁。尽管当时城市卫生管理水平不高,一系列举措也无法从根本上改善城市的脏乱差局面,但毕竟迈出了近代城市管理和卫生变革的第一步。

三、苏州近代工业与环境变迁

苏州的机器工业最早开始于洋务运动时期李鸿章设立的苏州洋炮局,甲午战争后,清政府鼓励民间设厂,苏州的机器工业得以发展壮大。"苏州近代工业是以蒸汽动力机器为基础的一种全新生的生产手段。"[①] 清末,苏州地区规模较大的机器工业总数达 17 个[②],涉及缫丝、轮船、汽水、布厂、胰皂、电灯等行业。20 世纪 30 年代初,苏州有工厂近 80 家,产品涉及范围更广,包括电力、玻璃、火柴、皂碱、造纸、制铁、缫丝、纺纱等十余个行业,这些工业奠定了苏州近代机器工业的基础。可以说,"苏州近代工业的产生对苏州城市发展来说还是具有划时代的意义"[③]。

(一)苏州交通环境改善

随着苏州近代工业的发展,苏州地区的交通状况与环境也发生了变化。1882 年,苏州地区出现了最早的轮船航运。1895 年以后,外商轮船根据《马关条约》的规定开始进入苏州河。日本人捷足先登,随后英法相继开通了苏州及其周边城市的航线。外商在苏州直接投资与经营的轮船公司共 5 家,其中日资公司 3 家,英资、法资公司各 1 家,分别为日资大东汽轮公司、日资戴生昌汽轮公司、日清汽轮公司、英资老公茂汽轮公司、法资立兴汽轮公司。在外资航运的冲击下,清政府调整国内航运管制政策,民族资本控制的航运业渐渐发展,上海的航运公司和苏州本地商人都积极谋划当地的航运事业。1918 年,在苏州轮船局登记经营的航运企业 21 家。至 1934 年,"以苏州为中心的航线有 55 条(包括重复航线),通航里程 337 千米,占全省的 7%;轮局(公司)53 家,有小轮船 92 艘,轮船中以汽船占大半,蒸汽船次

---

① 张海林:《苏州早期城市现代化研究》,南京大学出版社,1999 年,第 60 页。

② 张海林:《苏州早期城市现代化研究》,南京大学出版社,1999 年,第 60 页。

③ 张海林:《苏州早期城市现代化研究》,南京大学出版社,1999 年,第 60 页。

之,吨位以 10~15 吨为最多,占 14%"[1]。

苏州的陆路运输条件同样得到了较大改善。铁路建设方面,1908 年沪宁铁路竣工通车,1935 年苏嘉铁路贯通。20 世纪 20 年代,苏州开始修建公路。在南京国民政府的统一规划与总体推进下,京沪公路、苏常公路、苏澄公路、苏嘉公路等线路穿城而过。到全面抗战爆发前夕,苏州形成了由 15 条公路线组成、总里程达 708.04 千米的公路交通网络。[2] 水路和陆路交通设施的更新,方便了苏州及其与周边城市的人员和物资交流,极大地改进了苏州的交通环境。

(二) 城市人口增加引起环境变化

随着城市化进程的加速发展和商贸交通环境的改善,苏州人口逐渐增加。1927 年,苏州人口数为 261 709 人,这一数据在 1931 年上升到了 298 116 人,1934 年升至 336 477 人,1935 年达到了全面抗战前的最高峰,为 389 797 人。近代苏州民众的衣食住行和日常生活也发生了较大变化。辛亥革命之后,苏州同全国一样,兴起了剪辫易服的风潮,西装开始在民间流行。20 世纪二三十年代,民众服饰在款式、颜色和质地方面日益多样化,总体趋势日益摩登化。出行方面,火车、汽车、轮船成为苏州居民城际交流的主要选择,汽车、自行车、马车、人力车成为城内居民出行的主要方式,大大缩短了出行时间,提高了出行效率。

工业化与人口增长促进了苏州城市近代化进程,在苏州城市化过程中,市政改造促进了当地环境的改善。阊门、新阊门之间的河道淤塞,大大妨碍了当地交通卫生状况的改善。祝家桥至夏侯桥河道长期淤塞,河道两旁垃圾成堆,不仅造成交通不便,而且藏污纳垢。最初,苏州市政筹备处普遍采用填平河道的办法,这就造成干旱时水位降低,无法补水,沿河居民饮水发生困难。水流不畅还容易导致污浊积滞,实为发生疫病之源,发生涝灾时水又无法顺畅排除。苏州市政意识到这一问题后,改而疏浚河道,但

---

① 苏州市地方志编纂委员会编:《苏州市志》第 1 册,江苏人民出版社,1995 年,第534 页。

② 苏州市城市建设博物馆编:《苏州城市建设大事记》,上海科学技术文献出版社,1999年,第 88 页。

由于经费问题,无法对整个城市环境进行系统整治。

现代公共设施建设是城市面貌和环境改变的重要指标。20世纪20年代,苏州在城市化建设中,开始兴建消防、供电、供水等现代城市公共设施。早在1913年,苏州救火联合会成立,在管理制度方面,先后由"会长制"发展到"委员会制",组织机构渐趋完善。在消防设施上,朝着近代机械化的方向发展,开始使用吸水管和消防车。到20世纪30年代,苏州消防机构已拥有救火车54辆,其中引擎推动的救火车达15辆。此外,苏州还建造了火警眺望楼、水塔,并开始利用现代通信技术设置火警专用电话,以方便及时报告火灾信息。电力的广泛应用也改善了苏州的市政面貌。1911年,苏州振兴电灯公司在城内架设输电线路,安装路灯,这是苏州城运用电力照明的开始。此后,苏州以电灯为光源的路灯数量不断增加,从1911年至1913年,由最初的1 944盏增长至2 024盏。[①]20世纪20年代至30年代,苏州路灯数量再增至3 500盏,初步奠定了市内电力照明的基础。这一时期,苏州的电力事业也稳步发展。1929—1934年,苏州发电厂由19家增长至25家,苏州电气公司全年发电总量达1 500余万度。1936年,该公司年发电量达1 600万度,是江苏省内最大的民营电厂。与发电量增长相对应的是照明用户的增多,该公司1930年的照明用户达1.4万户,两年后发展到1.8万余户。

苏州近代化的启动和科学技术的引入,改变了当地的就医环境,西医逐渐进入苏州。1930年,当地有注册医师96人。5年后,注册医师达609人,其中专职西医82人。不仅西医人数增多,而且分科治疗逐渐系统化,内科、外科、儿科、妇科、耳鼻喉科等科室一应俱全,总体水平较为先进。与医学界从业人数增长相对应,苏州医疗卫生基础设施和硬件水平稳步提升。1930年,苏州已有西药房20家,医院总数27家,其中县立公共医院2家,其他性质的医院25家。1935年,医院总数达32家,其中外资医院5家。1937年,苏州西医治疗机构增长至44家,这些医疗机构建立了较为先进的手术室、放射科等科室。苏州还成立了公共卫生机构,负责城市卫生的清理,以改

---

① 方旭红:《集聚·分化·整合:1927—1937年苏州城市化研究》,合肥工业大学出版社,2012年,第168页。

变市容市貌。如整治公共厕所,设置水泥垃圾桶,定期清理城市垃圾等。

伴随着城市发展,人口增多,苏州的生活垃圾问题日益突出。很多垃圾直接排入河道,致使河流污浊,水源污染较为严重,饮水困难,供水系统的改造问题凸显出来。不过因时局和经济原因,自来水厂的筹建沦为一纸空文。苏州市政府最终选择疏浚河道,用凿井取水的方式代替建立自来水厂,作为清洁饮用水源。

苏州在城市近代化过程中,也出现了一些难以根治的问题,环境污染就是其中之一。民国时期,生活垃圾引起的环境问题在一些大城市已经凸显,苏州亦不例外。城厢内外,各街巷之瓜皮垃圾,秽气四播。据统计,1934年夏,苏州城区有垃圾堆 188 个,垃圾积存量达 5 万担[①]之多。吴县公安局第一分局境内有垃圾 34 处,约 33 670 余担;第二分局境内,除城外不计外,有垃圾堆 27 处,约 17 550 担;第三分局境内有垃圾堆 127 处,约 7 600 余担。一些市民将粪便和垃圾倒入河中,导致河水臭气熏天。工业污染问题逐渐显现,20 世纪 20 年代初,大华纸厂开始营业,造纸以盐酸、石灰和稻草为原料,引发严重的环境问题。1934 年夏,浒关镇数千居民因造纸厂对其饮用水的污染忍无可忍,焚烧原材料,是中国近代史上较早反抗工业污染的案例。

第二节 ｜ 近代华北地区工业与环境

洋务运动伊始,华北地区的近代工业即开始起步并发展起来。当时的工业门类较为齐全,涉及采矿、电力、建筑、化工、机器制造、火柴制造、玻璃、纺织和造纸等。1912 年以前,直隶有 10 家煤矿,资本总额为 553 万元。特别是开滦煤矿,1922 年前开滦的煤炭开采量居于全国首位,在近代中国

---

① 1 担 =50 千克。

煤炭业中长期占据重要地位。煤炭的开采一方面带动了当地经济的发展，另一方面也带来了环境的变化。

一、唐山煤矿工业引发矿区环境恶化

开滦煤矿是中国近代工业的摇篮，也是唐山工业化与城市化的起点。唐山的工业化与当地的自然资源和环境变迁密切相关。光绪三年(1877)，直隶总督李鸿章委派唐廷枢筹办开平矿务局。光绪二十六年(1900)，该矿被八国联军占领，后又被英商骗占。光绪三十二年(1906)，直隶总督札饬天津官银号筹办滦州煤矿。1934年，两矿正式合并为开滦煤矿，英商独占开滦矿务局。1941年，太平洋战争爆发后，开滦矿务局被日本夺去。1945年，抗日战争胜利后南京国民政府接收该矿，但将其交给英商经营。1949年，中华人民共和国成立后，将开滦煤矿收归国有。英国人占领煤矿时，由于进行掠夺式开采，使矿区的自然环境遭到破坏，遗留下严重的环境污染问题。据水文资料测算，"1912年到1920年，唐山、林西、马家沟、赵各庄、唐家庄5个矿平均涌水量每分钟32.96立方米"[①]。大量矿产资源被开采，造成大片的漏空区，在漏空区植被无法生长，造成土地盐碱化、荒漠化，现在唐山地区大量盐碱地的出现就是受其影响。此外，煤矿的建立需要大量的人力、物力。工厂建立，大量人口的涌入，必然需要大量土地、水源，乃至建造房屋的树木等。伴随着开平煤矿建设的还有铁路、运河交通设施的修建，铁路建设需要大量石子和枕木，对山上的植被造成破坏，形成荒山，遇到大雨季节，会出现滑坡、泥石流、沙尘暴等自然灾害，给当地人民的生活造成困扰。工业化还需要引进大量先进的机器设备，尤其是蒸汽机的运用和煤炭的燃烧，排放大量废气，导致大气污染。

因矿而生的唐山缺乏统一的城市规划，街市和居民区环绕厂矿，以致市区煤烟弥漫，污染严重。当时的基础设施严重缺乏，20世纪20年代开滦才开始筹建排水设施，主要由两大排水沟组成，直通礼尚庄大坑和陡河，每日排出废水量100多万吨，对当地的水环境造成较大污染。道路硬化比率

---

① 河北省地方志编纂委员会编：《河北省志·煤炭工业志》，河北人民出版社，1995年，第185页。

极低,主要为土路,雨雪天道路泥泞湿滑,市民生活极其不便。随着煤矿不断向下延伸,排水成为必须解决的问题,之后,随着新的排水技术引进,渐次形成了两级乃至多级排水结构。20 世纪 30 年代,唐山开滦煤矿的废水"即由最低处通过三级排至地面"[①]。

在城区发展方面,唐山是随着开平煤矿的创办,由丰润、滦县两县之交的 12 个自然村发展起来的城镇。这 12 个村包括原属滦州的乔屯、马家屯、刘家屯、城子庄、石家庄、小佟庄,以及原属丰润县的老谢庄、达谢庄、宋谢庄、郭谢庄、王谢庄、陈谢庄。1882 年以后,来唐山做工的广东人在唐山的广东街(由于广东人多居住在唐山矿北门而得名)上兴建了规模宏大、布置讲究的广东会馆,成为南北文化交流的重要场所。

开平煤矿的兴旺,刺激了唐山工商业的发展,很快出现了以同乡聚居而命名的广东街、山东街等街道,以地处要冲而得名的东局子街、车站街、兴隆街等街道,以商品集散地而出名的粮食街、鱼市街、柴草市街、北菜市街等街道。随后,商业区向铁路南侧发展,逐渐形成了小山大街、便宜街、东兴街、新立街、南菜市街等街道。经过几十年的发展,唐山镇 12 个村的街道之间连成一片,实际上已形成了一个工商业比较发达的城市。矿厂及工商业的发展,使唐山市区的面积不断扩大,1938年,唐山市区东至陡河,南至吉祥路,西至石家庄(今石庄),北至城子庄,全市面积为 20.95 平方千米,总人口 99 245 人。1940 年,市区范围除原 12 个村外,又增加了 18 个村庄。全市东西宽约 6.5 千米,南北长约 11.5 千米,市区面积为 74.75 平方千米。其中新划入的市区 53.8 平方千米。1942 年,市区人口为 132 722 人。[②]

在唐山开平矿区,工人的待遇和生活异常艰苦。据罗章龙《唐山劳动状况》记载:"余每到唐山就看见那挖煤的苦汉,穿着木头底的履,跟那腻垢破烂的衣,开口露出雪白的牙,抬头现出锅底似的脸,结群成帮的,走在大街上。这般苦汉,倒在煤洞子里,虽是隆冬,也热过盛夏;甚而至于空气

---

① 河北省地方志编纂委员会编:《河北省志·煤炭工业志》,河北人民出版社,1995 年,第 186 页。

② 河北省唐山市地方志编纂委员会编:《唐山市志》第 1 卷,方志出版社,1999 年,第 113 页。

不足,窒闷欲死。且常有土地塌陷,或煤石下坠,压成肉饼的。井下的煤,用人工挖,用马车运,要是塌陷的时候,外国工师一定问伤马了没有?至于人的死活,他们不很注意。因为死一马价值百八十元,死一工人,仅出抚恤四十元,工人的生命,比牛马还贱几倍!"[1]当时煤矿工人所住的房子名叫"锅伙","锅伙者即包窑人为苦工们预备的屋子,不收房费,包办苦工们伙食的地方。这个锅伙,就跟留养局的形势一样,内容窄狭污秽,臭气蒸人,也有睡在地上的,也有睡在土炕上的,讲究的猪窝,也比他好。每天所赚的钱,吃上两顿玉米面,吃上两卷纸烟,也就两手空空了"[2]。在矿工中流传的歌谣,反映了当时的真实情况。一首名为《住"锅伙"》的歌谣这样唱道:"提起住'锅伙',心火往上窜。盖的麻包片,枕的半块砖。啃的臭咸菜,吃的橡子面。白流一年汗,还得倒找钱。有病不等死,乱尸岗里填。苦辣酸臭咸,样样尝齐全。"[3]歌谣《"绣花"麻包片》的歌词为:"头戴一顶破柳罐,身穿'绣花'麻包片。冬避风来夏避雨,又挡热来又遮寒;醒时当衣睡当被,哪能顾了湿和干;成年累月穿一件,虱子滚了疙瘩蛋。"[4]与矿工的悲惨境地形成鲜明对比的,是开滦煤矿外籍高级管理人员舒适惬意的生活环境。他们居住在凤凰山南麓马路两侧的优质钢砖构建的别墅里,一户一院。庭院里花团锦簇,绿树掩映。室内窗明几净,暖气、壁炉、水、电等一应俱全。居住条件和待遇的差异,反映出唐山经济发展引发的当地整体社会经济面貌。煤矿井下工人大部分是异乡人,他们无处投靠。生活的艰苦,使得煤矿工人于1882年7月爆发了第一次罢工斗争。1922年10月,开滦五矿举行同盟大罢工,它有力地配合了全国人民反帝反军阀的斗争。抗日战争时期,开滦职工又义无反顾地投入反抗日本法西斯的斗争中。1938年3月,中国共产党领导的五矿工人大罢工爆发。罢工胜利不久,开滦工人又在同年7月18日举行了抗日武装暴动,这次暴动的成功,在开滦工人反帝斗争的历史上留下了灿烂的一页。

---

[1]　刘向权主编:《滦河文化研究文选》,中国文联出版社,2011年,第562页。
[2]　刘向权主编:《滦河文化研究文选》,中国文联出版社,2011年,第562页。
[3]　开滦矿务局史志办编:《开滦煤矿志》第5卷,新华出版社,1998年,第391页。
[4]　开滦矿务局史志办编:《开滦煤矿志》第5卷,新华出版社,1998年,第391~392页。

在经济和硬件条件方面,开平煤矿在中国近代矿业史上是经营较为成功的企业之一。开平煤矿正式投产后,由于采用先进的技术,交通便利,煤质优良,因而开平煤在国内外市场上都有很强的竞争力。到19世纪80年代末,天津已不再有洋煤输入,开平煤矿占领了天津市场。开平煤除了供应清政府的官办企业和北洋舰队,还供应新式航运业所需燃料。由于开平煤火力强、含灰量少、熔渣少,十分适合轮船的需要。当时,无论中外轮船,只要到达天津,就会装满了开平煤才起锚离开。1888年,开平矿务局的净利是19 698两白银,1889—1899年盈利500余万两白银,相当于股本150万两的3倍多,开平煤矿成为中国矿业发展史上的典范。

伴随着开平煤矿的发展,矿务局修建了一条从煤厂到丰润县胥各庄的单轨铁路,长7.5千米,这也是中国历史上的第一条正式铁路——唐胥铁路。此外,还开挖了一条由胥各庄到芦台的运河,长35千米,取名曰“煤河”,并疏浚芦台到天津的原有运河。由于“煤河”冬季封河,煤炭不能外运,1887年唐胥铁路延伸到芦台,次年又延伸到大沽和天津。1890年唐胥铁路又从唐山向东延伸到古冶,并和新建的林西矿接轨。张翼接手开平煤矿后,又开辟了秦皇岛港口。交通的发达、运输的便利促使该地区的经济发展迅速,为唐山以后的发展打下了坚实的基础。

开平煤矿建立后,林西矿、马家沟矿、唐山矿等相继出现。随着该区工业和交通运输的完善及发展,该区的商业也发展壮大起来,包括饮食业、食品业、百货业、药业、陶瓷业、成衣业、典当业、金银首饰业、粮食业等各类店铺应有尽有。据统计,在所有这些行当中,“数量占首位的是饭馆,约计50家;其次是猪、羊、牛肉商店近50家;再次为中药店约在30家以上,西药店20家以上,米面店及绸布店约在30家至40家以上。此外,有资本雄厚的大粮栈几十家,当铺十几家”[①]开平煤矿的建立也改变了唐山地区的经济生产方式。中国封建社会时期落后的以手工生产为主的生产方式被机器生产所取代,使唐山地区以自给自足自然经济为基础的经济制度发生了动摇。

随着城市化发展,唐山人口激增。唐山出现近代工业之前,本是一个

---

① 王士立、刘允正主编:《唐山近代史纲要》,社会科学文献出版社,1996年,第65页。

荒僻的小村庄。开平煤矿的发展,大大拓展了唐山城市的空间范围,也促进了唐山人口的持续增长。由于工厂的建造需要大量土地,因此随着煤矿规模的扩大,城镇便迅速沿着铁路两侧及各矿区周围拓展。在1922年以前,唐山城市发展主要包括唐山、林西、赵各庄、马家沟四个矿区,其中林西和赵各庄在古冶镇,马家沟在开平镇。滦州煤矿初建时,将马家沟、陈家岭、石佛寺、赵各庄、无水庄、白道子、洼里等处划为矿区,这就扩大了唐山镇的建置范围,增加了开平镇、古冶镇的部分区域。

城镇规模的扩大,经济的发展,也增强了城市的吸纳能力,四面八方的人口纷纷来此做工、经商或从事各种服务性工作,城市人口持续增长。宣统二年(1910),开平煤矿"直接雇用工人达10 000人,另外还有10 000户人家从事供给矿区所消费的粮食、饲料、油料、篮筐和其他各种土产品"[①]。总体而言,中华人民共和国成立前唐山人口增长较为缓慢。"1922年,仅有85 000人。经过二十七年后,到1949年亦不过38万人,平均每年增加11 000人。"[②]唐山人口的增长,并非是由于人口自然增长的结果,主要是外来人口大量迁移到唐山的。近代工业、商业、交通业、服务业等吸引了大量劳动力。1878年,唐山有广东工人250名,19世纪20年代,发展到有广东人上千名,还有在开滦煤矿任职的外籍人员。在开平煤矿创办之初,唐廷枢就放手使用西方技术人员。在此后的半个世纪中,先后有18个国家,大约500余名外国人在开滦供职。关于开滦煤矿工人情况,如表4.1所示:

表4.1　1912—1948年开滦矿区里外工情况统计表

单位:人

年度	里工	外工	总计
1912	2 101	8 207	10 308
1923	4 842	17 494	22 336
1931	5 156	24 899	30 055
1940	8 909	32 626	41 535
1948	10 309	34 661	44 970

资料来源:开滦矿务局史志办公室编《开滦煤矿志》第3卷,新华出版社,1995年,第139~140页。

① 汪敬虞编:《中国近代工业史资料》第2辑上册,科学出版社,1957年,第66页。
② 魏心镇、朱云成编著:《唐山经济地理》,商务印书馆,1959年,第14~15页。

二、天津城市环境污染与保护

天津是中国北方开埠较早的城市,以发展港口贸易为主,近代化工业随之兴起,污染问题亦接踵而至。

(一)天津的城市污染

天津城市的环境污染与近代工业的发展密切相关。中国近代火柴业发展迅速,天津也建立了火柴厂。火柴的大量生产是近代工业发展与生活方式的体现,同时,火柴生产对森林资源的需求,以及落后的生产工艺和工厂恶劣的生产条件又衍生出一系列环境问题。中国火柴制造业中生产火柴梗的原料大多来自日本相关企业,日本企业生产火柴梗的原材料则大多来自中国东北的原始森林。

火柴生产过程中使用的原材料和落后的工艺,还损害工人的身心健康,污染周边环境。中国工业化初期,主要使用黄磷制造火柴,黄磷不仅毒性较大,而且容易自燃。在生产过程中,工人直接接触有毒气体,没有任何防护措施。"屋子都很小,也没有特种的换气设备。磷蒸气从混合液的表面上放出来,空气里就充满了好像大蒜那种的臭气。从没有防止工人吸入这种蒸气的方法。"[1] 火柴装箱时,大量童工直接用手接触有毒物质,没有丝毫保护措施。

工厂的硬件设施差也是危害工人身心的重要诱因。我们从天津丹华火柴厂的生产状况可见一斑:"该厂房屋不大,空气不甚流通,毒气弥漫全室,容易致病,又未加相当预防之法,殊非卫生之道。"[2] 工人长期暴露在这种环境中,会诱发磷质骨疽等疾病。火柴工人生活的痛苦,一方面是他们的待遇低,另一方面硫磺气味很大,这种气味不仅难闻,而且对身体健康有害。"谁也免不了这一种'浩劫'。因此,火柴工厂里工人,大都是有肉无血,黄皮骨瘦的。"[3] 对于大量童工和女工来说,危害更甚。磷毒影响童工的身体发育,哺乳期的女工将褓褓中的婴儿置于肮脏的厂房中,深受其害。

---

① 孙居里:《中国火柴厂的状况及磷毒》,《自然界》1926年第1期。

② 刘明逵、唐玉良主编:《中国工人阶级和工人运动》第1册,中共中央党校出版社,2002年,第291页。

③ 上海社会科学院经济研究所编:《刘鸿生企业史料》中册,上海人民出版社,1981年,第295页。

（二）环境保护的初步尝试

在早期的近代工业中,有一些中国民族企业具有了初步的环保意识,开启了最早的环保实践,范旭东企业集团就是典型代表之一。范旭东企业集团是对范旭东一手创办的久大精盐公司、永利制碱公司和黄海化学工业研究社的统称。

范旭东企业集团在工业生产中秉承物尽其用的理念,循环利用各种原材料。其旗下的《海王》杂志曾刊文介绍日本企业利用废物制造沼气的方法。针对精盐制造过程中产生的废卤问题,范旭东认识到制盐过程中产生的废卤弃置未免可惜,于是便用废卤制造碳酸美牙粉、牙膏、漱口水等物品,到20世纪30年代初期,久大公司的副产部门独立生产,单独管理,规模日益扩大。工业与卫生的关系,可以说是十分密切的,讲求工厂环境卫生,可以使厂内工人工作效率在无形中提高。基于上述理念,范旭东企业集团十分注重工人生活领域的健康、饮水、饮食和防病等问题,生产部门特别要求注意车间排烟、通风和空气质量等问题。"不论工厂的大小,对于卫生上最低限量的设置,厂屋必须要有充足的光线,上下对流新鲜的空气,无灰尘的飞扬,有煤火炉的烟筒通户外的装设。"[①]

难能可贵的是范旭东企业集团还建立了卫生室及其工作月报制度。日常工作如各种传染病的防治,新进工人的体检,患者的诊疗和环境卫生的整治必须登记在册,定期汇报。此外,工厂对饮水、澡堂、厕所、粪便处理、灭蚊灭蝇等都有具体规定。

第三节 ｜ 中西部城市环境变迁

中西部城市在近代化过程中,同样面临人口增加带来的环境压力,以

---

① 游连福:《工厂环境卫生》,《海王》1936年第7期。

及工业发展中的排污处理等问题。作为中国交通的咽喉之地,武汉的交通与环境问题较为突出。长沙通过改造旧城,建设新城,使城市交通得到了较大改观。而重庆作为大后方的中心城市,机器制造、化工、制碱、制药等工业迅速发展,形成了带状工业区,使重庆的城市空间布局发生了巨大变化。

一、武汉城市环境卫生的管理

武汉地处中华腹地中心、江汉平原东部,地理位置优越。南北扼京广铁路之咽喉,东西锁长江、汉水之要塞,是全国交通的重要枢纽。后来汉口开埠,又为武汉工业的发展提供了便利的交通。在广阔的中国内陆地区,武汉历来具有极强的市场集散功能和辐射能力,是全国东西、南北之间物资流通、人员流动和信息传递的重要枢纽,这些都有利于武汉地区的发展。

汉口开埠通商后,由于特殊的地缘优势,丰富的矿产资源,传统经济奠定的基础,以及近代工商业发展的刺激,在各方面都取得了长足发展,但人口增长引发的城市环境卫生变化也十分明显。城市化进程加快,致使工业废物、生活垃圾日益增多,饮用水质变差,秽臭熏蒸,蝇蚊猖獗,城市环境污染日益严重。对此,最早在武汉开始环境卫生管理的是汉口英租界工部局。1896年,工部局制定了《英租界捕房章程》,规定工部局职员有权进入租界内的房屋检查卫生。此外“附则”对阴、阳沟的管理和修建、垃圾处理、公共卫生和街道的清理都有明确规定:租界人们新筑或改造屋宇时须建沟渠,沟渠之长宽、高厚、材料、高低均须照工部局所示。《法租界总章程》也对“公众健康与救济,道路养护与公共卫生”[1]等方面的问题进行了详细规定。

1914年5月,工部局颁布的汉口英租界《公共卫生及房屋建筑章程》明文规定,工部局有权管理辖区范围内的公共下水道与排污系统。在租界修建房屋时须修建排污系统,所修排污系统须遵循规章所要求的尺寸、材料、标高及有效排放要求,否则将被视为违法。另外,要求“排污系统可彼此相通,污水排放入江中,并通过适当的途径将废物转送至方便回收的地方。应尽快卖掉可用于农业或用于其他目的废物,从而确保这些废物不成

---

① 《汉口租界志》编纂委员会编:《汉口租界志》,武汉出版社,2003年,第213页。

为公害"①。

各国租界纷纷效法英国公共卫生管理的经验,在街道清洁、居家卫生和垃圾处理方面也进行了初步试验。受其启发和引导,汉口租界以外的地区也开始加强市政建设,注重环境卫生管理。近代武汉的环境卫生管理始于1900年汉镇保甲局招募巡丁清理街道,1902年3月,武昌警察总局下设卫生科,雇清道夫202人,负责主要街道的清理和市容的维护。至1907年,武汉三镇基本形成了由警察机构代管城市公共卫生的制度,相关机构和部门得以逐步建立和完善。

20世纪二三十年代,武汉的公共卫生管理得到了长足发展。1925年,《汉口特区卫生规则》出台,规定厕屋、粪池、渣堆等有碍居民卫生的处所应及时清扫,不遵照办理者将被处以罚金。1926年10月,汉口市政府设立卫生局。专门性机构的设立,打破了由警察代管环境卫生的局面,提高了公共卫生管理在政府行政中的地位。自1931年起,因政局动荡和财政困难,卫生局降格为卫生管理处,后来几经缩编与隶属部门的变更,1937年成为卫生科。卫生局通过了《汉口特别市卫生局行政计划大纲草案》和《卫生行政计划实施程序》,从宏观角度对公共卫生管理做出规划。同时又出台了一些具体的管理章程,如《汉口特别市卫生局改良公共厕所办法》《汉口特别市街道清洁暂行规则》《武汉市修改清洁街道条例》《武汉市公安局改良厕屋粪窖规则》《武汉市私人里分街巷整理清洁暂行规则》等,涉及保健、防疫、街道、沟渠和厕所等多个领域。卫生局花大力气整治公共卫生,主要是因为武汉当时的市容市貌缺乏监管,卫生状况令人堪忧。据记载,当时武汉的街道"街路虽统铺以花岗石之石板,以不加修缮,缺损及磨灭者,显生凹凸,其洼处及道路之边隅,凡尘芥污泥等腐败性之物质,统为堆积,不独滋蓄病菌,即偶自外来之病菌,不免为其最好之培养地也"②。里巷和市民居住区,卫生条件恶劣。"汉口市街之家屋,以由地面上之经济,家家密接而相连,街幅狭隘,屋栋甚高,且多为里长屋之建设,光线之射入甚恶,通风

---

① 《汉口租界志》编纂委员会编:《汉口租界志》,武汉出版社,2003年,第564~565页。

② [日]水野幸吉:《中国中部事情:汉口》,武德庆译,武汉出版社,2014年,第75页。

不足,郁气充积,夏时不堪其暑,疾病之并发,洵非无故也。"[1]

武汉城市规模的扩大,人口的增多,使固体废弃物日趋增多。1929年7月至1930年6月,汉口年垃圾清运量为24.45万吨,按当时汉口60多万人计算,平均每人每日产生垃圾0.91公斤。1930年年初,汉口市每月垃圾产生量介于3 600~3 800万磅之间,约合1.8万吨。垃圾数量惊人,以致当时的垃圾堆积路旁,大街小巷,如丘如山。到1929年,汉口市私有厕所不下240处,但很多厕所设备简陋,窖户以营利为根本目的,以致挑运粪便不顾时限,旺季日夜挑粪,淡季则厕窖漫溢。1930年,汉口市卫生局制定了《管理公共厕所暂行规定》,要求工作人员对厕所"随时清扫,保持清洁"[2]。据统计,1929年,汉口有厕窖户38个。窖户雇用粪夫挑粪,将粪便售给农村作肥料。1927年,汉口肥料工会有会员2 000余人。1949年,汉口有由粪便窖户修建的厕所50间,另有龙王庙、民生路、武汉关3处公建地下厕所(粪便直接通下水道流入江河,1954年防汛时被拆除)。[3]

根据汉口市卫生局颁布的系列法规,武汉开展了大规模的卫生运动,对街道,垃圾和厕所的集中整治取得了一定成效。在垃圾处理方面,卫生局规定:"各户居民均令其自备渣箱一只,每日于清道夫收集时携出门外,倾倒后渣箱仍置室中,并于偏僻巷内及宽旷地点置备公共渣箱,凡无自备渣箱及随意倾泼渣滓者随时处罚之,清道夫将渣滓收集后即运送市外。"[4]对于厕所建造的地点、设施和粪便也都有详细规定。

二、长沙地区的环境变迁

长沙工矿业的发展,引起了当地自然环境和社会环境的变迁。鸦片战争之前的长沙城在周围7千米长的巍巍城墙环绕之下,城区面积仅有4.5平方千米。当时有一句俗语充分反映了长沙城区的狭小,"南门到北门,七里容三分"。长沙的古城区大致是东至建湘路,南至城南路、西湖路,西

---

① [日]水野幸吉:《中国中部事情:汉口》,武德庆译,武汉出版社,2014年,第75页。

② 武汉市江汉区地方志编纂委员会编:《江汉区志》,武汉出版社,2007年,第141页。

③ 武汉市江汉区地方志编纂委员会编:《江汉区志》,武汉出版社,2007年,第140页。

④ 《汉口特别市卫生局最近三个月工作报告》,《卫生月报》1929年第1期。

至沿江大道(湘江风光带),北至湘春路的这一小块地方。近代资本主义工商业的发展直接推动了长沙城城市空间的扩展,新兴的工厂需要大片的生产及生活用地,而原来狭窄的城区已远远不能满足这种需要,因此长沙的城墙被迫拆除,城内人口和工矿企业纷纷向城外转移,长沙城市的规模逐渐扩大。随着工厂数量的增加,工厂有向近郊扩展的趋势。因这些工厂需要大量工人,在其周围又形成了新的居民聚居区。随着人口的聚集,基础设施和生活设施的兴建,这些地区原有的乡村性质也得以改变,城市社区也随之向周边农村社区扩展,城市规模日渐扩大。

长沙城在清末已经形成了各种专业的商业街市,在此基础上继续发展,坡子街聚集了大量钱庄、扇店、金银首饰店、铜器店、笔墨店、药材号。南正街是南货店、刀剪店、烟店、颜料店、红纸店和茶庄等杂货商店的集中之所,八角亭一带则成为具有现代气派的百货店聚集之区。城内南北形成杂货和百货两大商业中心区,南部从大西门延伸至太平街、药王街,从小西门延伸至坡子街,从西湖桥延伸至南正街、八角亭,再与药王街对接连成一大片,成为长沙百货荟萃之区。北部由中山路经北正街至湘春街,与通泰街、潮宗街相接,形成长沙杂货繁盛之区,长沙出现南北两个商业中心。新式城市主干道的建成,促使长沙拆除古城墙,进一步拓建新街道,主要有黄兴路、蔡锷路、中正路(今解放路)、湘雅路、北大马路、穆山路、中山路等主干道,形成新的商业中心。到1933年,商店增至12 484家,1934年,全市有各类商店14 424家,并在南门口、道门口、东头街、小吴门、水风井、先锋厅、通泰门7处设有专业菜市场。至全民族抗战爆发前夕,长沙商业区进入全盛时期。

长沙近代工矿业与商品经济的发展也推动着长沙交通走向近代化。为了方便矿产资源的运输,长沙地区修筑了多条铁路、公路干线,开通了海上航运线路。如,株(洲)萍(乡)铁路的修建,就是为了萍乡煤矿的煤向外运输。为便利萍煤运至汉阳,清政府原计划从萍乡修铁路至醴陵双江口。萍乡的焦煤经铁路运达醴陵,可以由轮船转运到达汉阳。这种水运方式比较方便。不过,渌水河床窄,滩涂又多,煤炭的运输经常受阻。因此,清政府决定将萍醴铁路继续向西延伸,到株洲与计划修建中的粤汉铁路相连,完全贯通汉阳与萍乡的铁路交通。1928年之前,湖南全省有公路700余里。此后,省政府拟定了几条大干线:湘粤线、湘桂线、湘黔线、湘川线、湘赣线、湘鄂线等,并着手建设。到1931年,已有公路1 700余里。长沙城内还修筑了环城马路和沿河马路,同时扩宽了城区的干道。到1932年,长沙市内的大街小巷达900余条,是清末的150条的6倍。1935年,长沙建成的环城马路有兴汉路、湘春路、经武路、东站路、天心路和城南路等。发达的交通,便利的运输条件,为长沙地区以后的经济发展打下了良好的基础。

随着长沙城市人口的增多,市区面积的扩大,长沙城市环境问题日渐突出。为解决城市垃圾问题,1913年,长沙雇用了清道夫140名,垃圾夫200名。[①] 此后因战乱,清洁人员的数额时多时少。垃圾运输工具方面,1929年前多用独轮手车,后改用橡皮双轮车。垃圾的收集方法也逐渐有所改进,长沙市政府卫生部门要求居民统一将垃圾放置到各街道的垃圾点,以便住户倾倒垃圾,再由垃圾夫运送至城郊垃圾堆放处。

20世纪30年代,湖南省政府加强了长沙市环境卫生的管理。第一,统一卫生行政组织。长沙市原来的卫生行政部门有三个,即长沙市政府、湖南省会公安局卫生科和长沙市卫生院。城市卫生建设事宜属于市政府,监督及取缔事项属于公安局,医疗属于卫生院,三个机关互相牵制,效率低下。为统一事权,1937年1月,湖南省民政厅决定取消长沙市卫生院及公安局卫生科,成立长沙市卫生事务所,负责办理长沙市一切卫生事宜。第二,增强公共供水能力。长沙市民所用之水主要有三类:河水、白沙井水、自流井水。为保证市民使用干净的饮用水,长沙市政府从1930年开始开凿自流井,并开始筹备自来井厂。第三,加强下水道管理。长沙市区的沟渠分为公沟和私沟,至1929年,长沙的公沟有八道,上自灵官渡,下至古吊桥,均自东向西流入湘江。这些排水沟因年久失修,沟泥壅塞。1930年,长沙市政处开始全面疏浚市内沟渠,"多遵循旧道,略加更改。沟面铺盖钢筋混凝土板,沟之侧墙则砌以麻石"[②]。私沟亦为阴沟,为各街团所修守,设于街道中心,

---

① 赵方民:《长沙市环境卫生行政纪略》,《公共卫生月刊》1937年第2卷第11期,第921页。

② 赵方民:《长沙市环境卫生行政纪略》,《公共卫生月刊》1937年第2卷第11期,第920页。

较大的街道,则设双沟于街之两旁,各住户的废水,从阴沟导入街沟内。街面悉铺以麻石,成龟背形,街面的水经车道边石入雨水井,再流入街沟中,街沟与公沟相衔接。第四,改进垃圾管理方式。长沙市开始尝试垃圾分类管理,将垃圾分为食屑、碎屑、煤灰三类。"本市之食屑,现由各居户自备潲缸储积,由城郊附近养猪之户,前来收集。""碎屑由公安局垃圾夫负责运往城外,煤屑则由各住户雇车运送。"[1]但是,由于缺乏统一规划垃圾倾倒地点,各住户常常将垃圾倾倒在湘江沿岸或附近便河中,"相沿成习,污秽不堪,故亟待整顿"[2]。根据当时长沙市人口计算,"每日可有灰屑量二百七十余吨,约合四十余方,其中煤灰约占十分之七,碎屑占十分之三"[3]。大量的煤灰已经给长沙环境造成了很大压力。第五,对城市肥料实行公卖制,改造公厕。长沙市各处公私厕所均由肥料局雇用粪夫收粪,住户无偿将粪给肥料局,肥料局将粪运至农村销售,既解决了城市垃圾问题,市政府还可以借此获得一定收入。长沙市还制定了厕所改造计划,因长沙缺乏自来水装置,公厕污秽问题严重,为改善公厕卫生状况,长沙市政府计划建造新式厕所,将旧式厕所逐渐拆除,以达到改善卫生环境的目的。经过上述改革,长沙城市卫生状况有了一定改观。

三、重庆城市环境变迁

重庆开埠通商后,一批近代工业企业开始起步。"到1911年,有确切记载的有51家,其中轻纺工业49家,基础工业2家。"[4]近代重庆的工业以轻工业为主,基础工业十分薄弱。但是,"近代工业从无到有,它使重庆城市开始从一个单纯的商业中心向综合性的经济中心发展。与此同时,由于重庆开埠,进出口业务增大,重庆的交通中心地位和金融中心地位不断加

---

① 赵方民:《长沙市环境卫生行政纪略》,《公共卫生月刊》1937年第2卷第11期,第920页。

② 赵方民:《长沙市环境卫生行政纪略》,《公共卫生月刊》1937年第2卷第11期,第920页。

③ 赵方民:《长沙市环境卫生行政纪略》,《公共卫生月刊》1937年第2卷第11期,第920页。

④ 隗瀛涛:《近代长江上游城乡关系研究》,天地出版社,2003年,第147页。

强"[①]。此外,为应对战争,重庆新建工厂数量大大增多,以钢铁、冶金为代表的重工业成为建设重点,发展迅速。抗日战争时重庆炼钢工厂7家,能提供后方钢铁总需求量的80%,冶铁工厂20多家,占后方总产量的50%。机器工业、化学工业领域的制酸厂、制碱厂、制药厂在重庆也有较大发展。经济的发展促进人口增长。"在1927年,重庆城市人口不过20万,到1937年,重庆城市人口增至45万余人。抗战时期大量的人口内迁,再加上重庆城市经济的空前发展,吸引了更多的外来人口就业,使重庆人口急剧膨胀。1944年,重庆人口增至1 026 794人,成为人口上百万的大城市。"[②]全面抗日战争时期,随着重庆的开发以及大量内地企业的迁入,重庆市区面积迅速增加,"从1937年的47平方千米,激增到1945年抗战结束时的294.3平方千米[③]。工业的发展,城市的拓展,人口的增加,形成了重庆新的经济区位,改变了当地的面貌。这种外部移入式的工业发展模式没有统一规划,重庆地区本身缺乏独立的工业体系,企业在移植过程中随意和大肆开发沿江流域的荒地和农田,建成了工厂和码头。

沿着长江和嘉陵江分割而成的半岛,城市区域逐步由北岸向南岸拓展。重庆地区形成了东起郭家沱,西到大渡口的长江沿线带状工业区和嘉陵江沿线带状工业区。城市空间布局发生突变,城市与乡村相互交织。特别是兵工厂等大型重工业的出现,使周围的环境发生了重大改变,一方面是大片土地的开发,另一方面是城市基础设施和民用生活设施的建设。以工厂为中心的周边居民区和街市的形成,改变了昔日单一原始的乡村风貌。

当时城市的核心地带和繁华区为下半城沿江狭长地带,街道极其狭窄。对此重庆有关当局很早就开始着手改造。1922年7月,重庆警察厅制定了《整顿重庆市街巷房屋办法》,要求拆除临江门瓮城及其附近房屋,拓宽街道,改造城内的明沟暗渠等。1926年开始旧城改造,主要措施为拆退

---

①　隗瀛涛:《近代长江上游城乡关系研究》,天地出版社,2003年,第147页。

②　隗瀛涛:《近代长江上游城乡关系研究》,天地出版社,2003年,第149页。

③　张伟:《近代重庆社会变迁与法律秩序研究(1927—1949)》,重庆大学出版社,2015年,第24页。

台阶,锯短屋檐,修改突出建筑,取消栅栏,拆卸爬壁房屋,修补街面,加宽道路。到 1927 年,"全城除僻街尾巷难以整理外,主要街道整理结束"①,重庆卫生焕然一新。后又陆续拆城墙,修马路,开辟城市新区。

受近代科学技术的影响,公共设施建设开始启动。20 世纪 20 年代中期,重庆部分街道开始安装电灯。到 1936 年,全市共有 1 300 余盏电灯矗立于城市的大街小巷。自来水的使用,公园绿地和广场的建立,改变了市民传统的生活方式和城市空间格局。抗日战争时期,国民政府针对日本轰炸、火灾频发的问题,加大了城市改造力度。主要措施为拆除危房,开辟火巷,对建筑密度和火巷的设置做出硬性规定。到 1940 年,共计拆除危房约 1 万户,新建宽阔的火巷 80 余条。总之,近代经济的发展和城市化进程,促使重庆城市面貌和环境发生了较大变化。

外部因素快速催生的城市发展和人口聚集造成当地的环境变迁,弊端也十分突出。特别是人口的急剧增长导致城市规划和公共资源的严重不足,以致住房、用水、用电等问题紧张,垃圾、废水、污水等问题严重。

首先,体现在城区的环境卫生方面。曾有外国人这样描述重庆:"要找到一个比重庆更拥挤的城市不太容易,居民集中居住在两条江的两岸。只有一面江岸例外,这里是该城居民的坟地,沿江长达几英里。这样该城实际没有城郊,增加的人口只得挤在原有的地盘内。"② 污秽、臭气、噪音、火灾,加上炎热、潮湿,令人压抑。20 世纪二三十年代,重庆的环境卫生状况不甚理想。"重庆城厢三十万余人口,仅以高低、斜曲之十三四方里面积容之,其壅挤情事,自难避免。"③ 时任重庆大学校长的胡庶华深有体会,他看到重庆城区地处山地而且狭隘,人烟稠密,住得非常拥挤,因为使用烟煤,全城笼罩在乌烟灰末之中。住在山下者空气不甚流通,住在山上者又为山下之炊烟所熏,所以重庆市民终日在烟灰中呼吸,对身体有绝大的妨害。

---

① 　重庆市志·经济地理志课题组编纂:《重庆市志·经济地理志(1891~2005)》,西南师范大学出版社,2008 年,第 420 页。

② 　周勇、刘景修译编:《近代重庆经济与社会发展(1876—1949)》,四川大学出版社,1987 年,第 210 页。

③ 　重庆市政府秘书处编:《九年来之重庆市政》,重庆市政府秘书处编印,1936 年,第 6~7 页。

其次,城市公共设施建设投入严重不足。当时的重庆下水道尚未全部联络通沟,时有淤塞,满街湿泥。"全城除五福宫附近外,无一树木。除夫子池、莲花池两污塘外,无一水池。"[①] 恶劣的人居生态和卫生条件使得重庆传染病肆虐,伤寒、霍乱和天花等时常发生,特别是夏季流行病高发期,平民满道病卧,民众健康受到严重威胁。

对此,重庆市政府采取了一些应对措施。首先,创办市民医院,强化药品卫生管理。"先后成立施医社27家,医药两项一并免费。"[②] 重庆市政府曾下令:"中药房发售药品禁止参杂伪药,其店员须辨识药性者始准充当,如售毒质药物须有医生处方证明单。"[③] "类似春药之药品一律禁止出售,违即酌量情形依法惩处。"[④] 其次,加强食品公共卫生管理,规定饮食售卖摊位一律外罩纱罩,严禁售卖有病菌及陈腐肉类等。在公共卫生管理方面,重庆市政府开始注意清扫街道,整治公共厕所,疏通下水道,严禁民众随地便溺。1927年,刘湘所辖防区内各县开始设立卫生所,稍后成立的市政厅公安处第四科专掌卫生行政工作,主要负责街道沟渠,公立市场,如屠宰场和浴场的公共卫生管理,防止传染病等工作。为此,市政府发放灭蝇拍,动员民众灭蚊、灭蝇和灭鼠,将死鼠交到卫生所设立的收鼠站还可得到奖励。1934年,灭鼠386 170余只。同年,市政府开始组织实施种牛痘、打预防针等公共卫生活动,先后接种牛痘者3 068人,打防疫针者34 936人。[⑤] 上述工作虽然取得了一定成效,但问题依然严重。限于当时的组织管理能力,政府对环境的整治仍难以满足当时环境卫生和疾病防治的总体需求。

当时的重庆,霍乱等疾病几乎常年发生,每隔四五年就爆发一次大的

---

① 重庆市政府秘书处编:《九年来之重庆市政》,重庆市政府秘书处编印,1936年,第6页。

② 重庆市政府秘书处编:《九年来之重庆市政》,重庆市政府秘书处编印,1936年,第130页。

③ 重庆市政府秘书处编:《九年来之重庆市政》,重庆市政府秘书处编印,1936年,第131页。

④ 重庆市政府秘书处编:《九年来之重庆市政》,重庆市政府秘书处编印,1936年,第132页。

⑤ 重庆市政府秘书处编:《九年来之重庆市政》,重庆市政府秘书处编印,1936年,第133页。

瘟疫。1938年至1939年,霍乱的大肆流行使重庆城区死亡者众多。1939年,日军在5月初大轰炸之后,痢疾流行,新兵营房、兵工厂和钢铁厂等都成为痢疾光顾的重灾区。"1941年,赤痢死亡40余人。翌年,赤痢发病1 605例,死亡178人。"[①] 此外,白喉、猩红热、天花、伤寒等时有发生。因此,传染病的防治成为卫生局全部工作中的重中之重。1938年11月,基于当时严重的疾病问题成立重庆市卫生局,城市公共卫生管理水平与陪都的政治中心地位极不相称。医学博士梅贻琳任局长的卫生局隶属重庆市政府,成立伊始就加强重庆市环境卫生和医疗防疫等工作,在疫情报告、预防接种和疫苗注射方面开展了初步工作。

事实上,抗战时期重庆主要的城市环境问题仍然是排污能力差,污水横流,严重影响市容市貌和人们的日常生活。1939年8月1日,在卫生局的领导下,重庆市清洁总队成立,主要负责清扫街道、处理垃圾、清除粪便和捕捉野犬等工作。街道清扫采取分区负责制,统一管理清扫人员队伍,各街巷每日上午、下午分别清扫两次。城区居民垃圾先派人收取,而后用车运至垃圾转运站,最后用木船运至长江两岸低洼地带覆土。在粪便和公厕管理方面,日军轰炸重庆之前,重庆市政府授权私人粪商经营,秩序良好。大轰炸后,厕所被毁,粪商离去,昔日的清运和销售工作运转失常,城区粪便四溢,臭气熏天。为此,重庆市粪便管理所于1940年3月16日奉命成立,在整个城区设立3个分所,雇挑夫147人,负责防空洞木厕和公共厕所粪便的收运、集中,伺机推销出售。在用水方面,1931年,重庆就建成了自来水厂,不过日供水量小,难以满足市民用水需求,大部分远离江边的居民主要依靠井水为生。1940年,卫生局开始推行井水化验消毒工作,不过受诸多因素的限制,效率低下,事实上当时的市民用水安全缺乏保障。

在重庆近代经济和城市发展的过程中,物质环境发生巨大变化,在整治公共卫生方面,虽然在一定程度上加强了管理,但受限于人力、物力、财力、政府管理水平和人们卫生观念的影响,当时重庆城市环境卫生的改善尚不明显。

---

① 李君仁主编:《重庆市卫生志(1840—1985)》,重庆市卫生志编委会办公室编印,1994年,第163页。

第四节 | **东北地区城市环境变迁**

随着清末东北地区的移民开发、外国入侵和近代工业的发展,东北成为中国近代城市化进程较快的地区。1875 年,东北地区只有 9 座城市。1902 年,人口规模达 1 万人以上的城镇发展到 37 个。其中,沈阳和营口人口超过 10 万人。1919 年,沈阳、哈尔滨人口达 20 余万人。20 世纪 30 年代初,东北地区已形成了以哈尔滨、大连、沈阳、抚顺、本溪等为中心城市的城市体系。根据 1937 年的调查统计,东北地区在当时已成为我国城市化水平较高的区域。

一、东北地区的城市环境变化

近代以来,随着东北工业的迅速发展和人口的急剧增多,环境的承载能力受到空前挑战。从城市居住环境看,民国初年的东北地区,受到西式家居建筑风俗的影响,一些新建住房的样式与布局出现追求新颖、美观的趋势。砖瓦房愈来愈多,草房逐渐减少,有些地方还出现了小型楼房。房屋的建筑用料较之从前更为讲究,除原有的草、木、土外,砖、瓦以及炉渣、石、灰、坯、水泥、玻璃、金属等材料愈来愈被普遍采用。用这些材料所盖起的建筑较中国传统民居结构坚固、合理,采光好,被人们冠以"洋式""新式""西式"等名目。在哈尔滨、大连、沈阳等大都市,洋屋洋房几乎与中式民房平分秋色。如沈阳一带的许多建筑,吸收了欧式建筑的元素,宏丽壮观。1911年后,大连的连排式住宅、户建式住宅和集合式住宅陆续出现。在满铁附属地,住宅的日式风貌更为浓重。自 1911 年起,满铁在附属地大批量开发建设整齐美观、标准化的一户独立式高级住宅和两层四单元的欧式楼房,主要集中在沈阳的五里河与南斜街(今民主路)两侧、大连南山的近江町(今七七街)、长春西公园外、抚顺永安台等。哈尔滨的建筑风格以俄罗斯古典式建筑物为主,同时还有一些法式风格的建筑,这是由于俄国的建筑师吸收了18世纪下半叶在西欧流行起来的古典复兴建筑潮流。

随着铁路、公路的大规模修建,一些新式交通工具开始出现在东北的城市街区。同时,市政设施不断改善,城市交通日益便利。传统的肩舆和马车逐渐被淘汰,代之以电车、人力车、自行车、自动车等。以车代步、以车代轿更加普遍,这种变化在几个较大城市与铁路附属地内表现得尤为突出。盖平县火车未通过以前,所有货物均系马车运送,中东铁路及南满铁路开通后,火车运送货物的比例逐渐提高。中东铁路沿线货运最为发达,松花江沿岸货物一般先集中在哈尔滨附近一带,再由铁路运往各地。

民国初期的东北地区,交通工具的变革已势在必行。汽车当时被人们称之为"自动车"或"机器车"。1910年2月,日本殖民当局引进一台汽车,供满铁要人使用,这是旅大地区(今旅顺、大连及其附近地区)使用汽车的开始。 此后,汽车数量逐年递增。1927年,汽车数量已达到1 112辆。至1931年,旅大地区汽车营运里程已达1 869千米。按照总面积3 743平方千米,总人口129.4万人计算,1931年该地区每百平方千米人口密度为34 570人,每百平方千米车辆密度为41.5辆,每1万人平均有汽车12辆。这样的比例在整个东亚地区城市中亦是很高的。1915年前后,奉天(今沈阳)及满铁附属地也从日本、美国、法国引进自行车和公共汽车,使南满各城市的市内交通更为便捷。至1924年,奉天省城已有自用汽车64辆,营业汽车37辆,铁路附属地已有公用汽车38辆。哈尔滨的市内公交运输出现于1917年,至20世纪30年代初,市内公交汽车数量达到74辆,客运线路发展到8条。现代交通工具不仅被东北各大城市的引入,而且逐渐扩展到中小城市,改变了人们的出行习惯,给城市带来了较快的生活节奏。

吉林市城市环境变化较为突出。1883年,吉林机器局的正式投产,开启了吉林城市近代化的步伐,城市功能和经济的转型改变了城市布局。以道路修建和扩展为基础,吉林城市有了工业区、商业区、官衙区、居住区,以及文教区的划分,改变了昔日地域功能交叉混合的状况。吉长铁路的修建加速了吉林市的发展,特别是1912年通车之后,当地人口迅速增长至15万,市街房屋商铺鳞次栉比。尽管军阀混战一度影响了当地的市政建设,但随着 20 世纪 20 年代吉敦铁路和吉海铁路的竣工,近代工商业经济再次得到较快发展。据统计,至 1929 年,吉林市官办工厂 6 家,工人总计 1 000 余人,民办工厂 19 家,工人总计 2 000 余人,出现了"金店一条街""百货一条街""饮食与干鲜一条街""服装和鞋帽一条街"等市镇风景。铁路运输业的发展和工商业的繁荣导致人口迅速增长,1926 年以前,吉林市城市人口常年维持在七八万人上下,1926 年增至 10 万人。伪满洲国建立后,日本加大对吉林的开发力度,打造当地殖民工业体系,陆续建立起了化学、造纸等行业,吉林市成为日本产业统治的重点城市,当地轻工业和重工业体系初步形成,产业结构发生了变化。工业发展导致人口呈加速度增长趋势,1930 年,吉林市城市人口达 12 万余人。经过十余年的发展,1941 年人口增加到了 263 187 人,比 1930 年的人口增加了近 14 万。人口的增多给当时的城市公共设施建设和管理提出了新的要求,吉林市素有"山河襟带,风光明媚,满洲之京都之称"的美誉,因此被规划建设为"满洲第一旅游城市",为此修筑了松花江堤岸和沿江旅游公路,建设"国家森林公园"和丰满水电站等项目。同时,还加强公共交通、道路、下水道等城市公共服务设施建设。自 1908 年开始铺设沙土路面后,沥青路、水泥路的修建力度逐步加大。到 1945 年,吉林市"道路长约 113 千米,其中沥青路长 9.47 千米,水泥混凝土路长 11.82 千米"[1]。主路还修建了排水管道。道路建设为人们创造了良好的出行条件,当地车辆日增。1940 年,吉林市各类车辆总数达 3 000 辆以上,其中,"汽车 40 台,马车 800 余辆,人力车 300 余辆,三轮车以千计之"[2]。为美化环境,道路绿化提上了议事日程,花园、绿地逐渐增多。城市公共卫生也逐步得到改善。到 1941 年,全市共建公共厕所 24 座,占地面积达 495 平方米,建筑面积共 272.8 平方米。

自来水的供应是吉林市饮水卫生改善的重要举措。近代城市建设之前,当地以天然河水与井水为饮用水源。随着工商业发展,人口增加,污水排放量的增多,昔日水源受到污染,出于市民生活的需求和城市发展的需

---

① 吉林市城乡建设委员会史志办编:《吉林市志·城市规划志》,吉林:吉林市城乡建设委员会编印,1997 年,第 239 页。

② 《汽车三轮车大增》,《盛京时报》1940 年 8 月 21 日。

要,1927年5月,吉林省自来水筹办处正式成立,自来水厂成立后,采用先进技术,建成了当时较为先进和完备的供水系统,日供水能力达8 000余吨,为市民提供了清洁干净的饮用水。

在东北地区城市近代化过程中,其他城市的基础设施和市政建设也在不断改进,使得城市面貌焕然一新。奉天市政公所创立后,筹备建立汽车公司以方便市民出行,建设公园供市民休闲。长春市政府还购买电力水车,洒水清洁街道。哈尔滨市政府翻修马路,改善道路交通条件。辽阳市改建公园,增建喷泉。延吉、吉林、珲春等城市翻修了通往风景名胜区的道路,一些城市还开设了图书馆。难能可贵的是,有的城市在规划设计过程中,引入了近代先进的田园城市建设理念,如吉林市将城区规划为工业区、商埠区、居住区和风光区四部分,城市功能划分相对合理。同时,重点建设风光区,旨在使"风景佳丽之(吉林)成一天然伟大公园"[1]。

二、东北地区的城市环境污染

城市污染也是这一时期东北城市发展过程中的一个重要问题。日本占领东北后,利用东北地区丰富的自然资源和劳动力资源,在吉林、长春等主要城市兴建了一批采矿、电力、煤炭、铁路机车、军械、农机、采金、煤气制造、食品加工等工业企业,这些企业的建设和生产使该区域的自然资源遭到了空前的破坏,许多地方的原始森林被砍伐殆尽,工业废水排放量增加,对松花江水质产生了不良影响。长春市曾发生水污染事件。据《长春市城市建设》记载:1906年日本经营的满铁在今长春市火车站附近购置土地,成为"满铁附属地",并于1908年勘测了现铁北四路附近地区,"发现这一带地下水源丰富,试建了内径30英尺的浅井"[2],确定在此建水源地,当年又挖了3眼浅水井。1911年7月,建成给水泵站。由于对垃圾、人粪尿、污水等缺乏管理,浅水井受到严重污染,使附近痢疾、伤寒等肠道传染病患者逐渐增加,城市居民受到疾病死亡的威胁。据统计,1925年死于水质污染的人,约占当时人口1.3%。经过对99眼井进行的水质化验,发现只有15

眼井的井水能饮用,47眼井水需经过滤后方可饮用,故将受污染严重的水井封闭。当时松花江流域的城市建设管理非常薄弱,大量未经处理的城市污水、垃圾纷纷注入各条河流,且沿途各地区皆如此,致使水质开始受到污染。随着城市化进程的加快,大量人口纷纷涌入大城市,城市污水、垃圾日趋增多,对环境污染也越来越严重。当然,最为严重的污染是大量未经处理的工业废水的排放。有鉴于此,奉天市政府开始关注对市民的宣传教育,提升市民的文明素养,发布《市民之训练》一文,要求市民要有公共观念,大家要爱护环境,指出市民有了爱护公共卫生的好习惯,市政自然就进步了。类似的宣传有助于改变市民的卫生观念,引导大家共同维护城市环境,共同改变昔日街面尘土飞扬、巷内垃圾满地的局面。

对于资源依赖性较强的东北城市而言,资源差异和交通区位决定了东北城市发展过程中新老城区的新陈代谢,昔日繁华的老城区走向衰败成为定势,发展滞后、肮脏混乱的局面逐渐被新的城市面貌取代。因此,采矿、城市拓展与环境变迁相辅相成。日、俄大肆掠夺东北矿产时,相应的城镇就处于临时聚落阶段,聚落区域内拥挤着简易的临时房屋,混乱而无秩序。随着矿床的开采迁移,原有聚落和城镇环境恶化,城镇因此而衰败。矿床迁移之处,新的聚落形成。同时,资源丰富、交通便利的地区,以经济职能为主的城镇大量涌现,吉林市和通化市境内八大经济区的形成就源于此。而资源匮乏、交通不便的城镇则逐渐衰落。

第五章

近代水环境变迁

　　水环境是生态环境的重要组成部分,近代中国由于旱涝灾害频繁,水环境的整治任务十分艰巨。尽管受到各种因素制约,近代以来,中央和地方各级政府在农田水利建设、航道整治、水利水电工程建设、防洪工程建设等方面都作出了一定努力,使水环境得到了一定程度的改善。

第一节　｜　**水利工程与水环境改变**

近代水环境的变迁不仅与气候有关,而且与水利工程建设有密切关系。自晚清至民国,在内忧外患的背景下,全国农田水利、江河防洪、航运维修等水利工程成绩并不突出。但是随着西方科学技术的引进,中国的水利工程建设也有一定发展,这对于水环境的改善发挥了一定的积极作用。

一、农田水利灌溉工程

(一)黄河流域

黄河水利事业在清末基本呈停滞之势。民国时期,由于军阀混战,政局动荡,水利事业发展迟缓。至1949年,"黄河流域灌溉面积仅有1 200万亩左右,而且简陋,工程不配套,盐碱化严重。"[1] "灌溉面积超过1万亩的灌区只有30个左右。"[2]

1. 关中各渠的修建

水利专家李仪祉自1928年主持陕西水政以后,倡议修复陕西农田水利工程,在水利工程的规划、设计、勘测、施工等方面引进西方先进技术,并使用混凝土等新材料,建设了一批近代化灌溉工程。泾惠渠是陕西也是我国近代化农田水利事业的开端。泾惠渠的前身是战国时期修建的郑国渠,此后,历代均有修护,至清末,"因渠身罅漏,仅溉田200顷"[3]。民国初年,北

---

[1] 《中国水利年鉴》编辑委员会编:《中国水利年鉴(1993)》,水利电力出版社,1994年,第111页。

[2] 王亚华:《水权解释》,上海人民出版社,2005年,第220页。

[3] 《民国二十四年全国水利建设报告》,《全国经济委员会报告汇编》第14集,《全国经济委员会丛刊》第30种,1937年2月,第232页。

洋政府曾议兴修,因工程款无着未能动工。

1928 年,陕西省政府与华洋义赈会合力筹备,将原拟第一期计划分为两部,上部筑堤河坝,凿引水洞及拓宽旧石渠、土渠,修建跨渠桥梁工程,由华洋义赈会负责,于 1930 年冬开工。其下部修总干渠、南北干渠、中白渠,以及桥梁、涵洞、跌水、渡槽、分水闸、斗门等工程,由陕西省政府负责。至 1932 年夏,各项工程大部分告一段落,1935 年 4 月全部竣工。"工程由张家山筑坝引水 19 立方米每秒,开渠 273.98 公里,可灌醴泉、泾阳、三原、高陵、临潼等县农田 64 万余亩。"①灌溉为当地农业带来了可观的经济效益,1934 年,泾阳一县产棉价值在百万元之上。每亩地价由 5~6 元增至 40 元。据全国经济委员会派往勘查工程实施的人员报告,赴渠查勘时正值棉花收获之际,泾渠灌溉不及之田,每亩最多只能收 30 斤,而泾渠溉及之田,每亩可收 80 斤。该渠放水仅两年,沿渠农民的生活就发生了很大变化,兴办水利之成效已经显现。1936 年 10 月,陕西省梅惠渠开工,1938 年 6 月竣工。该工程由全国经济委员会投资,泾洛工程局主持修建。"从眉县斜峪关内鸡冠石处筑坝引石头河水,新开总干渠、北干渠、东干渠,并以原梅公旧渠为西干渠,设计灌溉眉县、岐山两县农田 13 万亩,引水流量 8 立方米每秒,干支渠长 21.87 公里,总投资 21 万元。"②1938 年 9 月,陕西省黑惠渠动工,1942 年 4 月放水,12 月全部竣工。"该渠从周至县黑峪口所筑之坝上游引黑河水,引水流量为 8.5 立方米每秒,干、支渠共长 55.7 公里,计划灌溉周至县农田 16 万亩。"③1943 年 5 月,陕西省沣惠渠灌溉工程开工,1944 年 2 月竣工。"该渠自礼泉县姚家沟引泔河水,干支渠长 5 公里,灌溉醴泉县泔河一带农田约 3 000 亩。"④1943 年 7 月,陕西省涝惠渠灌溉工程开工,1947 年 9 月竣工

①　黄河水利委员会黄河志总编辑室编:《黄河大事记》,河南人民出版社,1991 年,第 154 页。

②　黄河水利科学研究院编:《黄河引黄灌溉大事记》,黄河水利出版社,2013 年,第 106 页。

③　黄河水利科学研究院编:《黄河引黄灌溉大事记》,黄河水利出版社,2013 年,第 106 页。

④　黄河水利科学研究院编:《黄河引黄灌溉大事记》,黄河水利出版社,2013 年,第 113 页。

放水,工程自户县(今陕西省西安市鄠邑区)涝峪口引涝河水,"设计流量 5 立方米每秒,干支渠长 22 公里,计划灌溉户县农田 10 万亩。"[1]陕西各渠建成后,各灌溉区不仅农产品产量大幅度提高,而且干旱年份,因有渠水灌溉很少发生严重旱灾,当地农民的生产生活环境得到改善。

2. 宁夏水利工程

宁夏古灌区,历代都有增修。清末统计共有大渠 38 条,民国时期增加至 42 条。各渠两岸有支渠数百道,总长数千里。"清末统计共灌田 16 000 顷,民国二十五年统计共灌田 18 000 顷"[2]。1934 年开云亭渠,在惠农渠和黄河之间,长 51 千米,"次年五月完工,灌溉面积约 2 000 顷"[3]。惠农渠,渠长 184 余千米,大小支渠 664 道,渠口以下 10.8 千米处为惠农正闸,"灌宁夏、宁朔、平罗 3 县田 2 800 余顷"[4]。20 世纪三四十年代,宁夏等省区水利建设,不仅是黄河流域水利建设的重要组成部分,而且是该历史时期黄河水患治理较好的时期。渠道的开凿,在农田增产增收方面发挥了重要作用。

3. 内蒙古河套地区灌溉

晚清时期,清政府陆续开通河套八大干渠,均首起黄河,自西向东有缠金渠(后改为永济渠)、刚目渠(刚济渠)、丰济渠、沙河渠、义和渠、通济渠、长济渠、塔布渠。1918 年以后,又开渠 6 条,"各长数十里,共长 240 里,可溉田 1 600 余顷,最多至 3 000 余顷"[5]。

(二)淮河流域

1. 改建惠济闸

淮阴码头之间原有节水闸,以节制洪泽湖入运河水量,淮阴船闸及引河工程完成后,航程缩短,原有淮阴经码头镇至杨庄一段运河,不复为航运之用,惟里运河区域之灌溉水源须取给于洪泽湖,而此段河槽为灌溉输水

---

[1] 黄河水利科学研究院编:《黄河引黄灌溉大事记》,黄河水利出版社,2013 年,第 113 页。

[2] 孙保沐主编:《中国水利史简明教程》,黄河水利出版社,1996 年,第 103 页。

[3] 孙保沐主编:《中国水利史简明教程》,黄河水利出版社,1996 年,第 103 页。

[4] 孙保沐主编:《中国水利史简明教程》,黄河水利出版社,1996 年,第 103 页。

[5] 孙保沐主编:《中国水利史简明教程》,黄河水利出版社,1996 年,第 105 页。

之干道,原有各闸启闭不灵,1936年5月政府改建惠济闸,次年夏完竣。闸墙以钢筋混凝土浇制,条石护面,其泄量可达每秒90立方米。

2. 修建涵洞主要有中运涵洞和皖淮涵洞

中运涵洞主要为接济刘涧以下中运河灌溉及航运水源,于刘涧船闸之东岸,建2米方双孔钢筋混凝土涵洞一座,洞底高14.35米,洪水时期水位可达19米,泄量可达每秒55立方米。洞之上游设闸门以司启闭,同时预留水电工事之位置,于1937年1月开工,同年11月停工。皖淮涵洞主要用于泄洪、泄潮、灌溉农田。基本工程为添建涵洞门座,其中7座于1937年5月筹划开工。翌年1月,工程因战事停工。在南京国民政府救济水灾委员会以及安徽省政府的支持下,先后建筑涵洞百余座。淮河干支所经面积甚广,排除积潦,灌溉农田,得益于涵闸之运用。

3. 安丰塘灌溉区

安徽寿县安丰塘为该区灌溉水库,可灌田42万亩。由于堤防废水道淤塞,久失灌溉之利,经过导淮委员会规划设计,并与安徽省政府合作施工,浚河筑堤,灌区面积扩大。

(三)长江流域

近代长江流域灌溉事业,除维修都江堰外,太湖地区曾建立模范灌区,进行灌溉试验,对流域内的山区、高区和低区分别采用不同的灌溉方法。山区依靠筑池蓄水,高区采用戽水入田,低区实行围堤排水。20世纪二三十年代,长江下游太湖流域开始采用电力灌溉,在汉中、南阳等地修建了一些中小型灌溉工程。1937年以后,在长江上游地区运用现代工程技术和建筑材料,改建和修建了一些灌溉设施。较大的工程有:1932—1934年,江西瑞金革命根据地农田灌溉工程,建武阳等7 000余处水库及水塘;1939—1948年,江西赣州堰坝工程153处,"灌田26.05万亩";1942—1947年,河南邓县湍惠渠,"灌田15.36万亩";1937—1945年,湖北恩施胜利渠、成惠渠、广润渠等9处,"灌田2.18万亩"。[①] 至1949年年底,长江流域共有灌溉面积约8 000多万亩。灌溉工程以小型为多,万亩以下灌区约占90%以上,灌

① 刘涛、罗军、姚育胜等编著:《江上明珠——长江流域的水坝船闸》,长江出版社,2014年,第86页。

溉保证率较低。就灌溉技术而言,水稻用淹灌,旱作物畦灌或沟灌,有些地方采用大水漫灌。灌溉面积中,自流灌溉约占82%,提水工具多以龙骨车为主。

二、航道整治工程

航道整治工程主要是通过建造专门的整治建筑物或其他工程措施,调整河床形态,以形成有利的水流结构,利用水流本身的力量冲刷航道,以维持航道的通畅。近代以来,河道整治已经逐步发展为水利部门治理河流的综合措施之一,其作用主要体现在防洪、航运、供水、排水等方面。

(一) 长江流域

清末,长江航道已经不能适应运输量日益增加的需要,清政府不得不对内河航道进行必要的整治。整治较多的是进出四川的川江航道,以及川盐入黔的永宁河、赤水河、乌江等几条支流,当时负责浚河工程的是四川总督丁宝桢。1877年,丁宝桢对永宁河进行了较大规模的整治,先后疏凿石兰溪、亚闭子、乐道子等20余处滩险。经过这次整治,叙永至纳溪126千米航道畅通。之后每年维护,舟行无阻。

南京国民政府成立后,重点对川江渝航道的3处险滩和宜昌至重庆的17处险滩进行整治,加上助航设施的建设,大大促进了船舶的安全运输。南京国民政府还对金沙江、岷江、嘉陵江等航道进行了整治。金沙江航道经过开辟整治后,航行条件初步得到改善,下游河段屏山至宜宾已开辟轮运,促进了川滇两省边区经济的发展,特别是抗日战争期间开辟的川滇水陆联运通道,为运输物资发挥了重要作用。从1939年起,南京国民政府对嘉陵江进行整治,陕西境内工程共筑坝堰13处及沿江纤道,从此,载重15吨木船可由四川广元直达陕西略阳。

四川境内航段较长,工程艰巨,四川因地制宜采取了约束水道,矫正过度弯曲的河道,截断分岔歧流,堵防山溪沙石滚堕入江,炸礁清除岸边乱石,根据河势河岸加修丁坝,增修纤道等助航措施。经过4年治理,航道由原来仅行驶5吨木船提高到14吨木船,重庆至合川可终年通航轮船,合川至南充的轮船也可在中水期通行,嘉陵江成了川陕水陆联运的重要通道。

乌江航道整治大致可分为炸滩、纤道、绞关、驳道四类工程。经过这次整治后，乌江从涪陵至思南的险恶航道状况有了较大改善，中水位以下地区的上行船只无需停航，而且航速加快，载量提高。在中水位以上地区，浅水轮船可由涪陵直航白马，与川湘公路白马站衔接，沟通了川湘之间的水陆联运，对战时物资运输和山区经济开发起到了重要作用。为适应战时运输物资的需要，四川省政府还对四川的威远河、釜溪河等河流首次进行了渠化工程，此为四川治河工程的创举。如 1938—1945 年四川綦江渠化工程，建船闸 11 座，疏浚航道 32 处。经过治理，中下游河段终年通航无阻，船只数量及货运量大增，水运事业发展，使沿河城镇出现一派繁荣景象。1940—1944 年，四川威远河渠化工程，建船闸 8 座。建成后通航效果良好，渠化前每月平均运煤 6 000 余吨，渠化后每月运煤 64 000 余吨。这些水利工程的修建，不仅降低了运费，而且有利于灌溉。

（二）淮河流域

近代中国修建的新型船闸，以导淮委员会在淮扬运河上修建的邵伯、淮阴、刘涧等船闸较早。邵伯船闸筑于江苏省邵伯镇对岸，闸室净宽 10 米，净长 100 米，航行水深 2.5 米，足以容纳 900 吨大船一艘或 40 吨大船十艘一次通过，上下游最大水位差为 7.7 米。闸门钢制，门墙用钢筋混凝土建造，闸室两旁以块石砌成斜坡，闸底亦用块石铺砌。船闸及其引河于 1934 年 2 月开工，1936 年 11 月完工，旋即开放通行。"共打松木基桩 1 800 余颗，赖生钢板桩 600 余块，浇制混凝土 33 000 余立方米，挖土 14.6 万余立方米，筑堤 1.3 万余立方米。"[①] 淮阴船闸位于淮阴，筑于淮阴杨庄至码头新开引河之中部，"闸室之宽及其结构布置与邵伯船闸同，唯上下游水位差为 9.2 米，船闸及其引河于 1934 年 2 月开工，1936 年 6 月完成"[②]。刘涧船闸位于宿迁刘老涧，在苏北运河中部"其长宽结构布置及上下游最大水位差与淮阴船闸同，船闸及其引河于 1934 年 3 月开工，1936 年 11 月完成。共打松

---

① 汪汉忠：《灾害、社会与现代化——以苏北民国时期为中心的考察》，社会科学文献出版社，2005 年，第 307 页。

② 汪汉忠：《灾害、社会与现代化——以苏北民国时期为中心的考察》，社会科学文献出版社，2005 年，第 308 页。

木基桩 1 600 余颗,杉木排桩 500 余颗,赖生钢板桩 600 余块,浇制混凝土 13 700 余立方米,挖土 26.3 万余立方米,筑堤 2.1 万立方米"[1]。刘涧船闸虽然建成,但因中运河建筑给水涵洞,拦河坝尚未兴工,无法启用。自上述各闸竣工通航以后,宿迁至镇江间船只均可直航,不再有以往过闸换船或浅阻停航之弊,航程缩短,运输增加,行驶安全,商旅称便。淮河流域其他水利工程还有整理运河西堤、修建涵洞、疏浚六闸以下航道以及疏浚淮河浅段等。

(三) 海河流域

天津被开辟为商埠后,海河航道日显重要。光绪二十三年(1897),天津租界成立海河工程局[2],专管海河航道的疏浚工作。1929 年,整理海河委员会成立,办理海河放淤工程以减少航道淤积,后改组为整理海河善后工程处,至 1935 年由华北水利委员会接办,两年后移交河北省政府管理。为发展航运,直隶地方政府、海河工程局在海河流域航运水利工程建设方面做了许多努力,主要通过疏浚河道、裁湾取直增加海河的航运和御洪能力。

1. 海河放淤工程

天津开埠以后,商业地位日趋重要,至第一次世界大战前,其进出口贸易及关税总额均跃居全国第二位。但是,自光绪十二年(1886)以来,海河因淤积之缘故逐渐变浅,至光绪二十四年(1898),几乎没有一艘轮船可以行驶到租界的河坝处。有鉴于海河泥沙的危害,对海河航道的治理成为京直地区水务部门的重要工作。海河之水流入渤海后,由于水域骤宽及潮水顶托之力,水流速度减缓,泥沙下沉,形成拦门沙,被称为大沽河浅滩。在河

---

[1]　汪汉忠:《灾害、社会与现代化——以苏北民国时期为中心的考察》,社会科学文献出版社,2005 年,第 308 页。

[2]　海河工程局是中外共建的专门治理天津海河的疏浚机构。时任直隶总督的王文韶与驻天津英国领事和法国领事,以及西方国家商会的一些要员,商议治理海河的方案,并决定成立中国第一家专业的河道疏浚机构——海河工程局。此后,海河工程局通过疏浚海河河道,将海河裁湾取直和吹泥垫地等措施,改善了当时海河的通航条件。中华人民共和国成立后,1958 年更名为天津航道局。海河工程局主要通过修建水闸、建筑堤坝、裁湾清淤、破冰通航等工程对海河进行整治,达到便利航路,繁荣天津工商业的目的。

流和海洋的共同作用下,大沽沙滩上形成天然航道,即大沽航道。大沽航道是各种船舶进出海河的必经之地,在潮汐和河流的共同作用下,航道淤通不定,成为船舶进出天津港口的阻碍。海河工程局成立后,即大力疏治海河航道。光绪三十二年(1906),采用"回转耙"疏散泥沙,对海河进行疏浚。具体做法为使用160马力的拖轮4艘,各带一个具有尖齿的回转耙,于正常的落潮期内,用回转耙将航道中的泥沙搅松,混在水中,借用潮汐力量,带回海里。在1906—1911年,海河工程局以此方法疏浚河道颇见成效,具体挖浚淤泥深度情况,如表5.1所示。

表 5.1　海河工程局挖浚淤泥深度表(1906—1911 年)

年份	开工日期	标示深度	停工日期	标示深度
1906 年	9 月	2 尺 2 寸	11 月	2 尺 9 寸
1907 年	4 月	3 尺	11 月	3 尺 5 寸
1908 年	4 月 24 日	3 尺	11 月	3 尺
1909 年	4 月	3 尺	11 月 20 日	3 尺
1910 年	4 月 6 日	4 尺 3 寸	11 月 29 日	4 尺 9 寸
1911 年	3 月 28 日	4 尺 9 寸	11 月 30 日	3 尺 9 寸

资料来源:吴弘明编译《津海关贸易年报(1865—1946)》,天津社会科学院出版社,2006 年,第297 页。

光绪三十四年(1908),海河经疏浚后,新航道最浅之处比老航道深 1.12 米。宣统三年(1911),"大沽沙航道由 −0.3 米加深至 −1.52 米"[1]。用"回转耙"疏浚河道有一定缺点,主要是仅能搅扬较细颗粒,对粗粒泥沙效果欠佳。1912 年海河流域发生洪水,大沽航道被淤平。为提高浚河效率,1914 年海河工程局从荷兰购进新挖泥船,命名为"中华号",该船长 38 米,宽 10 米,深 3.5 米。船身用德国名钢铸造,船内有 230 马力双曲柄机,速率为每小时 8 海里。此船可将所吸淤沙吹至浅滩,但涨潮时,又淤在航槽,效果不明显。后在船两侧增加两条 214 立方米容量的泥驳,将挖出淤泥放入泥驳,随时倾倒入海。全年抽取的泥浆,随水入海达 300 万立方米,抽至陆上用以填垫洼地的泥浆达 200 万立方米。至 1915 年,浚治航道取

---

[1]　李华彬主编:《天津港史》(古、近代部分),人民交通出版社,1986 年,第 183 页。

得了一定成效,"其工程自河道之中线核算,左右各宽75英尺"①。1917年,海河大水又使航道淤平。自1918年春季,海河工程局即增加"新河号"参加挖浚。至1920年年底,河水深度与1916年年底相近,达16英尺深。1921年,新置挖泥机投入使用后,至该年年底,将航道挖至15英尺深。海河工程局不断采用先进技术和机器设备,对大沽航道连年挖浚,基本保障了航路畅顺。

上述疏浚工程的实施,对于保障这一地区居民的生命财产安全,保障津埠地区的航运,乃至商品经济发展有着十分积极的意义。为解决海河淤塞问题,光绪二十三年(1897)海河工程局成立,但是,海河工程局并未能完全胜任治理海河河道淤塞的任务。1918年顺直水利委员会成立,从此,中外力量加强了联合,共同治理海河。从海河放淤工程的工作来看,上述两个组织均为确保天津商埠安全做了大量工作。中外力量联合治理京直水利,从深层次看,可视为国家与社会需要发展贸易和生产,以参与国际竞争。治理河道的目的,从维护传统农业利益开始向维护城市安全、发展工商业经济发展等多维度方向发展。

2. 裁湾取直工程

海河航道多弯曲是海河的一大特征,从海河海口至三岔河口的航道总长90千米,而这段河道的直线距离仅48千米。弯道给航船带来极大不便,"在各式各样的急转弯与之造成的各种流体力学变化的这样错综复杂的航道中航行,尤其是200吨以上的稍大型的船只发生撞击河岸的事故也就是家常便饭了,这给各国轮船公司造成了极大的直接和间接经济损失,同时制约着天津对外贸易的发展。"② 对于海河的裁湾取直工程主要集中在三岔口,自晚清至民国,海河工程局主要进行了六次较大的裁直工程,海河工程局海河裁湾工程的具体情况,如表5.2所示。

---

① 吴弘明编译:《津海关贸易年报(1865—1946)》,天津社会科学院出版社,2006年,第328页。

② 张克:《天津早期现代化进程中的海河工程局(1897—1949)》,延安大学2009年硕士学位论文。

表 5.2　海河工程局海河裁湾工程统计表(1902—1923 年)[①]

年度	起讫地点	河段长度 / 米		开挖土方 / 立方米	
		裁后	缩短	人挖	机挖
1902	第一段裁湾 挂甲寺—杨庄	1 524	1 829		
1902	第二段裁湾 下河圈—何庄	1 829	5 181	1 699 000	
1904	第三段裁湾 李家楼—邢庄	3 536	7 131	1 931 219	
1913	第四段裁湾 赵北庄—东泥沽	3 780	9 077	28 317	2 421 103
1918	天主堂裁湾 三岔河口	474	1 585	56 634	113 270
1921—1923	第五段裁湾 下河圈—芦庄	2 743	1 534	249 416	1 782 233
合计		13 886	26 337	3 964 586	4 316 606

资料来源:冯国良、郭廷鑫《解放前海河干流治理概述》,《天津文史资料选辑》第 18 辑,天津人民出版社,1982 年,第 38 页。

在上述裁湾取直工程中,三岔河口裁湾取直工程效果较好。北运河的三岔河口河道因过于弯曲,水流宣泄不畅,易致河水泛滥。三岔口截直工程是由顺直水利委员会提出的,得到了直隶省长曹锐的支持。顺直水利委员会会长熊希龄提议,由直隶地方政府和绅商民共同筹款办理。其中,由顺直水利委员会补助经费银五万两,合洋 71 400 余元。该工程按照顺直水利委员会工程说明书办理,由海河工程局工程师平爵内监督,于 1918 年 6 月开工,同年 9 月竣工。河湾裁直以后,海潮可以愈加便利地冲刷泥沙。"未截直之先,北河入海之水,须绕一长六千英尺之大湾,既截直后,即减为八百英尺,下行之水排泄甚速,上行之潮亦可远入内地。据海河工程师报告,比

① 关于六次裁湾取直工程有不同的统计结果。周星笏主编的《天津航道局史》(人民交通出版社,2000 年)第 23 页统计表中,认为第一次裁湾后河段长度为 1 207 米,缩短了 2 173 米;第二次裁湾后 1 770 米,缩短了 4 989 米;第三次裁湾后 3 380 米,缩短了 7 242 米;第四次裁湾后 3 782 米,缩短了 9 077 米。后两段裁湾后河段长度没有出入。

较从前潮涌高度三英尺又百分之六者,已长至六英尺百分之七。"[1] 由此可见这一工程的效果,1924 年洪水泛滥时,此项工程在防护天津安全方面发挥了十分重要的作用。海河航道的裁湾取直工程缩短了船舶航行的路程,又扩大了潮水的容纳量,浚深拓宽、加深了航道,为船舶数量的增加和大型船舶航行提供了客观条件,为天津港及北方经济的繁荣作出了较大贡献。治理海河航道的经验,也为后人提供了重要的借鉴和参考。

从光绪二十四年(1898)至 1927 年,海河治理工作以治本为主,主要进行了堵塞支流和裁湾工程,缩短了河道,增加了纳潮量。光绪二十六年(1900)以后,海河工程局先后在海河干流进行了 6 次裁湾工程,缩短河道共26.3 千米,航行时间可减少一个小时。海轮可乘潮驶津,通航船舶吃水大为增加。裁湾后的河道变化显著,表现为上下游河床普遍刷深、拓宽,断面增大。特别是纳潮量的增加,使天津市区潮差相应地不断加大,河槽的调蓄能力也逐步加大。如 1914 年,海河纳潮量为 1 957 万立方米,1926 年增加为 2 697 万立方米。通过疏浚水道,海河常年保持通航。同时,通过改建海河减河,一定程度上控制了水灾。

天津新开河改造也取得了较好的效果。天津新开河为北运河下游减河之一,每年盛涨之季,北运河水赖以宣泄,河口原有滚水石坝一道,属旧式工程,不甚完善。为消弭水患,分泄北运下游盛涨之水起见,海河工程局提出改良新开河石坝议案,交顺直水利委员会筹议办法。经过讨论,决定拆去石坝,改建新式洋闸,并委任顺直水利委员会会员、天津海河工程局工程师平爵内办理其事。历时 3 个月,全部工程于 1919 年 6 月告竣。新修的水闸是连珠涵闸,有涵洞 14 孔,这一工程进一步提高了河道的调节能力。该河自从改闸疏浚之后,泄水量增大,河水宣泄顺畅。同时,海河工程局的航道整治工程取得了一定的效果。1914 年,全年所抽的淤泥,除随流浮去之泥外,"全年约共抽 20 000 000 方"[2]。1921 年,裁直了上灰堆湾,挑挖泥土

---

[1] 《顺直河道改善建议案》,周秋光编:《熊希龄集》第 8 册,湖南人民出版社,2008 年,第 192 页。

[2] 吴弘明编译:《津海关贸易年报(1865—1946)》,天津社会科学院出版社,2006 年,第 321 页。

156 000方之多。"该湾裁直后,则河道可缩短6 000尺。"[1]

永定河的裁湾取直工作在这一时期也逐渐展开。1917—1920年,永定河河务局对永定河进行了裁直工程。工程共有五个工段:(1)第一段北五工九、十号,主要是对新线河口、河尾向上转移。(2)第二段北六工九、十号,新线改作新流,硬坎挖作新河口,并作挑水坝一道以利导行。(3)第三段北七工第十五号,在新河作一挑水坝。(4)第四段调河头村南河溜。在河口上游作拦水土格一道。(5)第五段屈家店。在永定河、北运河两河汇流处裁挖永定河南岸滩嘴,以避北运河顶冲;以期尾闾宣畅。派技师验收,工程坚实。长期以来,人们对海河工程局的裁湾取直工作了解较多,而对于京兆尹公署在永定河裁湾取直方面的工作不太了解。实际上,永定河的裁湾取直工作成效显著,1919年永定河河水已涨至二丈四尺,与1917年大水相当时,永定河仍未出现大的决口。熊希龄认为,"皆此裁直之功"[2]。永定河督察长赵谦、永定河河务局局长张树栅、永定河裁直工程督察员刘中和、永定河裁直工程监修员陈树声,在永定河裁湾取直工作中发挥了重要作用,熊希龄专门呈请中央政府对他们予以奖励。

三、水利水电工程

西方电力技术的引进,揭开了中国水电资源开发的序幕,长江流域在全国首次运用近代水利技术兴建了水电站。1912年,云南在滇池口建成石龙坝水电站,这是中国第一座水电站。中国最早使用机电排灌是在长江流域的江苏省武进县(今江苏省常州市武进区),1906年,武进县试用抽水机灌溉农田成功。1924年,武进县戚墅堰电厂建成发电,试办电力灌溉,5年内灌溉农田4万亩。20世纪30年代以后,中国西南地区水电站建设成绩较大,建成的多是径流引水式水电站。

在重庆,较大的水电站有重庆长寿县(今重庆市长寿区)境内龙溪河

---

[1] 吴弘明编译:《津海关贸易年报(1865—1946)》,天津社会科学院出版社,2006年,第386页。

[2] 《请奖永定河裁直工程出力人员呈徐世昌文》,周秋光编:《熊希龄集》第7册,湖南人民出版社,2008年,第305~306页。

上的桃花溪水电站,装机容量 876 千瓦;下峒水电站装机容量 3 000 千瓦。1945 年,重庆江津白沙镇由民间集资兴建的高洞水电站,是我国较早的地下式水电站,装机容量 120 千瓦;1944 年兴建的重庆北碚高坑岩水电站,设计水头 31 米,装机容量 160 千瓦,全部采用国产设备。

在四川境内,1925 年四川泸州龙溪洞窝水电站建成,最初装机容量 140 千瓦,扩建增修后,1938 年装机容量 380 千瓦;1926 年,四川成都洗面桥水电站建成,装机容量 10 千瓦;1930 年,四川成都猛追湾水电站建成,装机容量 100 千瓦;1933 年,四川金堂玉虹水电站建成,装机容量 40 千瓦;1934 年,河南西峡莲花寺岗水电站建成,最初装机容量 15 千瓦,1937 年扩建,装机容量 90 千瓦;1944 年,贵州修文水电站建成,装机容量 1 500 千瓦;1945 年,四川江津白沙水电站建成,装机容量 75 千瓦;抗日战争时期,四川遂宁石溪濠水电站建成,装机容量 175 千瓦。

在东北,日本在侵华期间建有一些水电站,如位于松花江上的吉林丰满水电站,拦河坝为混凝土重力式,高 91 米,长 1 100 米,容量 56.3 万千瓦,兼有防洪、航运之利,于 1937 年动工,1943 年完成。镜泊湖水电站于 1937 年建成 1 600 米拦河坝,平均发电 3.6 万千瓦,于 1942 年完成。鸭绿江水丰发电站,拦河坝 900 米,高 108 米,蓄水 116 亿立方米,发电量 30 万千瓦,1947 年前完成。

在贵州,桐梓境内赤水河支流天门河上的天门河水电站,1945 年建成,装机容量 576 千瓦。

四、防洪工程

(一) 长江流域

长江属于典型的雨洪河流,流域内洪灾分布极广,以中下游干流两岸、汉江中下游、洞庭湖和鄱阳湖最为严重,所以重要堤防也都分布在这些地区。1860 年、1870 年、1931 年和 1935 年,长江发生了 4 次大洪水,造成长江中下游严重洪灾,人民生命财产损失巨大,长江防洪问题逐渐被重视。

为应付长江中下游各地区频繁的水、潮灾患,南京国民政府进行了一些护岸工程。如 1931 年大水后长江中下游地区的堤防培修,长江沿岸 1 832 千米,赣江沿岸 575 千米,汉江沿岸 340 千米,完成土方 800 800 立方米,此为近代长江规模最大的一次堤防培修工程。1935—1936 年,长江中下游地区的堵口复堤工程,1935 年大水后培修,完成土方 707 200 立方米。1946—1947 年,江浙沿海的海塘修复工程,修复松江、宝山、太仓、常熟海塘 3 813 米。为解决江湖毗连地区的防洪排涝问题,整治和修筑了民信闸、白茆河节制闸、金水闸、华阳河泄水闸及拦河坝等工程。其中民信闸为钢筋混凝土结构,闸高 3.33 米,3 孔,孔宽 7 米、高 7.4 米,每孔两层,闸底高 9.96 米,泄水能力为每秒 360 立方米,是近代长江上修建的一座大型水闸。民信闸建成后,外江水涨则闭闸以御江洪,江水低落则开闸以泄湖水,受益面积达 800 余方里[①],跨武昌、大冶、黄冈、鄂城四县 2 500 余村落。白茆河闸建成后,对沿湖地区圩田排水有较大改善,这也是民国时期在太湖地区首次使用近代工程技术和材料修建的水闸,是一个比较成功的工程。金水闸建成后,防止了长江洪水倒灌,而且能泄积潦,湖水水位较建闸前降低,因而形成湖荒 91.5 万亩。1935 年 12 月,成立金水流域国营农场,1937 年农场垦殖面积已有 13 000 余亩。

此外,长江还修筑了多处排水工程。1857 年,湖北武汉罗家埠闸,可排涝水 64.1 万亩;1874 年,湖北荆门赵家闸(赵家堰),为滚水堰,高 3.3 米,长 12 米,堰面宽 5 米;1900 年,湖北武汉武泰闸排水流量每秒 208 立方米。1900 年,湖北大冶四顾闸建成,1978 年修整,可排渍水 12 万亩;1912 年,湖北武汉武丰闸建成,1967 年修整,流量每秒 28.5 立方米;1924 年,湖北鄂州民信闸(樊口闸)建成,排水流量每秒 339 立方米;1935 年,湖北武汉金水闸(金口闸)建成,排水流量每秒 360 立方米;1936 年,江苏常熟白环闸建成,排水流量每秒 345 立方米;1937 年,安徽望江华阳闸建成,排水流量每秒 240 立方米。

(二)淮河流域

淮河流域的排洪工程主要有如下几处。

---

① 方里 = 平方里。1 方里 =250 000 平方米。

1. 三河活动坝及引河

三河活动坝为入江水量之操纵机关,排洪工程之主要工事,建于洪泽湖畔之三河头,原计划用辐形闸门,后改用史东奈式,设闸门60扇,各净宽10米,高5.5米,支于混凝土坝之间,上架机件,以司启闭,坝底高8.0米(废黄河零点下),以混凝土浇成底板,上下游各铺乱石块保护之。岸墙为支撑式钢筋混凝土墙,坝墩之上跨建公路桥,以联络两岸之交通。于1936年9月开工,至1937年年底,基桩已锤打3 900个,占全部基桩的98%,混凝土隔墙已浇成942米。后因日军抵达盱眙,危及工地而停工。引河工程于1935年6月开工,以人工开挖,至1937年年底,完成土方272万立方米,占全部土方的50%以上。

2. 疏浚张福河

张福河是淮河的一条支流,它南通洪泽湖、北接码头镇的古运口,是淮河的重要航道。该河自洪泽湖起至码头镇运河止,长约31千米,河底宽32米,河底坡降0.000 057 5,开挖平均深度约7米,岸坡1:2,以人工开挖,于1934年1月开工,同年7月告成,计挖土220万立方米。此工程建成后,张福河本身及里运河之航行不仅可以畅行无阻,而且可以解决当地旱时用水的问题。

3. 开挖入海水道

导淮入海水道自张福河经废黄河至套子口入海,全长约200千米,杨庄以下167千米间之河槽,由江苏省政府于1934年11月起,利用农隙征工开挖,导淮委员会调派技术人员协助办理,初步开挖工程,河底较原计划高1.5米,底宽42.5米,岸坡1:2.5,堤距230米,1937年春全部完成,共挖土123万立方米。

4. 杨庄活动坝

杨庄活动坝建于淮阴杨庄之东,为淮河入海水量之控制机关,兼用以调节运河水位。坝门用史东奈式,凡五孔,各净宽10米,高6.6米,坝底填高7.0米,坝顶填高16.56米。蓄水时期,上游水位14.0米,最大流量每秒750立方米,坝门钢制坝墩与坝底均用混凝土浇制,坝墩之上架公路桥,以利交通,两岸翼墙以赖生钢板桩构成。该工程于1935年12月开工,1937

年6月完成,共打松木基桩36个,杉木桩880个,木板桩1 500块,赖生钢板桩500块,浇制混凝土5 500立方米。启放水甚畅,其排洪调制之功效立见。

5. 周门活动坝

周门活动坝建于阜宁周门东入海水道之中,乃操纵入海流量,以供给串场河及滨海垦殖区域灌溉之机关,坝底真高1.0米,坝顶真高10.5米,蓄水时期上游水位可达9.0米,其结构及布置与杨庄坝同,于1937年1月开工建筑,同年12月底因受战事影响而停工。坝基及越河土方已挖掘完竣,基桩及钢板桩亦大致完竣。

6. 刘老涧泄水坝

山东南部诸水经中运河南流,再经过刘老涧入六塘河,曾有刘涧草坝蓄水,刘涧船闸完成后,草坝启闭不便,于是建活动坝以操纵中运东注之水,而调节中建河水位,坝凡七孔,每孔大小及其各部结构,均与杨庄活动坝相同,坝底真高8.5米,坝顶真高21.2米,蓄水时期,上游水位19.5米,最大泄量可达每秒1 000立方米。于1937年1月开工,12月因受战事影响而停工,仅完成基桩及引河工程。

7. 培修皖淮堤防

1931年水灾之后,南京国民政府救济水灾委员会借用美麦兴办工赈,淮河干支各堤,曾经大举培修,其施工系根据导淮工程计划,参照工赈实际情形酌予变更,计修堤长约945千米,培土2 343万立方米,并疏浚北淝河长约26千米,挖土193万立方米,工程结束后,安徽省政府复利用农隙,征工继续修培,皖淮堤工初具规模。

8. 整理六塘河

江苏省政府为落实导淮计划,1934年1月征工整理六塘河,同年6月底完成,计筑堤长304千米,堆土248.3万立方米,浚河长20千米,出土111万立方米。整理沂沭尾闾,1935年春征工办理,同年6月告成,共浚河长80千米,挖土291万立方米。培修洪湖大堤,于1936年2月兴工,同年6月告竣。

(三)海河流域

海河流域的防洪工程主要是在顺直水利委员会成立后开始着手修建

的,主要有三种形式:堤工修筑、堤防保护、裁湾取直工程。其中,裁湾取直工程前已述及,在此不再赘述。

1. 堤工修筑

京直各河以永定河最大,为害最烈。因永定河上游为桑干河及洋河,皆出于富含黄壤的山谷,至下游纡回曲折,黄壤随流沉浮,是以永定河多变迁,故又称无定河。因永定河关系京畿安危,历来受到重视。自民国以来,该河多次决堤,屡经修筑。1912年、1913年、1916年、1917年和1924年是永定河堤工修筑工程较多的年份。除永定河外,滹沱河堤防工程也屡经修筑。1915年,修杨庄以西串沟及辛店至郑店叠道440多丈。1917年大水,上下游堤岸决口32道,1918年由8县堤工会会长郭寿轩等人组织培复,1919年又培修。1928年,各县出工6 000人修残堤,但汛期又在安平白石碑以西决口130余丈,后来洪水几经涨落,新堤漫溢,旧堤又崩溃255余丈,形成两水夹堤。万分危急之际,由上海济生会及华北赈灾会补助银洋8 000元,各县摊派5 000元,经抢修于中秋节前合拢。[①] 鉴于水灾频繁,各县堤工会修堤筑防显得异常重要。如文安县于1912年设立堤工会,各河堤防的修筑既有官修又有民修,还有民间慈善组织的资助,这反映出当时政府支持地方水利建设的能力不足,形成公共职权管理的真空,于是民间水利组织及慈善组织来行使这些权利。

2. 堤防保护

堤防事关人民生命财产安全,在保证交通运输安全方面也有十分重要的作用。除了修堤筑防,其日常保护更应注意。堤防河务由河务局负责,主要工作如下:(1)河堤植柳。各河堤种植柳树,柳树根可以盘护堤坝,枝条可用于抢险挂柳缓溜防冲,主要由各河务局负责。"直省各河官堤向由河务局照章饬由河汛员司分段种植,至各处民堤应种柳株例于每年清明节以前由沿河各县知事,督率业堤各户集资购秧,按段栽种历经办理有案。"[②](2)堆筑土牛。主要为防险时需要,由沿河各县派民夫挑筑,但日久生懈,

---

① 河北省地方志编纂委员会编:《河北省志·水利志》,河北人民出版社,1995年,第155页。

② 于振宗:《直隶河防辑要》,北洋印刷局发行,1924年,第31页。

各县都视为空文不予重视,或将高大土牛剥去旧土露出新土,或者于小土牛上稍加新土即可。后参照南运河河务局办法,将旧有土牛平于堤上,另筑新土牛。(3)呈报水势涨落。每值春泛之际,由各县按照原存水深、水涨尺寸、水落尺寸、现存水深及堤高水面事项,呈报境内诸河水势涨落情形。(4)修办春工。每年白露后,将来年应办理河堤工程造表上报,经省署核准后将应做工程下放河务局委任承修员司,前往督办。并由各县知事召集各村村民将各民堤每丈加土 1 方,由河务局派员督饬。(5)炮船守堤。因各河屡有农民窃伐堤树及匪徒劫掠船只,并且每当大汛之时,沿河村民经常偷扒堤岸,河务治安混乱,所以各河务局在重要地点由水上警察拨派炮船,分段驻守河防。

第二节　|　1920 年华北五省大旱灾对环境的影响

1920 年春,华北地区久旱不雨,河北、河南、山东、山西、陕西五省发生了大范围的旱灾,"灾民 2 000 万人,占全国五分之二,死亡 50 万人,灾区 317 县"[①]。河北、河南、山东三省的灾情最为严重,这场旱荒的发生有着深刻的自然以及社会原因,给自然环境、经济环境和社会秩序带来了恶劣影响。

一、1920 年旱灾发生的原因

(一) 生态环境遭到破坏

近代中国自然灾害频繁暴发的重要原因之一,就是生态环境遭到破坏。由于人口的大量增加,人们赖以生存的土地资源严重不足,因此政府鼓励农民向荒山、草地进军,通过垦荒增加土地面积。就华北地区而言,光绪二十八年(1902)至光绪三十四年(1908),内蒙古地区就有 7 571 331 亩荒

[①]　邓云特:《中国救荒史》,上海书店,1984 年,第 42 页。

地被开垦。[①] 除了移民垦荒过程中砍伐森林,统治者还为兴修陵墓、宫苑对森林进行砍伐。进入民国之后,军阀混战,出于战争需要,对森林大肆采伐,使植被遭到破坏。森林本可以调节气候,预防干旱,起到涵养水源的作用,而移民在垦荒过程中大量砍伐森林,致使大片土地暴露在阳光直射之下,水源失去屏障。

(二) 气候方面的原因

灾荒史研究专家邓云特认为:"气候之变动,对于旱、潦、蝗、螟、风、雪、霜、雹等灾害之发生,均有重要之影响。"[②] 旱灾的发生,与气候异常密切关联。华北五省大部分位于北纬 31 度到北纬 42 度之间,主要受温带大陆性季风气候影响,冬季寒冷雨雪少,春季干旱风沙多,夏季炎热雨水集中,秋高气爽日照足。在这种气候条件下,冬季和春季比较容易出现干旱,因此华北地区流传着"春雨贵如油""瑞雪兆丰年"等农谚。如果大气环流不正常,就会将春旱延续到秋旱,甚至连续到第二年。一般情况下,上一年的干旱容易造成地下水位下降以及土壤中贮存水量的减少,1920 年的旱灾就是这种情况。1919 年春季,部分地区就降雨稀少,出现了旱情,这种情况一直延续到了 1920 年秋季才出现降雨,但是此时旱灾已成,降雨于事无补,而且降雨量分配极其不均。以北京为例,降雨量每年平均 25 寸,而在 1920 年平均仅 11 寸。[③] 因此,1920 年华北大旱的发生就不可避免了。时人也认为这次旱灾是由于降雨量减少造成的:"自入夏以来,直隶、奉天、山西、陕西、山东、河南一带久旱不雨。"[④] 旱灾的形成还与大气环流异常有关。华北地区的降水主要是受西太平洋副热带高压位置变化的影响。如果副热带高压的位置偏南,那么就会影响暖湿气流北上,进而造成华北发生旱灾,而副热带高压位置的变化也与地球自转速度的变化相关,地球自转速度加快时,南方就会出现水灾,北方就会出现旱灾。1920 年北方大旱的同时,南方浙

---

① 李文治编:《中国近代农业史资料》第 1 辑,生活·读书·新知三联书店,1957 年,第 840 页。

② 邓云特:《中国救荒史》,上海书店,1984 年,第 65 页。

③ 邓云特:《中国救荒史》,上海书店,1984 年,第 70 页。

④ 杨端六:《饥馑之根本救济法》,《东方杂志》1920 年第 17 卷第 19 号,第 9 页。

江、福建、广东等省出现了水灾。此外,气候的变化还与一定的宇宙周期有关,有关专家对海河流域 2 000 年水旱灾害的历史进行了归纳分析,将其分为五个湿润期和五个干旱期,其中五个干旱期分别是:"第一干旱期:公元 1 年—99 年;第二干旱期:公元 201 年—550 年;第三干旱期:公元 1100 年—1200 年,第四干旱期:公元 1600 年—1699 年;第五干旱期:公元 1800 年—1940 年。"[1] 由此可见,1920 年正是位于第五个干旱期内。

(三) 地理方面的原因

华北地区位于严重干旱和半干旱地区,北方"各省由于地理位置和气候的原因,为我国最大的几个干旱区中干旱发生频率最高、平均受旱时间最长的地区之一"[2]。华北地区地形复杂多样,山地、高原、丘陵、平原、湖泊等地形交错分布,尤其是南北走向的太行山山脉与东西走向的燕山等山脉形成直角形,容易阻挡影响降雨的气流,造成降雨量稀少,使华北地区的旱灾产生概率大于水灾。另外,山东北部、河北南部和东部平原地带的地势比较低,山东丘陵容易阻挡从海洋上过来的暖湿气流,使其难以进入平原地区,因此,这些平原地带的降雨量就会大大减少,成为旱灾的中心地带。1920 年旱灾时,这三个地区就是受灾最为严重的地区,即使其他灾区有少量降雨,这三个地区也很少有。

(四) 社会方面的原因

"自然条件之对于人类社会,乃属外在之力量,此力量既属于外在者,则其所及于人类社会之影响,自不能超越于人类社会本身所具备之内在结构条件之上。"[3] 此次旱灾发生的原因除自然因素外,最主要的是社会因素。引起 1920 年华北五省大旱的社会因素,大体可分为以下两点。第一,政府系统腐败。孙中山说:"中国人民遭到四种巨大的长久的苦难:饥荒、水患、疫病、生命和财产的毫无保障。……其实,中国所有一切的灾难只有一个原因,那就是普遍的又是有系统的贪污,这种贪污是产生饥荒、水灾、疫病的

---

① 科技部国家计委国家经贸委灾害综合研究组编著:《灾害·社会·减灾·发展——中国百年自然灾害态势与 21 世纪减灾策略分析》,气象出版社,2000 年,第 3 页。

② 王金香:《近代北中国旱灾的特点及成因》,《古今农业》1998 年第 1 期。

③ 邓云特:《中国救荒史》,上海书店,1984 年,第 63 页。

主要原因。"① 我国著名水利专家李仪祉也说过:"官吏玩忽,视若无睹;人民性情,趋于疲惰。"② 由于政府贪污腐败,根本不重视灌渠等水利设施的兴建与维护。民国时期,军阀混战,民不聊生,水利设施更是年久失修,灌渠大多都难以发挥作用,大量治河费用还被挪作他用。经费投入的减少,大大增加了旱灾的破坏性,也降低了旱灾暴发后人民的应对能力。第二,战乱频繁,社会秩序动荡不安。进入近代以来,外国侵华战争及军阀混战不断,不但使社会秩序异常动乱,而且导致大军所过之处田地荒芜,山林被破坏。"大河以南,旱灾较轻,但兵燹之后,土匪四起,焚烧蹂躏,几无一片干净土地,秋禾尽焦,人心惶惑,俱有朝不保夕之想。"③

(五)不合理的种植结构与布局

鸦片战争以后,由于外国资本主义经济的传入,中国传统的自然经济逐渐解体,华北地区也开始种植烤烟、鸦片、棉花、花生、水果等经济作物,大量经济作物的种植侵占了原本种植小麦以及水稻的土地。我国有着悠久的棉花种植历史,但是传统中棉的产量低而且纤维粗短,因此植棉业一直没有得到大范围的发展。到了近代之后尤其是民国时期,由于陆地棉的引种以及棉纺织工业的兴起和发展,加上种棉花的利润高于种植高粱、小麦等作物,因此,河北、山东、河南、陕西、山西等省都开始大量种植棉花。山东自清末开始移植美棉,至 20 世纪 20 年代,棉花种植面积逐渐增加,"常在七百万亩左右"④。到 1923 年,山西省的种棉面积也迅速扩大,"增至八十余万亩"⑤。有的农户甚至连年不种植小麦等粮食作物。在山东中部原本就有农民种植烟叶,尤其是安邱、昌邑、昌乐、潍县。民国时期,烤烟的种

---

① 《中国的现在和未来——革新党呼吁英国保持善意的中立》,广东省社会科学院历史研究室等合编:《孙中山全集》第 1 卷,中华书局,1981 年,第 89 页。

② 李仪祉:《北五省旱灾之主因及其根本救治之法》,黄河水利委员会选辑:《李仪祉水利论著选集》,水利电力出版社,1988 年,第 589 页。

③ 《哀鸿遍野之大河南北》,《大公报》1920 年 9 月 6 日。

④ 章有义编:《中国近代农业史资料》第 2 辑,生活·读书·新知三联书店,1957 年,第 197 页。

⑤ 章有义编:《中国近代农业史资料》第 2 辑,生活·读书·新知三联书店,1957 年,第 198 页。

植面积更加扩大。19世纪20年代,山东省种植烟叶的面积急速扩大,"达410 983市亩,常年产量达1 295 723市担"[①]。陕西近代以来就以种植鸦片为主,虽然1906年清政府颁布禁令,禁止种植鸦片,但是没有起到显著的作用。北洋政府为了增加财政收入,强迫农民种植罂粟,1919年以后,罂粟的种植面积又恢复到了1906年的规模。在直隶、山东、河南等省也有种植罂粟的农户。这些经济作物的种植,侵占了大片粮食作物的种植面积,一方面造成粮食产量的不足,另一方面由于这些经济作物对水分的需求比较大,因此遇到旱灾之后就会大量减产甚至不产,进一步加大了灾情。

二、1920年旱灾概况

1920年大旱灾,早在1919年春就已经初现端倪。1920年,由于华北持续没有降水,因此造成大范围的干旱。这次灾区范围比以往任何一场旱灾都大。"东起海岱,西达关陇,南包襄淮,北抵京畿。约占全国1/4面积的地域天干地燥。淀涸河竭,禾苗枯槁,飞蝗继起。"[②]据美国传教士调查,这场旱灾,"由保定以下直达河南南部,约长二千里或六百英里,由东至西平均一百五十英里,最广之处为由陕西边境至山东潍县相距计一千里或三百英里,灾区面积九万方英里,人口三千[万]至三千五百万"[③]。这是40年来未有之奇荒,这场旱灾的区域和"丁戊奇荒"的灾区分布大致相同,包括直隶、山东、河南、山西、陕西五省的大部分地区。

据北洋政府内务部赈务处统计,这场旱灾北方灾区甚广,涉及京兆、直隶、河南、山东、山西、陕西五省一区。据各省区调查报告整理被灾县份情况如下:京兆区共20县,被灾17县;直隶省共119县,被灾86县;河南省共108县,被灾77县;山东省共107县,被灾21县。山西省共105县,被灾64县。陕西省共91县,被灾75县。其中灾情最重者,京兆为通县、武清、安次、房山4县;直隶为大名、枣强、东光、交河、献县、宁津、景县、曲周8县;河南为

---

① 章有义编:《中国近代农业史资料》第2辑,生活·读书·新知三联书店,1957年,第152页。

② 李文海等:《中国近代十大灾荒》,上海人民出版社,1994年,第335页。

③ 《四十年来未有之奇灾》,《大公报》1920年9月13日。

安阳、汤阴、临漳、武安、涉县、林县、内黄、新乡、辉县、淇县、洛阳、洛宁、偃师、汜水、荥泽、淅川、荥阳、汲县、济源、宜阳、渑池、新安、巩县、伊阳、内乡、河阴26县；山东为临清、馆陶、德县、平原、禹城、恩县6县；山西为平定、孟县、安邑、解县、夏县、垣曲、绛县、崞县、定襄、祁县、襄垣、黎城、五台13县；陕西为扶风、商县、乾县、醴泉、雒南、武功、长武、平利、镇安、山阳、商南、绥德、肤施、邠县14县。据《大公报》特派专员统计，受灾最重的为直隶、河南、山东三省，这三个省的受灾情况，如表5.3所示。

表5.3　1920年直隶、河南、山东三省受灾情况统计表

省份	全县数	被害县数	被害面积	被害人口
直隶省	139	70	32 000 方里	9 000 000 人
山东省	107	54	18 000 方里	12 000 000 人
河南省	108	37	12 000 方里	7 000 000 人
合计	354	161	62 000 方里	28 000 000 人

资料来源：《直鲁豫灾区分道调查记（续）》，《大公报》1920年10月15日。

注：关于山东省受灾县数，北洋政府内务部统计为21个，《大公报》特派专员调查为54个，这是因为统计者依据的灾害指标不同，二者并不矛盾。

　　具体而言，旱灾最为严重的是直隶地区。据《大公报》特派专员调查，直隶省"（一）大名道所属三十七县，灾情最重，无一县不是十分灾。（二）保定道所属四十县内东部十八县灾最重，北部及西北各县灾甚轻。（三）津海道所属三十二县内惟南部十四县（即沿津浦路一带）有灾，灾情轻重不等。总计直隶全省一百三十九县中，受灾之县，计多至七十所。灾区面积，约当全省面积十分之三。受灾状况，在直鲁豫三省中为最重"[①]。冀县（今衡水市冀州区）旱灾剧烈，草根树皮皆被食尽。枣强县受灾后，寸草未收，百姓生计异常艰难，典妻卖子日有所闻。南宫县（今南宫市）人民迫于饥饿，争吃树叶，往往因争枪树叶殴打，致伤性命。深县（今深州市）亦遭干旱，饿殍载道。"直隶西南数十县，去岁歉收，存粮已尽，今年荒旱，颗粒未收。人民纷纷赴津图觅生路。"[②]直隶省119县中，86县受到旱灾的袭击，饥民多达

---

　　① 《直鲁豫灾区分道调查记》，《大公报》1920年10月14日。

　　② 河北省政协文史资料研究委员会、河北省地方志编纂委员会编：《河北近代大事记（1840—1949）》，河北人民出版社，1986年，第91页。

2 000万余。其中,安平、博野、深泽、冀县四县收成仅有十分之二三,而邢台、沙河、内邱、任丘、肃宁、献县、吴桥等地均颗粒无收,800万饥民只有一半的人生存了下来。

灾情仅次于直隶地区的是山东地区。据《大公报》报道,山东省"自去岁秋间大小麦安置之后,即亢旱不雨,越冬徂春以至三伏,凡东省各县,除胶东一段外,无一场透彻之雨,土燡尽裂,麦苗槁死。各县之情形虽轻重不同,然东临武定一带约三十余县,如利津、惠民、聊城之属,其祸尤烈。有终年不雨者,有小雨数场而无济于事者,大小麦既皆枯死,麦稷高粱之属皆未播种,秋季禾稼更不待论"[1]。据《大公报》特派专员调查,山东省"(一)东临道所属二十九县,全境被灾,灾情之重,不亚于直隶大名道。(二)济临道所属二十五县内西部(即津浦路迤西)十五县,灾情较轻,春秋二季均尚有二分收获。东部(即接近东临道所属之地)诸县,灾情之重,与东临道不相上下。(三)济南道所属二十七县内与东临道接壤各县,如乐陵、商河、齐东、齐[济]阳、齐河、章丘、长清、肥城及泰安之一部分,均尚有春收,济南、长清、济河及泰安之一部分,则已陷于全灭状态。总计山东全省百零七县中,受灾之县凡五十四,灾区面积约当全省面积二分之一,受灾状况,其重亚于直隶"[2]。

没有粮食,灾民们只能去吃树皮、树叶。据记载:"凡沿津浦铁路两旁之洋槐树叶皆为难民摘去,加以粗面捣成饼饵烙而食之。其初沿路警察尚加禁止,以后见灾民之情可悯,亦只任其掠食,如是两旁树叶随生随灭,几变成牛山之濯濯矣。但树叶草根有限而难民太多,行之既久,罗掘又穷,且此种食品滋养料太少,终不足养人,以此各县灾民类皆槁顶黄毈,形容消瘦,因饿而病、因病而死者几道路相望。"[3] "至所谓鬻男卖女之说,在该处尤不可行,盖无人能鬻,无处可卖也。其甚者,或本身子女年龄太幼,愤其为累,投之河中,或掷置山谷……哭声沸天,死尸狼藉。"[4]据《大公报》特派专员统

---

① 《山东灾民之惨况》,《大公报》1920年9月16日。

② 《直鲁豫灾区分道调查记》,《大公报》1920年10月14日。

③ 《山东灾民之惨况》,《大公报》1920年9月16日。

④ 《山东灾民之惨况》,《大公报》1920年9月16日。

计,这场旱灾山东省 107 县中,54 县受灾,灾区面积大概相当于山东全省的一半左右,其中灾情最为严重的是临清、馆陶等 9 县,共 4 960 村遭灾,受灾人口 1 934 916 人,这 9 个县在 1919 年就粮食歉收,在 1920 年完全没有收成,人民无以度日。

与直隶和山东省相比,河南省受灾情况尚属较轻,但比山西、陕西两省为重。据调查:"过去十二月中,河南仅得雨三寸而已,以故旱麦、大麦、高粱、玉蜀黍、大豆等无不损失殆尽。"[①]《大公报》载:"河南去岁二麦歉收,人民即有求食维艰之叹,然去岁之尚可支持者,因人民生活程度尚低,平日均薄有积蓄,麦季尚有两三分收成也;其失收最甚者仅南阳一带,内乡、镇平等八九县耳。自去夏以来雨贵如金,亢阳为虐,河北彰、卫、怀等处绝无秋禾,豫东豫西亦仅有二分收成,以故今春粮价腾贵,流民日多,麦苗秋禾均已枯槁。"[②]河南省内乡县毗连湖北,山多水少,"从去年荡析离居,复无雨无雪直至今日,二麦无望,秋收亦不敢,必粮价飞涨,民不聊生"[③]。"内黄、新乡情形尤为惨痛,内黄一带草根、树皮久已搜刮净尽,邻近之地亦无可觅食。人民不得已乃将子女之幼小者互易而食。新乡一带以及沿黄河北岸则将妇女装船到处求售,论斤计值,每斤四百文,计二十余千即可购妇女一人,然仍无受者,牲畜之价,则每驴一头价一元,牛四五元,骡十五六元。"[④]

总体而言,河南省的受灾情况可以概括为:"(一)河北道所属二十四县中,除泌阳、盂县、温县、武陵四县外,余二十县皆有灾,而尤以内黄、武安、涉县、林县、安阳(即彰德)、临漳、汤阴、淇县等,灾情为最重。(二)河洛道所属十九县中,巩、偃师、洛阳、宜阳、新安、渑池、陕、灵宝、阌乡等九县,秋收丝毫无望,且愈沿黄河愈西,灾情甚。(三)开封道所属三十八县,内沿黄河诸县,及与山东接境之考城、兰封、宁陵、商丘(即归德)、虞城、夏邑、汜水、荥阳等八县有灾。"[⑤]河南 108 县中,有 37 县受灾,灾区面积相当于全省的 1/4

---

① 杨端六:《饥馑之根本救济法》,《东方杂志》1920 年第 17 卷第 19 号,第 9 页。
② 《哀鸿遍野之大河南北》,《大公报》1920 年 9 月 6 日。
③ 《内乡县旱灾已成》,《大公报》1920 年 5 月 17 日。
④ 《内黄新乡旱荒惨况》,《大公报》1920 年 9 月 4 日。
⑤ 《直鲁豫灾区分道调查记(续)》,《大公报》1920 年 10 月 15 日。

左右。其中,以河北道所属各县受灾最为严重。

陕西省受灾亦较重。据记载,泾阳连续 13 个月滴雨未下,灾民 14 万余人。富平县 11 个月无雨,灾民近 23 万人。华县(今渭南市华州区)附近各地都是一片旱荒景象,"连华县的知事、省城的督军也都祈起雨了"[1]。1920 年 10 月,陕西军、民两长告灾称:"陕省本年亢旱,二麦歉薄。每亩收数仅三四分或一二分,甚有不克偿厥耕种者。东由临渭以至邻韩,西自咸醴以抵邠凤,穷黎艰食,日有流亡。而商雒等邑情状尤惨,或扶草剥树以疗饥,或卖妻鬻子以图活。满拟秋禾大稔,藉资接济,孰意入夏而后雨泽尤艰,骄日肆炎,风霾时起,禾苗遍槁,生计愈穷。"[2]尤其是商县及邻近各处,灾荒连连。"去秋及今春二麦无收,今春再荒,储藏早空,……粮价涨至六倍。"[3]陕西省的 91 个县中,有 75 个县受灾,其中还有水、旱、蝗等灾害并发。

三、1920 年旱灾对环境及社会的影响

第一,旱灾造成粮食供应严重不足。这场大旱灾从 1919 年夏季开始,一直延续到 1920 年秋季,部分受灾地区才出现降雨,但是于事无补。长时期的干旱造成了粮食大范围歉收或失收,进而出现了粮食危机。由于大旱,农作物种下去之后因缺水造成不能出苗或者幼苗长出后旱死,因此山东、直隶、河南、陕西、山西五省粮食歉收。例如,直隶省南皮县,1919 年 7 月至 1920 年 4 月没有降雨,1919 年秋季庄稼严重歉收。虽然 1920 年 5 月出现了小范围的降雨,庄稼得以播种,但是之后连续大旱又使秋收无望。粮食歉收,供应不足的直接影响就是粮价的飞涨。

1920 年北方大旱,在粮价飞涨的同时,耕牛、土地等农业生产资料的价格却猛跌。据调查,"山东西部灾前二、三年每亩地价值 40~50 元,今每亩地落至 20 元左右"[4]。由于缺乏饲料,灾民便将牲口宰杀或者以极低的价格

---

①　李文海等:《中国近代十大灾荒》,上海人民出版社,1994 年,第 138 页。

②　《关中告灾之急电》,《大公报》1920 年 10 月 2 日。

③　李文海等:《近代中国灾荒纪年续编》,湖南教育出版社,1993 年,第 17 页。

④　陈玉琼、彭淑英:《自然灾害对社会的影响——以 1920 年北方大旱为例》,《灾害学》1994 年第 4 期。

出售。在旱灾的时候,灾民把土地等生产资料以低价卖出,对日后的农业生产也造成了不利影响:他们由于缺少生产资料而不能进行农业再生产,对农业经济是一个沉重打击。另外,在旱灾的同时,显示出了多灾并发的情景。陕西出现了冰雹,京兆地区出现了蝗灾。山东出现蝗蝻,遍野皆是,尤其是曹州(今山东省曹县)一带,"近日来,由河南开封等处,飞来飞蝗甚夥,南北宽十余里,东西长三百余里,宛若一河道。所有禾苗,全行吃净,大有飞而食肉之势。将来附近各县,均必受其蚕食。"[1] 在直隶保定地区,蝗灾亦十分严重。"保定道属之安新、蠡县、高阳、深县、无极、安国、正定、定县等县,均有蝗灾。"[2] 这些灾害是伴随着旱灾而产生的,给农业生产造成了毁灭性打击。

第二,旱灾造成社会秩序混乱。旱灾对社会秩序造成的影响是多方面的。旱灾发生之后,广大灾民无以为生,其中一些人铤而走险,聚众为匪,造成 20 世纪 20 年代土匪的数量急剧增多。他们打家劫舍,绑架勒索,烧杀抢掠,社会动荡不安。《大公报》记载:"内乡县境,水旱频仍,民不聊生。于是,有铤而走险者,啸聚山林,杀人越货。"[3] 也有一部分青壮灾民加入军阀队伍,加剧了军阀混战,给社会秩序造成了混乱。旱灾发生后出现了粮食危机,灾民为了生存,甚至出现了买卖妇女、儿童的现象。"卖妻鬻子者极多,年十四五岁之女郎,价值不过三四元,尚无人过问。或云售妇女以斤计,每斤制钱百文。"[4] 有些旱灾严重的地区,甚至出现了易子而食的悲剧。此外,由于粮食供应不足,粮价飞涨,贫苦灾民无以为生,因此发生了多起抢夺富户之家以及粮坊的事件。例如,在直隶隆平、柏乡等地就发生了乡民抢粮之事。河南也有类似的记载:"刻下各处已成巨灾,饥民相聚抢粮,凡稍有贮蓄之家,均被瓜分,粮坊囤户搜括无余。"[5] 这些事件的发生,进一步加剧了社会的动荡。

---

① 《曹属又闹蝗灾矣》,《大公报》1920 年 7 月 15 日。
② 《天津会议之内容》,《大公报》1920 年 5 月 23 日。
③ 《内乡县土匪猖獗》,《大公报》1920 年 5 月 20 日。
④ 《哀鸿遍野之大河南北》,《大公报》1920 年 9 月 6 日。
⑤ 《哀鸿遍野之大河南北》,《大公报》1920 年 9 月 6 日。

第三，旱灾造成疫病流行。旱灾发生之后，由于人们所吃的食物不卫生，加上荒年人们对疾病抵抗力的减弱，以及北方天气的寒冷，因此极易染上伤寒、肺病等疫病。灾后灾民大批移民，易造成疫病的传播。例如，在山东省临清县(今临清市)发现霍乱，造成多人死亡，并传播至武城、夏津等县。在德州，"老弱灾民，暴患时疫，转徙而死者不可胜数。又值朔风凛洌，灾民流离四乡，夜则露宿，因而冻毙者甚夥。一星期间，东北各村、唐村、高家庄一带灾民饿死者一百七十余人，冻死者九十余人，受疫而死者八十余人"[1]。由于津浦路沿线灾民较多且流动频繁，因此在1921年春季暴发了大瘟疫。1921年3月，山东桑园北面15里的地方发现疫症，为肺疫。内务部防疫委员俞树菜被派前往德县视察疫形时，被传染上疫病最终殉职。在直隶省平乡、广宗、邢台等地出现了霍乱，几乎每家都有人死亡。在河间、肃宁、献县、南宫等地出现了大的瘟疫，造成了人口的大量死亡。

第四，旱灾对生态环境产生了影响。旱灾之后灾民没有食物，就开始大量剥树皮，吃树叶、草根等。河南旱灾之后，"内黄一带草根、树皮久已搜刮净尽，邻近之地亦无可觅食"[2]。为了生存，有些灾民开始移民。1920年7—8月，旱灾区外出谋生的灾民逐渐增多，其迁移方向主要有三个：河南省灾民东进、南下至苏、皖、襄、楚等地；陕西灾民西进到甘肃、四川，甚至新疆地区；直隶、山东两地的灾民主要是"闯关东"，北上至东北以及内蒙古地区，其中最主要的就是向东北地区移民。虽然政府为防止疫情扩散，多次下令禁止灾民移民东北，但是丝毫没有起到作用，仍有数百万人闯关东，其中以山东省移居东北的人数为多。"其稍有力者则投奔东三省北满一带，因东三省北满皆山东人多故也。"[3]直隶省"经天津以赴关外者在十万以上，大抵皆奔哈尔滨者多因该地年丰也"[4]。1920—1931年，由山东和直隶向东北移民的狂潮，是人类有史以来最大的人口移动之一。从这次移民的特点看，后来有很大一部分人长期定居在东北。仅在1920年至1921两年间，"迁

---

①　《德州灾民之状况》，《大公报》1920年11月27日。

②　《内黄新乡旱荒惨况》，《大公报》1920年9月4日。

③　《直鲁豫晋灾情详报》，《大公报》1920年10月5日。

④　《直鲁豫晋灾情详报》，《大公报》1920年10月5日。

入东北的移民先后突破了 10 万与 30 万大关"①。这些灾民为了生存开始在新的住所垦荒,垦荒同样会造成两种情况:一是土地面积增加,二是生态环境遭到破坏。灾民在迁移地大量毁林开荒,致使这些地方的生态环境恶化,进而也造成了这些地区水旱灾害的暴发。

第三节 ｜ 1931 年江淮水灾对环境的影响

1931 年夏季,在我国长江流域、淮河流域、珠江流域、黄河下游、海河流域和辽河流域都暴发了大范围的水灾,灾情遍布全国 23 个省。其中,以江淮流域为中心的梅雨型大洪水破坏性最大。1931 年 6—8 月,以江淮为中心的地区由于长时间降雨等原因,在长江及其主要支流,如沱江、金沙江、岷江、汉水、湘水、澧水、赣江、洞庭湖水系、鄱阳湖水系以及淮河、运河,几乎同时泛滥,江淮流域内几乎所有省份都发生大洪灾。这场洪灾历时时间长,波及范围广,破坏性极大,其中江淮流域内的湖南、湖北、安徽、江苏、江西、浙江、河南、山东 8 省损失最为严重。"被灾区域达三十二万平方里,灾民一万万人,被淹田亩二万五千五百万亩,被淹人口二六五一五四人,农产品损失四万五千七百万元,被灾二九〇县。"② 居民房舍被冲毁无数,疫病丛生,交通断绝,商业停顿,是百年来所未有之大水灾。这场大水灾的发生,虽然是由长时期大量降水所致,但也有着深刻的社会根源。

一、1931 年江淮水灾成因

(一)地形因素

淮河发源于河南省桐柏山和伏牛山,这一带历来植被较少,是有名的暴雨区。在暴雨季节,极易暴发山洪,洪水直接流到下游平原地区各河之

---

① 李文海等:《中国近代十大灾荒》,上海人民出版社,1994 年,第 142~143 页。

② 邓云特:《中国救荒史》,上海书店,1984 年,第 45 页。

中。淮河支流主要有汝、颍、肥、沂、泗等河流。在南宋以前,淮河是独流入海,出路通畅,因此很少发生决溢。据统计,从夏到宋以前,淮河决溢只有12次,宋以后到1936年,决溢达138次。[①]后来,黄河夺淮破坏了淮河水系的平衡。由于黄河含泥沙量极大,致使淮河干支流的河床淤积、垫高,淮阴以下的淮河故道淤积成为"地上河"。虽然咸丰五年(1855)黄河改道经由山东入海,但是淮河水系已经遭受破坏,淮河下游河底高于上游河底,极不利于洪水排泄。淮河支流横冲直撞,夺排洪河道入海,使其沿岸地区洪涝灾害极为频繁。同时,淮河流域的山区分布在河流两岸,地形不利于修筑蓄洪水库,下游平原地区地势平坦,山洪暴发抢占河道,平原排水出路被堵塞,极易形成较大面积的洪涝灾害。

(二)人地矛盾造成的生态环境失衡

清代长江多次泛滥,其主要原因就在于生态环境的失衡。长江流域最早的生态破坏是在东汉末年以及六朝时期,北方人民大量迁居到南方,刀耕火种,森林植被开始受到破坏。虽然到南宋时期开始禁止围垦,但收效甚微。清朝康雍乾三代,政治比较昌明,经济繁荣,社会稳定,尤其是康熙时期"滋生人丁,永不加赋"的政策,废除人头税,以及雍正时期"摊丁入亩"政策实施以后,清代人口数量大幅度增加。据统计,中国人口从康熙末年的八九千万人增加到嘉庆末年的四亿人以上。[②]

人口大幅增加所带来的严重后果就是人地矛盾凸显,加上土地兼并,致使有限的耕地难以供养新增的人口,破产的农民只能向地广人稀的地区迁移,这些移民到达新居住地后,毁林开荒,使四川盆地及川陕楚交界地区的山区植被遭受严重破坏。农户围湖造田,"沿江湖滩,围垦日甚,河槽淤浅"[③]。长江到澧水间的数百里河道都被公安、石首、华容等县占为农田,北岸13口也几乎全淤,江北的监利、沔阳,以及湖北的黄梅、广济,安徽的望江、太湖各县,都是泽国尽化桑麻。湖田连片,湖泊面积减少,容水能力下降,再加上多年水利失修,清末至民国年间设置沙田局,出卖水地,又多次

---

① 郑肇经:《中国水利史》,上海书店,1984年,第165~167页。

② 李文海等:《中国近代十大灾荒》,上海人民出版社,1994年,第205页。

③ 郑肇经:《中国水利史》,上海书店,1984年,第108页。

对流域内的湖泊进行屯垦,虽然获得了大量的熟田,但也导致长江主干道越来越浅,交通不便。以汉口至吴淞一带为例,每年冬春干旱季节,长江吃水较浅的轮船只能到达芜湖,芜湖以上,就得改用驳船运送货物。更严重的是河流湖泊容纳洪水及泄洪的能力大大减弱,一旦遇到降雨异常,洪水便冲毁江堤,造成大水灾。如果一个月不降雨,又会形成大旱灾。这是导致近代江淮地区水旱灾害频发的一大主因。

(三)气候条件

淮河流域是我国南北气候的过渡区,以南是北亚热带地区,以北是暖温带地区,年降水量平均878毫米,其中6—9月为多雨季节,雨量占全年降水量的50%~70%,黄淮气旋、台风等极易在伏牛山、大别山等山区形成特大暴雨,宣泄不及就造成洪水灾害。长江流域属于亚热带气候,降雨量多超过1 000毫米,且其雨量也大多集中在6—8月,这三个月的总降雨量占全年总降雨量的43%。降雨中心由东南向西北移动,使水流可以按顺序排泄,但如果出现同时降雨的情况,那么水流来不及排泄,洪峰相遇,就会形成大水灾。1931年江淮水灾就属于这种情况。1931年江淮流域进入梅雨季节以来,降水多集中在7月,从中旬延续到下旬持续20天,干流容纳不了由各支流而来的大水,最终冲破了圩堤,形成洪灾。此外,降雨量过大造成洪灾。据统计,1931年7月降雨量比以往通常年份的雨量多出1.5倍乃至3倍以上。其中,河南地区6月底的大雨雨量甚至达到103毫米,"超过平常雨量五六倍"[1]。安徽地区更甚,7月总雨量达194毫米,7月11日有的地方达到135毫米。[2]如此大的降雨量远远超过了各河的容纳能力,所以洪水冲决堤坝,泛滥为灾。

(四)政局不稳以及水利失修

"水利兴废与历代治乱之关系,实相互为因果。"[3]这场水灾的产生与民国时期的政局有很大关系。无论是在北洋政府时期还是南京国民政府时期,几乎连年战乱。内战区域从1916—1924年的每年平均7省,扩大到

---

[1] 《霆雨洪水汛滥中原 劫后余生又遭荼毒》,《大公报》1931年7月11日。

[2] 《赈委会视察专员洪过笔记》,《大公报》1931年10月6日。

[3] 沈怡:《水灾与今后中国之水利问题》,《东方杂志》1931年第28卷22号,第37页。

1925—1930 年的 14 省。1930 年战祸再起。"军队在各灾区征发之数,计派征款项四千零四十一万五千余元,征发粮草合洋四千八百五十万零五千余元,征发车辆牲畜合洋四千四百八十四万四千余元。"[①] 政府如此横征暴敛都是为了支付战争经费,自然没有闲余资金去兴修水利,加固堤防。

时人评论说:"此次水灾,纯系二十年来内争之结果,并非偶然之事。……苟无内争,各地水利何至废弃若此。"[②] 所以,"欲去水患,惟有求国家之长保太平。"[③] 另外,一些政府机构多次挪用治河堤防款项,一部分经费落入军阀之私囊。治河经费被层层贪污,造成淮河水利年久失修,虽然成立了导淮委员会,制定了《导淮计划》,但是由于缺少经费以及人浮于事而形同虚设。可以说,虽然自然、气候是造成水灾的重要原因,但是政局动乱造成的水利年久失修是近代水灾频繁发生不可忽视的原因。

二、1931 年江淮水灾概况

1931 年,江淮地区入夏以后,各地雨水不断,长江、淮河及各支流山洪暴发,沿岸各省市洪水泛滥,受灾省份主要有安徽、湖北、湖南、江苏、河南等地。

安徽省北部自 1931 年 5 月下旬开始就出现连续降雨天气,6 月中旬全境连下大雨,断断续续持续到 9 月中旬,各县降雨量均在 500 毫米以上,大雨导致淮河水暴涨,境内其他河流山洪暴发。据统计,"长江干堤和主要支流堤防有 254 处溃决,淮河干堤重要决口达 61 处"[④]。7 月中旬,皖北地区洪水越城而入,城内街市被水浸没,最浅处尚有 2 尺。14 日,由于连日来大雨导致淮河水暴涨,蚌埠地区河北岸的堤圩被大水冲塌一处,遂成泛滥之势,一片汪洋,平均水深数尺。房舍多被浸毁,草房倒塌数百间,小舟往来,如在湖中。新大马路及太平街中正街马路,积水成潦,造成 7 000 余灾民。7 月 19 日,皖北地区再现霪雨,淹没十余县。天长地区新旧圩田,都被淹没。白

---

① 邓云特:《中国救荒史》,上海书店,1984 年,第 106 页。
② 沈怡:《水灾与今后中国之水利问题》,《东方杂志》1931 年第 28 卷 22 号,第 37 页。
③ 沈怡:《水灾与今后中国之水利问题》,《东方杂志》1931 年第 28 卷 22 号,第 37 页。
④ 李文海等:《近代中国灾荒纪年续编》,湖南教育出版社,1993 年,第 299 页。

浪滔滔,田间秋禾,尽没水中。居民房屋,倒塌无数。

盱眙地区位于淮河下游,此次大雨,淮河水位涨高近10米,堤坝溃决多处。定远西乡炉桥镇陆家桥附近,由于沛、洛二水泛滥成灾,加上六安诸河与颍肥诸河横流入淮,洪水倒灌,致使田庐庄稼漂没无数,平地水起数丈。杜家集、荒沛桥、陆家桥等处遭遇淮河水倒灌,南北数十里,尽成汪洋,被灾难民衣食无着。怀远地区山洪暴发,淮河水涨数丈,无处排泄,加上飓风来袭,致使城厢内外巨浪滔天,淹死人口无数。霍邱地区由于淮河溃决以及东西两湖同时泛滥,致使县北部成为泽国,田禾屋舍都被冲毁,淹死人畜无数,灾民五百多人前往蚌埠避难。滁县境内沙河、瓦店河、清流河等河水暴涨一丈多,沿河100余千米,庄稼房屋尽被淹没,县南濒临滁河的各个圩堤,先后被水冲决,十万多亩稻田,完全浸入汪洋之中。除此之外,全椒、亳县、太和、六安、霍山、同台、怀远等县,也遭受水灾凌虐。到1931年8月中旬,已经有39县被淹没,水灾所到地区,"田庐人畜均冲溃一空,灾情奇重,直三四十年来所未有"[1]。

地处长江中枢的芜湖地区由于地势低洼,田地多为圩田,因此受灾甚为严重。"其被害区域,占全面积十分之九以上,灾民达三四十万,地方虽有水灾救济会之组织,然杯水车薪,实难普及。"[2]1931年8月25—26日飓风过境,并夹杂大雨,致使芜湖圩堤被冲溃,"溺毙者四千余人,江水涌入租界,深三四尺。"[3]高邮城北决口数处,"水至城墙,深数尺。""邵伯东堤溃决十五口,水深数丈,全镇灭顶,毁屋伤人无算。"[4]据统计,安徽省此次水灾损失严重,"合计被水者48县,占全省县数的8/10;被淹田亩3 293万余亩,占土地总面积70%;灾民1 069万人,占人口总额49%以上,死亡11万余人。为江淮地区遭灾最重的省份之一"[5]。其中,被灾6成至8成的一等灾区有16个县,被灾4成至6成的二等灾区有12个县,被灾3成至4成的三等灾

---

① 《皖省水灾之重　被淹没者达三十九县》,《大公报》1931年8月13日。

② 《芜湖洪水流民图》,《大公报》1931年8月16日。

③ 《芜湖堤续溃淹毙四千余人》,《大公报》1931年8月29日。

④ 《芜湖堤续溃淹毙四千余人》,《大公报》1931年8月29日。

⑤ 李文海等:《近代中国灾荒纪年续编》,湖南教育出版社,1993年,第299页。

区有 8 县,被灾 2 成至 3 成的四等灾区有 9 个县,被灾 2 成至 3 成的五等灾区有 3 个县。[①] 安徽是此次水灾受灾最为严重的地区,大部分受灾地区被水浸泡数月,损失惨重:"每户平均达四五七元。"[②]

湖北地区自 1931 年 5 月上旬开始,就阴雨不断,造成长江水势大涨。低洼之处,成为汪洋泽国,外江水高,致使涨水无处疏通,淹没秧苗,麦苗腐烂。到 7 月后,更是连降二十多日大雨,长江、汉水的堤防十有八九全部溃决,同时襄水、漳水、涢水也都决溢。据 1931 年 7 月 26 日《大公报》记载,7 月以来,汉口由于连日降雨,江水陡涨,旧英租界沿江均临时加堤防水,租界内积水用机器向外抽排。"大智门车站前江水倒灌,深达尺余,府河堤溃,汉口张公堤甚危。"[③]28 日午后 2 点,汉口日租界堤防溃决,致使日本租界至刘家庙车站一带水灾泛滥,深处可达四五尺,冲走民房数百间。29 日,大水没过市区,造成灾民 20 万人以上。到 8 月 13 日傍晚,水势涨达 18 英寸[④],江浪滔滔,2 小时内特一区水深 2 尺,平汉铁路淹没于水中,运载货物用船运,水电厂停止供应。14 日,水势仍涨,日租界四面被水包围成为一片泽国,汉口整个市区都被水所淹浸。19 日,早晨 6 点,武昌青山堤、张公堤溃决三四丈,洪水漫入武昌城。8 月 27 日,丁公庙长堤以及武庆堤等多处溃决。28 日,永保堤两处决口。29 日,武惠堤决口 3 处,2 万余户居民被淹。据《大公报》统计,此次湖北水灾 900 余万人受灾,全省 68 县中,有 46 县 1 市被淹,面积为 185 013 平方市里,占全省 20% 以上,受灾人数 9 563 357 人,死亡人数达 55 000 余人,财产损失上亿元。[⑤] 此次湖北受灾的 46 县中,"全县被淹者计十五县,全县淹去十分之七八者计十三县,全县淹去十分之五六者五县,全县淹去十分之三四者十四县"[⑥]。此次灾情,实属六十年来所罕见。

江苏地区进入夏季以后,全省霪雨绵绵并夹杂大风天气,因雨水天气

---

①　李文海等:《近代中国灾荒纪年续编》,湖南教育出版社,1993 年,第 300 页。

②　邓云特:《中国救荒史》,上海书店,1984 年,第 45 页。

③　《长江流域空前大水灾》,《大公报》1931 年 7 月 26 日。

④　1 英寸 =2.54 厘米。

⑤　《鄂省水灾损失统计》,《大公报》1932 年 1 月 24 日。

⑥　《鄂省水灾损失统计》,《大公报》1932 年 1 月 24 日。

增多,淮河、沂河等河流水位大大升高,河湖水暴涨,导致宝应湖、邵伯湖、高邮湖、洪泽湖四湖同时泛滥,水势上涨凶猛。江苏南部的沿江湖水倒灌,淹毁农田,冲走人、畜、衣物无数。1931年5月4日,镇江对岸的江堤出现决口,浸没大量房屋,大量农田被淹。7月,南京连下大雨23天,致使淮河、玄武湖泛滥,长江水暴涨到与江岸齐,低洼之处,成为泽国。南京城内如夫子庙、成贤街、中山大道及其他较小马路都被淹没在水中。居民房屋大半都沉没在水中,下关一代棚户,多被冲毁,无处栖息者万人,水势之大,为五十年来所未有。

常州城内河水满溢,北门城楼因而倒塌,嘉定四乡成泽国。街市水深数尺许,沿湖农田全都被淹毁,城乡交通断绝。江宁的看守所水深达到两尺,犯人床铺都被水淹没,致使除罪行较重者迁往他处外,其余都经过保释释放。淮阴城东南之大土庵及沿河一代,城西南小马号及沿河一代,居民尽在水中,水深处可及腰部,浅亦没胫,四处亦一片汪洋。1931年7月底,镇江京沪铁路尧化门一带因为山洪暴发,致使铁路路员所住公寓水深高达六尺。无锡地区从月初连续降雨到月末,致使河水暴涨,第七区的2 500余亩农田大半都被淹没,第十五区的东南华家圩、上中下三圩、南北下圩等均遭淹没,沿湖地区最低洪水位达到房屋高度。江宁地区受灾面积达到本县的十分之六七以上,灾况数十年未有。据统计,这场水灾江苏有35县受灾,92 000余平方千米田亩被淹,造成灾民654万余人,有23 000余人死亡。

湖南地区,由于连日大雨,资、湘、沅、澧四条河同时涨水,加上荆河水从西北泛滥,致使平地水深达数丈,洪水冲毁屋宇桥梁,人口死亡甚多。1931年6月初,湖南地区由于连日大雨,大水为患,其中湘乡、虞塘、湘潭南区受灾最重,屋宇桥梁多被洪水冲毁,常德、安乡也报告出现水灾;7月初再降暴雨,湘西、湘南山洪暴发,除湘乡、虞塘外,常德、津市、桃园、慈利、岳阳、永兴各县出现极大水灾,庄稼房屋多遭冲毁。常德地区,由于湘西山洪暴发,长江西水泛滥,堤坝被积水浸淹,所有禾苗化为乌有。

到1931年8月底,湖南安乡、华容、湘阴、湘潭、衡山、衡阳、祁阳、耒阳十县,水灾特重,溆浦、会同、乾城、古丈等县,平地水深数尺,洪流横冲直撞,衣物房舍付诸东流。到1931年9月底,"受水之县,达六十有七县之多,被灾之民,约一千六百万以上,而沿江各湖各县,受灾尤惨"[①]。澧县41万人受灾,常德40万人受灾,临湘18万人受灾,长沙28人受灾,益阳34万人受灾,耒阳25万人受灾,桂阳15万人受灾,溆浦十余万人受灾,其余各县受灾人数大都上万人。[②]北至澧县以西之合口,南至长沙之靖港,西抵桃源,东至岳阳,一片汪洋。"昔日长堤,均沦水底。"[③]

入夏以后,河南各地霪雨不止,淮河、沂河水位大大升高,洪水肆虐。1931年6月4日,暴雨夹杂冰雹,使沙、颍、淮、漯等河山洪暴发,庄稼所剩无几,房屋被冲毁,人民无处居住。6月30日早晨,登封县(今登封市)突发洪水,湍河、刁河二河同时泛滥,全县半数地区受灾;29日,鄢陵县降下倾盆大雨,至30日晚上,房倒屋塌无算,多人死亡。到7月2日,城内各街巷,尚有四尺余深水,信阳、罗山、郾城、临颍、襄城、叶县、西华、高水、邓县、西平等十余县,洪水横溢,怀山、襄陵两县的林草全部被淹没,城垣倾塌数百里,膏腴良田都成泽国。7月3日上午10点,信阳县(今信阳市)降下大雨,夹杂大风冰雹。4日下午6点,山洪暴发,高原平地一片汪洋,屋不见顶,仅二三成民众获救。8月2日,突降大雨,持续到6日,平均水深六七尺,民房被冲毁无数,护城堤两处被冲毁三四丈。8月12日,再降大暴雨,下午6点之后,伊河、洛河两条河流同时暴发大洪水。晚上12点,将西南角的堤冲毁,大水灌入城垣。北自邙山以南,南自南岭以北,东西数十里、宽十余里之地,洪水泛滥,一片汪洋,庄稼尽数被冲毁。淹死民众无数。据统计,河南全省"罹灾80余县,灾民890余万,死亡8万余人"[④]。

江西省的灾情在1931年4月份就初见端倪,由于连日大雨,赣江、鄱阳湖水暴涨,导致南昌县附近的富有圩在4月25日被洪水冲决,沿河地势低洼之处均被水浸灌,积水甚深,城内民居多数被水淹没,整个城市成为一片汪洋泽国。居民或登到高处,或者迁移到他地。5月,赣县(今赣州市赣县区)

---

① 《湘省水灾及其救济》,《大公报》1931年9月25日。

② 《湘省水灾与赈济》,《大公报》1931年9月21日。

③ 《湘省水灾及其救济》,《大公报》1931年9月25日。

④ 李文海等:《近代中国灾荒纪年续编》,湖南教育出版社,1993年,第319页。

蛟水暴发洪水,街市内水深数尺,淹没农村房屋无数。7月,九江江水暴涨,冲破堤岸,最高水位45尺5寸,7月中旬连降十多天大雨,造成长江、赣江、鄱阳湖等山洪暴发,城内一片汪洋,漂失人畜无数,秋收绝望;天安赣江洪水暴发,河东坊城郭等处都成为泽国,其余各县也大都受灾。据统计,这场水灾江西北部灾区面积二三八三七方里,损失总数约值四九二一七九三〇元,农产及牲畜损失约三四五四七八九〇元,屋舍损失约九六九九二〇〇元,衣物损失约四九七〇四八〇元,鄱阳、进贤、九江、星子、永修、湖口、南昌等县之圩堤,均已冲毁决口,长度数丈至数十丈不等[1]。江西省共有永修、进贤、鄱阳、都昌、南昌、湖口、星子、天安、永新等37县受灾,其中九江、湖口、鄱阳、都昌等地受灾较为严重。

1931年,浙江地区进入7月之后,霪雨不断,造成太湖水泛滥。沿湖的嘉兴、吴兴、长兴等地陷入一片汪洋之中,庄稼、人畜被水冲走无数。7月22日下午,湖州大雨倾盆,致使河水涨高数尺,淹没庄稼,漂走房屋无数。据统计,"报灾之区有40余县之多,塘岸溃决,近江一带均不免"[2]。

三、1931年江淮水灾的影响

这场江淮大水灾肆虐安徽、湖南、湖北、江苏、江西、浙江、河南、山东8个省份,造成灾民1亿人以上。如此大的水灾,对当时的社会、经济、环境都造成了巨大影响。

(一)给农民造成不可估量的损失

洪水淹毁了大片农田,使良田变为一片沧海。在当年水灾最严重的8省中,其耕地损失严重。南京国民政府主计处对灾情进行了详细调查。8省总计耕地面积有554 600万亩,其中受灾耕地就有141 700万亩,占总面积的26%。水灾破坏了农田土质,洪水过后,大量农田被淹没,无论被淹浸时间长短,土质都会受到破坏,其中的碱性化合物被分解。水退之后,在地面上留下一层白色沉淀物,当时缺少先进的科学设备对这些沉淀物进行处理,所以不易消除干净,导致土质难以恢复原状。而且水中含沙特别多,洪

---

① 《赣北水灾损失统计》,《大公报》1932年2月20日。
② 《浙省水灾亦极严重》,《大公报》1931年8月11日。

水所过之处,地面留下一层沙,导致农田寸草不生,如同沙漠。所以,著名灾荒史研究专家邓云特说:"历来灾荒,不特使农地在灾时不能利用,且每经一度巨灾之后,荒地面积势必增加。未垦之地,固无开发之可能,即已耕之熟地,亦复一任其荒芜。"[1]

此外,水灾区域内大部分农作物被水冲走,造成本年农产品的歉收。宜兴大水后稻苗尽腐,田里一根青苗都没有了。桑树大多被淹没,春蚕的饲养也都宣告绝望。江汉地区的棉田半数以上被淹,当年的农产品损失大概有 45 700 万元。由于粮食歉收还造成了粮食等物价高涨。据记载,南京 7 月底米价突涨两三元,青菜每斤五百文,其余各种物价亦飞涨。汉口由于缺少粮食蔬菜,炊具上落满烟尘,"韭苋竹叶之属,已告绝迹,近日食料,惟瓜类与鲜肉耳,价尤绝贵,超过平常一倍"[2]。物价上涨更使本来已经处于水深火热中的灾民生活雪上加霜,水灾冲走了灾民的房子、衣物以及牲畜,使灾民的生活无以为继。而有些地区还发生多次抢粮、夺粮事件,迫使政府不得不出台措施限制粮价。

(二)对环境造成污染

江淮水灾对当地水环境造成了严重污染和破坏。"洪水泛滥,使垃圾、污水、人畜粪便、动物尸体随漂流漫溢,河流、池塘、井水都会受到病菌、虫卵的污染,导致多种疾病暴发,严重危害人们身体健康。"[3]水灾发生时,大水冲走人、畜、衣物、垃圾等,使河水遭受污染。例如,武汉附近的积水之中,充满着腐烂的食物以及人畜的尸体、粪便等污秽物,臭气熏天。这些污水流入江河后,造成水环境的严重污染。汉口地区在市政府以及模范区一带的附近菜园农场都无需肥料,灾民就地大小便,市区的小区内多是楼房,每当日落的时候,灾民从窗口倒出排泄物,积水中形成大量的垃圾漂浮物。南京城内花园里的草和树木大多被大水淹死,加上粪便、漂流的衣物等污秽物,由于积水长久不流动,在阳光的照射下起发酵作用,在阳光的照射下水色呈现出红色,甚至产生臭味,马路上的水由于常有车辆路过的原因也呈

---

① 邓云特:《中国救荒史》,上海书店,1984 年,第 176 页。

② 《汉口是何世界》,《大公报》1931 年 8 月 26 日。

③ 徐向阳主编:《水灾害》,中国水利水电出版社,2006 年,第 10~11 页。

现出黄色,"溺毙之人日有所闻。"[1]"茶色的庭园水,黄色的街道水"[2]漫流。水灾对空气环境也有不良影响,灾民死亡后,多数遗尸街头,无人过问,臭气熏蒸,令人作呕,出门都得掩住口鼻。另外,由于城市排水系统存在一定的缺陷,致使洪水长久得不到排泄,积水天长日久便会产生臭味,对灾区的空气形成不利影响。

(三)造成疫病的流行

水灾过后,原来赖以生存的环境被水淹没,分洪区的居民不得不转移到其他地区,而灾区周围又缺少高地,所以灾民只能转移到圩堤上居住,这样人员密集、水源稀少,人、畜以及野生动物共居,生存环境极为恶劣,疫病广为流行。水灾过后疫病流行的原因主要有三个:一是由于灾民缺少食物,饥饿造成抵抗力和免疫力下降;二是洪水暴发时的粪便、尸体等都浸泡在水中造成饮水污染,灾民大多直接饮用这种病菌含量超高的河水,极易患上疟疾、痢疾等疾病;三是水灾暴发后灾民的房屋被水冲走,失去居所,只能露宿街头,而在盛夏的时候蚊虫极多,灾民极易被蚊虫叮咬,从而加速疫病的传染。同时,由于水灾过后,居民长期站立在水中,腿部多被浸泡溃烂,所以腿部长疮疖者居多。加上灾民饮水困难,饮食不卫生,痢疾、霍乱、鼠疫等疫病流行。

1931年7月25日,上海市发现霍乱,到9月5日,"上海霍乱患者增多至60人,但均易治,仅死1人"[3]。8月,汉口地区发生急性传染病,难民多患肠胃病,同时一种疹状伤寒疫病开始蔓延。芜湖地区出现真性脑膜炎症以及虎列拉病。河南省疟疾流行,患者上吐下泻,受灾县几乎无一幸免。9月25日,邓县发现疫病,"患者四小时内脑崩,血肉横飞"[4]。霍乱、伤寒、窒扶斯等传染病在武汉区域内迅速蔓延,"因时疫死者达数千人"[5]。洪水过后,西平地区以疟疾患者居多。"西平一县,得疟疾者竟有百分之九十有奇。"[6]

---

① 《积水未退的南京城》,《大公报》1931年8月13日。
② 《积水未退的南京城》,《大公报》1931年8月13日。
③ 《上海霍乱病》,《大公报》1931年9月12日。
④ 《豫省鼠疫》,《大公报》1931年9月29日。
⑤ 《传染病蔓延武汉灾区》,《大公报》1931年8月25日。
⑥ 《西平之水灾》,《大公报》1931年10月22日。

（四）造成人口迁移，灾区人口急剧减少

水灾使人们原来生存的生活环境受到毁坏，房屋、衣物、牲畜、土地都被洪水冲走或损毁，灾民的生活无以为继，迁移到其他地区寻找生存的机会是他们唯一的生路。其中，外出谋求生路的以男性居多，他们大多数迁往外县以及上海、南京、苏州、无锡等大都市，或者一部分加入军队或落草为寇。据汉口公安局调查，截至1931年8月，汉口的人口"确已减少三分之一"[①]。另外，还有一部分灾民在水灾后由政府安排到东北地区或者其他地区进行移垦，但效果不理想。湖南灾民移垦的目的地是吉林省依兰县（今黑龙江省依兰县）。依兰县沿河地区地势低，水患多，树木小，经过移垦后，树木、林草等受到损害，使当地的生态也遭到破坏。

总之，这场大水灾分布范围极为广泛，波及全国23个省份，持续时间特别长，从最早出现水灾的4月底到水灾基本消退的9月底，持续了5个多月的时间，给当时的经济、环境以及社会秩序都造成了十分不利的影响。虽然这次水灾是由于长时期的大范围降雨造成的，但人为因素也不容忽视，尤其是长期围湖造田、围湖垦田所造成的生态环境恶化，给后人留下了深刻的教训。所以我国著名的水利专家李仪祉提出，内政部应定一方针，"凡各河湖中未放垦者不得轻垦，已放垦者，经审核之后，分别其缓急，无害、有害、害之大小列为等级，分别废除之，或改更之，或以他法避免其害"[②]。

第四节 | **1939年华北大水灾与环境变迁**

由于地理位置、气候、降雨量以及历史上毁林开荒等原因，近代华北地区的生态系统相对脆弱，灾荒不断，水灾几乎每年发生。1917年、1939年都

---

① 《汉口是何世界》，《大公报》1931年8月26日。

② 《关于废田还湖及导淮先从入海着手之管见》，黄河水利委员会选辑：《李仪祉水利论著选集》，水利电力出版社，1988年，第520页。

发生了较大的水灾,尤其是 1939 年水灾,海河流域最为严重,加上日军为破坏晋察冀边区而蓄意扒堤,致使这场水灾决堤达 128 处,160 千米长铁路被冲毁,河北全境和河南北部、山东西部等地区数百万人受灾,损失惨重,远远超过了 1917 年的水灾。因此,这场水灾被专家称为"20 世纪前半期华北最大的一次自然灾害,也是 1801 年(嘉庆六年)以来最大的一次洪水"[①]。这场水灾对当时居民的生产生活环境产生了巨大影响。

一、1939 年华北水灾发生的原因

(一)气候方面的原因

华北地区位于亚欧大陆东岸,是典型的温带大陆性季风气候,四季分明,降雨分配严重不均,春季干旱少雨,夏季炎热多雨,冬季降雨较少。华北地区是全国夏季降雨量最为集中的地区之一,年降水量在 500~800 毫米之间,降水大多集中于 7—9 月,这 3 个月降水量占全年降水量的 70%。[②] 每年夏季,季风携带来自东南方的海洋暖湿气流登陆华北地区,但是遇到燕山、太行山的阻挡,致使温热空气被迫抬升,极易在临近海洋的迎风坡凝结形成降水,因此比较容易出现暴雨,一旦降水集中到局部区域或者持续时间过长,就有发生大水灾的可能。以天津为例,天津降雨多的时候可达年平均降水量的 150% 以上,少的时候不到 50%。1939 年夏季,西太平洋低纬度热带气压异常活跃,生成的热带气旋较多,台风多次登陆北上,致使 7—8 月海河流域降水丰沛,雨期多达 30~40 天,而且产生了 7 月 9—15 日、23—29 日,8 月 11—13 日三次大范围的暴雨[③],大大增加了海河流域主要河流的水量,造成了水灾的暴发。

(二)地形方面的原因

华北地区虽然有较大面积的平原,但是区域内山地较多,有着南北走向的太行山山脉以及东西走向的燕山等山脉,形成了一个"厂"字形的天然屏障,容易阻挡夏秋季节太平洋的暖湿气流,产生强暴雨。另外,华北东临

---

① 魏宏运:《1939 年华北大水灾述评》,《史学月刊》1998 年第 5 期。
② 孟昭华编著:《中国灾荒史记》,中国社会出版社,1999 年,第 21 页。
③ 丁一汇、张建云等编著:《暴雨洪涝》,气象出版社,2009 年,第 260~261 页。

渤海,西北部为高原山地地形,东部和南部多为平原,造成西北高、东部低的地形特征。华北地区的河流多发源于西北部高原山区,由于上游地势高、坡度大,水流速度快且猛,而平原地势较低,致使华北地区河流中下游的水量大大增加,如下游河流排水不畅,水就会冲决河堤。加上历年来对山区的开垦,大量泥沙随河流流下,致使下游河床淤积抬高,一遇大暴雨极易发生洪水灾害。华北地区西高东低的地势,也造成了一些地区容易产生洪涝灾害。例如天津地区,由于地势低平,平均海拔仅3米左右,每逢雨季,地表水多流向这里,使这一带成为水灾多发区。一旦产生水灾,无论其他省区灾害轻重程度如何,天津一带必然会是重灾区。1917年和1939年的大水灾,天津市灾情最为严重,这是由其地势低决定的。另外,海河中下游地区的土壤属于重黏壤土和黏土,质地紧密,渗透性较低,降雨后排水困难,也会造成降水在地表上成为径流。一旦降水过多,必然导致洪水的发生。1939年,华北地区经历了五六个月的亢旱,土地更加坚硬,因此土壤的渗透性更低,导致洪水泛滥。

(三) 河流泛滥的原因

华北地区主要有海河水系,海河汇集了燕山山脉和太行山脉几乎所有水流,到了下游之后汇合成一条狭窄的入海通道,即海河干流。海河干流宽度不到100米,尾闾泄水能力较弱,却要容纳永定河、大清河、子牙河、南运河、北运河5条河流的河水,一旦遇到洪水袭击,来水量往往超过海河的承受能力。在谈到华北地区水灾形成的原因时,邓云特认为:"河流之易于泛滥与否,与其坡度之大小有至密切之关系。坡度愈小,泛滥性亦愈小;坡度愈大,则其泛滥性亦愈大。黄河、永定河等皆坡度特大之河流。"[1] 永定河就是一个典型的例子,其上游地势较高,坡度较大,水流迅速,进入华北平原后坡度突然变小,水流速度随即减慢,加上永定河上游黄土高原森林覆盖率低,以及土质疏松,使其地表土极易被雨水冲刷而下流入到永定河中,因此造成永定河携沙问题十分严重,永定河的含沙量仅次于黄河,有"小黄河"之称。永定河上游携带来的泥沙超过河流所能负担的容量,加重了下

---

① 邓云特:《中国救荒史》,上海书店,1984年,第73页。

游河床的淤积,抬高阻塞河道,增加了泄洪难度,容易导致河水满溢而出,形成洪水泛滥。1917 年华北地区的大水灾,永定河洪水暴发即是主要原因之一。这年,永定河所携带的泥沙"曾一度于四十八小时之内将海河河身填高八尺"[①],足见其携沙量之大。1939 年夏季华北连下三场暴雨,导致各河流量大大增加,进而决口泛滥。1939 年海河流域河流洪峰流量情况,如表 5.4 所示。

表 5.4 1939 年海河流域部分河流洪峰流量统计表

河流	地点	集水面积 /km²	洪峰流量 /(m³/s)
滦河	三道河子	17 100	2 620
白河	尖岩村	9 072	11 200
潮河	南碱厂	5 810	3 100
永定河	龙泉务	44 985	4 560
拒马河	千河口	4 740	7 100
中易水	安各庄	476	3 330
唐河	中唐梅	3 480	11 700
沙河	郑家庄	3 770	10 000
郜河	口头	146	1 700
滹沱河	黄壁庄	23 272	8 300
槐河	竹山	438	1 520
洺河	临洺关	2 326	3 550
漳河	观台	17 800	5 620

资料来源:骆承政、乐嘉祥主编《中国大洪水:灾害性洪水述要》,中国书店,1996 年,第 125 页。

从表 5.4 可以看出,1939 年海河流域许多河流的洪峰流量很大,海河河身容水量有限,因此大水灾的暴发就不可避免了。

(四)河流上游地区的植被遭到破坏

由于民国时期战争频繁,有时甚至出现交战双方为了修筑战争工事而大量砍伐森林的事情,造成森林大面积减少。例如,直系军阀吴佩孚为筹集 500 万元之费用,于 1926 年年底私伐黄河大堤之固堤柳树,使黄河沿岸地区的植被大量减少,加大了水灾暴发的隐患。此外,每次水灾之后,粮食

[①] 邓云特:《中国救荒史》,上海书店,1984 年,第 77 页。

供应出现困难,因此人们只能吃树皮、树叶、树根艰难度日。1937年,"皖、陕、蜀、豫、黔、桂、宁、贵、鲁、甘等省旱,灾民食树皮榆叶等充饥"[①]。

(五)政治因素

由于民国时期社会动乱、政治腐败,致使华北地区的水利设施比较落后,而且年久失修,使华北各地难以抵挡大水的侵袭。在腐败政治下,经过官员的层层盘剥,使本来已经很少的治河经费更加捉襟见肘。虽然有华北水利委员会等水利机构制定了《永定河治本计划》等系统的治河计划,但是由于受到经费限制等,许多水利计划难以付诸实施,政治的腐败加剧了水灾的惨烈程度。另外一个原因是战争对生态环境以及水利设施的破坏。1927—1937年,南京国民政府多次下令放火烧山,烧毁了大量的森林。在抗日战争期间,日伪军也多次用飞机轰炸或者放火烧山,引起了多次森林大火,而华北地区较早沦陷于日伪军之手,致使生态环境严重恶化。同时,为了消灭晋察冀地区的敌后抗日武装力量,以及保全军事物资及其设施,日军趁汛期将大清河、子牙河、滹沱河、滏阳河等河的官堤扒开决口计182处次。因此,战乱也是导致水灾产生的主要原因之一,并且加剧了洪水的破坏性。

二、1939年华北水灾概况

1939年的华北地区水灾是海河流域发生的全流域性的大洪水引起的,海河水系的五大河流以及滦河等流域都普遍发生了较大的洪水。1939年7月、8月,华北地区连降三次暴雨,引起海河流域洪水暴发。

第一次暴雨是在7月9—15日,暴雨区沿着太行山迎风坡及燕山西部呈南北向分布。在昌平地区,7月9—12日4天的降雨量就达280.9毫米。[②]连日的高强度降雨,致使7月16日滏阳河衡水段决口。7月20日,永定河山洪暴发,梁各庄突告溃决,安次、永清、武清等县均被水淹。安次郊外,水深六尺。继而桑干河泛滥,死伤达700余人。

第二次暴雨是在7月23—29日,是这三次降雨过程中最为强大的一

---

① 邓云特:《中国救荒史》,上海书店,1984年,第48页。

② 丁一汇、张建云等编著:《暴雨洪涝》,气象出版社,2009年,第260页。

次,也是影响最大的一次。暴雨区主要包括潮白河、北运河、永定河、大清河、滏阳河等河流的中下游一带,因此加大了河流的流量,超过了各河的承受能力,导致海河流域洪水泛滥。据统计,昌平地区3天的降雨量就达515.5毫米。[①]永定河卢沟桥7月25日的最大流量高达每秒4 390立方米,洪水冲倒卢沟桥的石栏杆,使卢沟桥的桥面过水。"小清河漫溢2 580立方米每秒,下游附近四处决口。潮白河密云县附近,调查洪峰流量10 650立方米每秒,冲塌密云县城墙;下游苏庄站调查洪峰流量15 000立方米每秒。7月27日苏庄闸被冲毁,洪水经箭杆河进入蓟运河泛滥成灾。北运河通县7月27日洪峰流量1 670立方米每秒,下游右堤决口。"[②]7月底至8月初,"大清、子牙、南运河,以及永定河经小清河分洪的大量洪水集中于天津市西南东淀、文安洼、贾口洼,三洼水连一片"[③]。海河流域形成了大范围的洪水泛滥。8月初,连绵多日的大雨导致河堤岸多处塌毁,洪水泛滥成灾,平津之间,有150个村庄遭遇洪水侵袭,5万多人流离失所,仅北平城外的难民就达数千人。8月9日,一度低落的天津市县境内的各河河水,因上游地区阴雨连绵再次上涨。由于天津市区和日租界的地势较低,金钢桥、金汤桥附近的河道全部漫溢,西头小王庄浸水,万国桥白河水量大涨,水面距桥仅剩1尺左右。天津市以外附近各县,也都被洪水浸淹,天津市及其周围地区一片汪洋,平地行舟可直达天津市。

第三次暴雨是在8月11—13日,这次降雨量比前两次小,但是受前两次降水的积压影响,致使16日海河水量开始大涨。虽然日军为保住天津租界以及军用物资的运输而在南运河、杨柳青等地决堤数处,暂时稳住了海河的形势,但是由于降雨量的加大,致使海河南堤在19日突然溃决,大水由堤身快速冲入,堤外洪水高出河面达5尺以上,租界内各房屋的底层都被水淹没。19日下午水势上涨更为迅速。"防水堤以外之水,已涨至从来未有之高度,现仍继续在迅速上涨中。"[④]20日早晨,洪水迅速流向天津以东,街

---

①　丁一汇、张建云等编著:《暴雨洪涝》,气象出版社,2009年,第261页。

②　海河志编纂委员会编:《海河志》第1卷,中国水利水电出版社,1997年,第149页。

③　海河志编纂委员会编:《海河志》第1卷,中国水利水电出版社,1997年,第150页。

④　《津海河南堤溃决》,《申报》1939年8月20日。

道被淹,市民均被困家中。日租界内的水电线路都被洪水破坏,经过抢修,直到 9 月 2 日水电才得以恢复。

具体到各个地区而言,河北地区的水灾情况较重。天津《大公报》记载:"最近北方各地,霪雨成灾。自本月初,水势即渐上涨,而二旬以来,各方报告,情势愈趋严重。其灾区之广,灾情之重,殆为数十年所仅见。言其区域,则灾情奇重者:冀中为高阳、蠡县、博野、安国、任丘、肃宁、安新、文安、深泽、饶阳等县;冀南为栾城、宁晋、柏乡、隆平、赵县、南和、平乡、永年、曲周等县。此外,灾情较轻者比比皆是。通县(今北京市通州区)且全部被淹,自北平南郊至保定,茫茫无边际。津西各村全淹,杨村以西,永定河、北运河、龙凤河已经连成一片汪洋。豫北则安阳、临漳、内黄等县,连日大雨,漳河、卫河相继决口,洺滹河水均猛涨数尺,秋禾尽淹。"[1] 河北省政府主席鹿钟麟于 9 月 4 日致电南京国民政府,呈报水灾浩劫情形,请中央拨款赈济。他在电文中称:"除冀南衡水等二十七县水灾业经履勘振抚外,冀中三十五县,无县无灾。其中十成灾者计有文安、雄县、安新、新安、新镇五县;九成灾者计有安平、青县、深泽、任县、清苑、高阳、霸县、永清、安次、新城等十县;八成灾者计有武强、饶阳、交河、新乐、无极、博野、任邱、固安等八县;七成灾者计有献县、定县、安国、大城等六县;六成灾者河间一县;四成灾者徐水一县;二成灾者深县一县。"[2] 这次水灾,河北省大量农田被淹,"共计淹田 153 852 顷,被灾村庄 6 752 村,被冲房屋 168 904 间,损失约 16 000 余万元"[3]。

河南地区入夏以后连降暴雨,导致山洪暴发,贾鲁河、汝河、颍河等河水泛滥,大量田禾被淹,全省受灾县份计有:"郾城、襄城、太康、杞县、禹县、四[西]平、许昌、巩县、扶沟、通许、郏县、卢氏、临颍、西华、尉氏、广武、孟县、淮阳、商水、沈邱、鄢陵、偃师、浚县、武陟、孟津、郑县、长葛、内黄、滑县、安阳、嵩县、汝南、遂平、上蔡、正阳、确山、新蔡、项城、氾水、洛阳、洧川、伊阳等 42 县。"[4]

---

①　《速救北方灾民》,《大公报》1939 年 8 月 31 日。

②　《冀省水灾惨重》,《大公报》1939 年 10 月 6 日。

③　《冀省水灾惨重》,《大公报》1939 年 10 月 6 日。

④　李文海等:《近代中国灾荒纪年续编》,湖南教育出版社,1993 年,第 526~527 页。

在山东西北部,由于海啸以及黄河故道泛滥的原因,导致山东西部的运河、卫河、大清河决口,致使馆陶、临清、武城、恩县、夏津、东平等县成为一片汪洋。山东北部黄河故道泛滥,使两岸上百个村庄被淹,加上入秋以后阴雨连绵,致使广阳等平地的水都深达数尺,大量庄稼被淹没,灾民130余万人。据南京国民政府主计处统计,在山东各县水灾调查表中陈报灾情者26县,占全省县数24.2%,被灾农户1 551 000户,被淹田亩30 135 000亩。

三、1939年水灾对华北环境的影响

据统计,1939年水灾时灾区的水位与1917年水灾的最高水位相比高出18寸以上,因此这次水灾的破坏力也远远超过1917年水灾,给华北地区的人民带来了严重的灾难。据记载,"由于1939年洪水涨落次数频繁,峰高量大,五大支流下流河道决口79处,扒口分洪7处,造成广大平原区严重洪涝灾害,洪水淹没面积达494平方公里,受灾农田34 607万平方公里,灾民近900万人,死伤人口1.3万人。"[1] 由于事前准备不足,洪水到来时猝不及防,情景十分悲惨。直到10月初大水方才消退。洪水泛滥期间传染病流行,而救护工作难以顾全,加之投机分子哄抬物价,各种生活用品价格飞涨,整个受灾地区陷入一片混乱之中。当时日租界也成为一片汪洋大海,很多居民纷纷转移到北平、山海关、东北等地。这场水灾的影响主要表现在以下几个方面。

(一) 造成食物短缺

水灾产生的最主要灾难就是饥馑,这次水灾使山东、河南、河北等省的大片土地成为一片汪洋,许多地方颗粒无收,居民饥饿而死。这次水灾还导致被灾地区当年无谷可收,而且东三省和内蒙古的市场几乎全部关闭,再加上铁路、公路等交通被大水冲毁,导致食物、蔬菜供给相当困难。因为公路被淹没,运输困难,蔬菜无法运至天津。鱼类虽仍可购货,但为数已不多。大水还导致物价飞涨,米每包50元,面粉每袋20元,富者尚能以馒头、稀饭、咸菜充饥,贫者则无能为力,只能在饥饿之中度日。

---

① 丁一汇、张建云等编著:《暴雨洪涝》,气象出版社,2009年,第261页。

（二）造成交通不便

这场大水灾对铁路运输造成了毁灭性打击。北方连日大雨使北平以东的通县成为泽国。"平绥、平汉、北宁、津浦各铁路均被冲毁，尤以平汉损失为重。"[①] "保定以南平汉路上，无车行驶者已逾两周，而近日来即保定亦已阻断矣。平绥路多处中断，取道古北口而通热河之新路线，完全失效，此间与古北口之间，所架临时桥梁，尽行冲断。"[②] 当时刚刚修复的平汉线北段，因永定河堤溃12处，又受到了威胁。据统计，这次大洪水"冲毁京山、京汉、津浦、京包、京古、同蒲、石太、新开等8条铁路160千米，铁路桥梁49座"[③]。这不但造成华北地区交通的不便，也严重影响了灾后的赈灾。

（三）对商业街区产生了不利影响

天津英法租界中的各国商行遭受了巨大损失，天津市的一切商业，在水灾暴发后皆告停顿，使一向商业繁荣的天津市成为一片"死市"。租界中电灯及电话也都中断，报纸停刊，商店歇业。此次水灾所受损失以日租界及特一二三区、南市六里台、八里台一带最重，尤其是对日本打击较大，损失总额至少在4亿元以上。而英法租界内的面粉商及其他各业所受的损失也很大，都在2亿元以上。这次大水对我国的经济也造成了极大的损失。"晋、冀、鲁、豫4省及天津市经济损失合计约11.69亿元。"[④]

（四）造成人口迁移

1939年，华北严重的大水灾破坏了当地的社会经济，造成人口流徙。"大量灾民成群结队逃荒流移，无所栖止，求食困难，使社会处于动荡不安状态。"[⑤] 部分灾民离开故乡，移民到东北地区。据统计，"向外移动及自动离开津者约13.3万名"[⑥]，"1939年后，更高达98万余人，比头一年超出49万余人"[⑦]。其中，大部分移民都是这场水灾的灾民。这些灾民迁移到东北

① 《北方水灾阻敌军运》，《大公报》1939年8月17日。
② 《华北霖雨成灾》，《申报》1939年8月7日。
③ 丁一汇、张建云等编著：《暴雨洪涝》，气象出版社，2009年，第261页。
④ 丁一汇、张建云等编著：《暴雨洪涝》，气象出版社，2009年，第261页。
⑤ 徐向阳主编：《水灾害》，中国水利水电出版社，2006年，第9页。
⑥ 魏宏运：《1939年华北大水灾述评》，《史学月刊》1998年第5期。
⑦ 夏明方：《抗战时期中国的灾荒与人口迁移》，《抗日战争研究》2000年第2期。

后,一方面为东北地区的开垦作出了重要贡献,另一方面人口流动到迁移地之后对当地自然环境的过度干预,使生态环境恶化,甚至出现新的灾害,形成恶性循环。同时,大量农村劳动力外迁,严重影响了华北地区的农业耕种。邓云特在《中国救荒史》中指出:"至于灾荒引起土地之废弃,更属明显,盖农村人口在灾荒之后既已锐减,则耕种农田之劳动力自无所从出。纵有田地可耕,而力不可及。"[①]

(五)造成水环境的恶化

洪水泛滥,使垃圾、污水、人畜粪便、人和动物的尸体随着洪水漂流,且长久得不到处理,进而滋生出各种细菌,使河流、池塘、井水都受到病菌、虫卵的污染,导致多种疾病爆发,严重危害人们的身体健康,甚至造成大批人口死亡。所谓大灾之后必有大疫,水灾和疫病常有因果关系。如此大的水灾过后,疾病必然广泛流行。1939 年天津水灾过后,霍乱、伤寒、痢疾等病流行。8 月初,仅仅在通县一地的 2 600 名难民中,至少就有 500 人患疟疾。同时,由于积水逐日污秽,致使患霍乱与皮肤病的人数日见增加。又因为许多粪池破裂,全市秽气扑鼻,浮尸日有所见,患脚腿溃烂病者极多,各医院无地收容,因此而丧生者不计其数,水灾造成的瘟疫给社会发展带来了很大的冲击和不利影响。

(六)对土地资源造成巨大损失

水灾的危害之一是使良田瞬间变为沧海,耕地大量受损、荒芜。洪水所过之处,地面多为沙,寸草不生,如同沙漠一样。"故历来灾荒,不特使农地在灾时不能利用,且每经一度巨灾之后,荒地面积势必增加,未垦之地,固无开发之可能,即已耕之熟地,亦复一任其荒芜。"[②]

---

① 邓云特:《中国救荒史》,上海书店,1984 年,第 175 页。
② 邓云特:《中国救荒史》,上海书店,1984 年,第 176 页。

第六章

近代环境保护机构与法规

　　近代环境保护机构的设立主要体现在水环境保护方面，其中，顺直水利委员会、华北水利委员会、长江水利委员会等是当时影响较大的机构，它们在水利工程建设、河道治理等方面发挥了重要作用。在动植物保护方面，《森林法》《狩猎法》《渔业法》等法规的颁布，对于滥采、滥伐、滥捕等破坏环境的行为产生了一定的遏制作用。

第一节 | 环境保护机构沿革

近代环境保护机构的设置及其职能,是随着社会经济的不断发展逐渐建立和发展的。从晚清到民国,中央环境保护机构的职责划分越来越明确,所掌理事务越来越多,而地方环境保护机构的职能也明显增多,涉及水、农、林、渔等多个领域。

一、中央机构的设置

(一) 晚清时期

清代环境保护和管理机构主要体现在土木和水利方面。根据清制,工部掌天下工虞器用,造作工程。凡土木兴建、沟渠疏通,甚至陵寝的供奉等事务,均由尚书、侍郎率其属议定。工部有营缮、虞衡、都水、屯田四清吏司,都水清吏司设郎中、员外郎主事等,主管河防海塘及直省河湖淀泊、川泽陂池水利之政令,平治道路,修筑江防,修葺桥梁等事宜。针对河务管理的需要,清置河道总督,掌管黄河、京杭大运河及永定河堤防、疏浚等事,治所在山东济宁。康熙十六年(1677),总河衙门由山东济宁迁至江苏清江浦(今江苏淮安)。雍正二年(1724)四月,设副总河,驻河南武陟,负责河南河务。雍正七年(1729),改总河为总督江南河道提督军务,简称江南河道总督或南河总督,管辖江苏、安徽等地黄河、淮河、运河防治工作。副总河为总督河南、山东河道提督军务,简称河东河道总督或河东总督,管辖河南、山东等地黄河、运河防治工作,分别管理南北两河。遇有两河共涉之事,两位河督协商上奏。雍正八年(1730),设直隶河道总督,管辖海河水系各河及运河防治工作。乾隆十四年(1749),裁直隶总河,令直隶总督兼管河务。此后,河务只有两总督:南河总督与河东总督。江南河道总督(南河总督)一人驻清江浦(今江苏淮安),咸丰八年(1858)裁撤;山东、河南河道总督(东河总督或者河东总督)驻济宁州(今山东济宁),光绪二十八年(1902)裁。此后,水利事宜归农工商部管辖。

(二)民国时期

南京临时政府成立后,即设外交、司法、陆军、海军、教育、财政、实业、内务、交通九部,实业部管理农、工、商、矿、渔、林、牧、猎,以及度量衡等事务,水利事宜划归内务部土木局管理。中央政府迁到北京后,实业部划分为工商、农林二部。山林、畜牧、农务、水利、水产、蚕业、垦殖事务归农林部管辖,设农务司、垦牧司、山林司、水产司;工、商、矿事务由工商部管理,设工务司、商务司、矿务司。各部置总长、次长各1人,各司设司长1人,辅佐总长,整理部务。1913年,北洋政府修订官制时,工商、农林合并为农商部,负责管理农林、水产、畜牧、工、商、矿事务,兼监督所辖各官署,下设农林司、工商司、渔牧司、矿政局。参事4人、佥事32人、主事52人。置专门技术官及其他特别职员:技监2人、技正16人、技士32人。

1914年,设全国水利局,直属国务院。全国水利局设总裁,涉及水利事项,由内务、农商两部与全国水利局协商办理。各地成立河务局,设局长分理。其他如农、林、渔、牧事宜,由农商部管理,下设总务厅及矿政、农林、工商、渔牧四司。南京国民政府成立后,所设行政各部委员会及其他机关增多,1928年公布的相关法规规定:"水灾防御属内政部,水利建设属建设委员会,农田水利属实业部,河道疏浚属交通部。"[1]1931年,农矿部与工商部合并为实业部,置下列各署司:"一、林垦署,二、总务司,三、农业司,四、工业司,五、商业司,六、渔牧司,七、矿业司,八、劳工司,九、合作司。"[2]1933年,水利建设部又改为内政部,1934年,以水利行政职权不专,系统紊乱,先后颁布《统一水利行政及事业办法纲要》《统一水利行政事业进行办法》,以全国经济委员会为全国水利总机关,水利行政乃告统一。1938年,南京国民政府下令将实业部改为经济部,将国民政府的经济委员会及建设委员会负责的水利部分职能并入经济部。1941年,南京国民政府行政院设立水

---

① 郑肇经:《中国水利史》,上海书店,1984年,第340页。

② 《修正实业部组织法草案审查报告》,中国第二历史档案馆编:《国民政府立法院会议录》第10册,广西师范大学出版社,2004年,第283页。

利委员会,这是南京国民政府在中央专设水利行政机关的开始。1947 年,南京国民政府成立水利部,负责辖区水利事宜。

二、地方机构的设置

(一) 晚清时期

清代,各地河湖淀泊川泽沟渠等水利工程,一般由府州县地方官兼任其事,给以管理水利职衔。对于一些水务繁杂地区,则由各道负责,"凡海塘,江南以苏松太道,浙江北塘,以杭嘉湖道,南塘以宁绍台道,掌其修防之政"[①]。清末"新政"前,省级官制内没有设立专职管理农工商矿和各项交通事务的机构,相关事宜由按察使、布政使或道员兼管。光绪三十三年(1907),清政府在省级官制中添设劝业、巡警两道。劝业道主要掌管全省农工商业及各项交通事务,各厅州县均设 1 名劝业员。至宣统二年(1910),除山西、新疆、甘肃、黑龙江、江苏外,其余 18 省均已设置劝业道,劝业道内一般设总务、农务、工艺、商务、矿务、邮传六科,每科设科长 1 人,副科长 1 人,科员三四人,书记 5 人,共 60 余人。清末,农工商部、劝业道的设立推动了实业的发展。

(二) 民国时期

中华民国成立以后,负责环境的管理机构主要为省巡按使下属的实业科。其职掌包括:"一、关于农林、渔牧、保护、监督、奖励及改良事项;二、关于蚕业改良及检查事项;三、关于地方水利及耕地整理事项;四、关于天灾虫害之预防、善后事项;五、关于农林渔牧各团体事项;六、关于农会事项;七、关于各种试验场事项;八、关于官办工商业事项;九、关于工商业团体事项;十、关于度量衡之检查及推行事项;十一、关于工商业之调查事项;十二、关于商品陈列所及劝业会事项;十三、关于保险及其他商业监督事项;十四、关于矿务及硝磺等事项;十五、关于铁路事项;十六、关于邮电事项。"[②]

为加强实业建设,1931 年,南京国民政府对各省实业厅的职能进行了调整,具体情况如下:一、关于农林、蚕桑、渔牧、矿业之计划管理及监督、保

---

① 郑肇经:《中国水利史》,上海书店,1984 年,第 340 页。
② 钱端升等:《民国政制史》下册,上海人民出版社,2008 年,第 363 页。

护、奖进事项；二、关于整理耕地及垦荒事项；三、关于农田水利整治事项；四、关于农业经济改良事项；五、关于防除动植物病虫害及保护益鸟益虫事项；六、关于工商业之保护监督及奖进事项；七、关于工厂及商埠事项；八、关于商品之陈列及检查事项；九、关于度量衡之检查及推行事项；十、关于农会、工会、商会、渔会及其他农业、工业、商业、渔业、矿业各团体事项；十一、其他实业行政事项。[①]

上述各事项，在设立实业厅的省份归实业厅管理，在未设实业厅的省份归建设厅管理。民国初期，因时局动荡，政府主要致力于中央官制改革，无暇顾及地方，省县官制多沿用清制。就水利农桑管理机构而言，仍然由劝业道负责。1928年9月，南京国民政府颁布《县组织法》。各县设公安、财务、建设、教育四局，县建设局设局长一人，下分四科，设技术员若干人，掌管农矿、森林、土地、水利、道路、工程、桥梁、劳工、工商等。水利工程之勘测规划实施由第二科负责，农林、渔牧、桑蚕、畜牧、益虫益鸟之保护等事宜一般由第三科负责。

清末民初，随着政府对环境管理机构的建设，近代还出现了一些保护环境的社团组织，如农会、林会、渔会，这些组织在许多方面发挥了一定作用。农会的活动主要包括如下内容：(1)编农报，译农书，使先进农业知识能更广泛地传播，有助于农业繁盛。(2)通过演说唤起国民的实业思想。(3)开展各项调查研究。直隶农务总会成立后，把调查研究农业作为其主要工作之一。(4)开办农业试验场及农产制造所。(5)兴修水利，开垦荒地，植树造林。(6)受理调解民事纠纷，尽保护农民之责。

直隶农会重点开展的工作主要有劝办农业，养蚕植林，开垦荒田，振兴水利等。《直隶试办农务分会章程》明确规定，农会应尽保护农民之责，凡民间有田产纠葛之事，如界址不清、争夺水利之类，农产损失之事，均可赴会申诉副会长及会员。这一时期的农会虽然主要宣传普及农业知识，推广农业改良，倡导采用新的农艺及栽培新技术，但各地农会在兴修水利的活动中亦作出了一定贡献。1948年，南京国民政府公布了《农会法修正案》，

---

①　钱端升等：《民国政制史》下册，上海人民出版社，2008年，第396页。

对农会的职责有了新要求,规定农会"协助有关土地农田水利之改良,水土之保持,森林之培养及水旱病虫灾害兽疫之防治救济"[①]。

林会组织在清末已经出现,民国时期得到较快发展。1916 年 12 月,北洋政府农商部制定了《林业公会规则》,提倡在农村广设林业公会。《林业公会规则》规定:"村设公会一所,第一年每公会责令植树一万株,得一万万四千余万株,嗣后每年递进,期以十年,可得十四万万株。十年而后,次第成材,按年轮伐,利用无穷。"[②] "一俟办有成效,再行推广各省,次第兴办,则全国林业,似不难日臻发达。"[③]

1922 年 9 月,北洋政府农商部公布了中国近代第一个《渔会章程》,1931 年 6 月,南京国民政府成立了江浙渔业管理局。1932 年 3 月,颁布了《海洋渔业管理局组织条例》十三条,将全国沿海海洋渔业区划为江浙、闽粤、冀鲁和辽宁四个渔区,各渔区相应设立管理局,与渔牧司平行。1948 年,又推行《渔业法修正案》,以改善渔民生活,提高生产,发展渔业为宗旨,对渔业资源和环境进行监督和管理。

第二节 ｜ 顺直水利委员会

北洋政府建立初期,华北没有专门负责整个地区的水利机构。1917 年华北大水灾发生后,中央政府始置顺直水利委员会,寻求从整体上治理河道的办法,协调治理水患。为实现这一目的,顺直水利委员会在直隶、京兆一带浚修河道,测量水文,制订治河计划,为治理京直水患作出了很大贡献。

---

① 《本院社会委员会会同农林及水利委员会报告审查农会法修正草案案》,中国第二历史档案馆编:《国民政府立法院会议录》第 33 册,广西师范大学出版社,2004 年,第 317 页。

② 陈嵘:《中国森林史料》,中国林业出版社,1983 年,第 87 页。

③ 陈嵘:《中国森林史料》,中国林业出版社,1983 年,第 87 页。

一、筹建顺直水利委员会

(一) 顺直水利委员会成立的背景

首先,受 1917 年大水灾的影响。1917 年,京兆和直隶发生了有史以来异常严重的特大水患,损失惨重。据官方统计,"京兆及直隶共有 105 县受灾,受灾村庄 19 000 余个,田亩 30 余万顷,歉收粮食 900 余万石,灾民 580 余万人,应赈之民 434 余万人"[①]。受灾面积广,财产损失重,时人谓此场水灾京畿一带奇重,为数十年所未有。水灾促使政府寻求全盘整顿京直河流的方法,在探讨水灾成因时,顺直水利委员会会长熊希龄认为:"此次水灾酿成之由,实缘十余年来河域分裂,河工废弛,滨河各省,不相联络,只图苟安,遂致今日之现象。"[②]行政区划互不统属,导致河务管理四分五裂。为从整体上治理河流起见,必须设立一个统辖全地区河务的水利机构。

其次,外国公使团的推动。1917 年的水灾使天津西南平原地区成为泽国,城厢租界多处被淹。鉴于灾情重大,海河工程局根据津海关税务司梅乐和的建议,邀请上海浚浦工程师海德生、水利局工程师方维因与海河工程局工程师平爵内共同商议治河策略,针对海河当时的情况共提出三条建议:(1)设立委员会,使凡对于河务有关系之各机关悉派代表加入其间,共同讨论一种治河计划,其所需测量及搜集资料之费约需银 12 万两。(2)于治本计划未实行以前,须于牛牧屯附近之处开一引河归于故道,借其清流以冲刷永定河流入海河之淤泥,避免海河壅塞之患。(3)于天津附近之北河大湾加以裁直(即俗称三岔口裁直),同时将南运河入北河之口移改地位。[③]海河工程涉及范围广,非海河工程局能力所及,所以该局认为:"必须另设专司,任用干练工程师以测量全省之河道,而筹进行之方法。须全省水利之

---

① 夏明方、唐沛竹主编:《20 世纪中国灾变图史》上册,福建教育出版社,2001 年,第 43 页。

② 《为河道应归国有请交国务会议议决呈冯国璋文》,周秋光编:《熊希龄集》第 6 册,湖南人民出版社,2008 年,第 185 页。

③ 顺直水利委员会编:《顺直河道治本计划报告书》,北京大学图书馆藏本,1925 年,第 2 页。

事,直辖于该司以下,而后可收交通之利。"① 于是,海河工程局向外国公使团提议,设立联合委员会。这个计划得到英国外交使团团长朱尔旦的赞同,并将这三项建议提交北京政府外交部,由中外双方共同建立一个治水机构一事提上了日程。

(二)顺直水利委员会的建立

1918 年 3 月 20 日,顺直水利委员会在天津成立。海河工程局、京畿河工处、全国水利局、直隶省省长和北洋政府均派代表参加。顺直水利委员会选出委员 6 人:海德生、戴乐尔(又译戴理尔)、平爵内、方维因、杨豹灵、吴毓麟,北洋政府委派熊希龄任会长。顺直水利委员会的成立有其自身特点,主要表现为:

(1) 顺直水利委员会委员意识到治理水灾必须要有近代科学知识,所以聘请了一批水利人才(如表 6.1 所示)。

表 6.1 顺直水利委员会会员职官表

姓名	职务	来源
熊希龄	会长	督办京畿水灾河工善后事宜处
吴毓麟	会员	直隶省长委派
杨豹灵	会员	全国水利局
方维因	会员	全国水利局
平爵内	会员	海河工程局
海德生	会员	浚浦工程局
戴理尔	会员	海河工程局
魏 易	秘书	
斐利克	会计	

资料来源:顺直水利委员会编《顺直水利委员会会议记录》(第 1—6 月),中国国家图书馆藏本,1918 年,第 1 页。

从顺直水利委员会的成员构成可以看出,北洋政府、京直地方机关、外国官商都希望从整体上整治京直河道。从委员会的成员身份看,委员会集中了当时中外著名的水利专家,整合了这一地区的水利人才资源,这些水

---

① 吴弘明编译:《津海关贸易年报(1865—1946)》,天津社会科学院出版社,2006 年,第358 页。

利专家有着先进的治河理念与先进的治河技术,他们积极地把这些先进的理念和技术付诸实践。1921 年 3 月 22 日,委员会聘请印度工务部部长罗斯为该会技术部部长,负责水文技术。

(2) 明确权责和治河宗旨。顺直水利委员会不同于以往的河务机关,其管辖范围广,涉及整个京直地区,是该地区最高的河务机关。"对于政府负河工建议之责,又对于外交团协拨之款负保管之责是也。至于工程之执行权,除由政府授权会长,再由会长转授本会者,并无其他权能。"[1] 作为一个新机构,它的治河宗旨为"以新法改良河道"[2],办事大纲为"全省通盘之测量,及牛木毛(原文注:即牛牧屯)河道之裁弯取直等"[3]。

(3) 主权独立。顺直水利委员会是外交团与北洋政府协商的产物,管辖整个京直地区河道测量及河道其他事宜。外国公使团最初提议成立一个中外联合委员会,意图扩大海河工程局的管理范围,把势力深入海河流域上游各河。在北洋政府的坚持下,这一建议未被采纳,顺直水利委员会最终成为"中国政府隶属机关"[4],维护了这一地区的河道主权。

组织机构的建立与完善是开展顺直水利委员会工作的基础。

首先,明确机构设置,规定权限范围。建会伊始,顺直水利委员会的行政机构分为秘书处、会计处、测量处、流量测量处、工程处、材料处六部分。1920 年,材料处取消。1923 年,流量测量处合并至测量处。顺直水利委员会实行会长负责制,政府并没有明确规定该机构的权利范围,仅赋予会长权力。诚如熊希龄在顺直水利委员会第二次常会上所讲:"凡斯会所有之执行权能,悉集中于鄙人一身,除鄙人外,其他会员之权能悉须由鄙人委托,如是而已。"[5] 会长负责行政事宜,审核议案,批准施行,批准款项支出,委任

---

[1] 顺直水利委员会编:《顺直河道治本计划报告书》,北京大学图书馆藏本,1925 年,第 5 页。

[2] 《在顺直水利委员会成立会上的演说词》,周秋光编:《熊希龄集》第 6 册,湖南人民出版社,2008 年,第 503 页。

[3] 吴弘明编译:《津海关贸易年报(1865—1946)》,天津社会科学院出版社,2006 年,第 358 页。

[4] 吴霭宸:《天津海河工程局问题》,中国国家图书馆藏本,出版年不详,第 23 页。

[5] 顺直水利委员会编:《顺直水利委员会会议记录》(第 1—6 月),中国国家图书馆藏本,1918 年,第 30 页。

工程师、测量师及其他技术专家。

其次,设立常会和技术审查会,加强水利问题的讨论和决议。顺直水利委员会分为常会和技术审查会两种。常会由会长和会员共同出席,技术审查会仅由各会员出席,会长不参加。常会是为审查议案而召开的会议,其具体事务有:会议会长交议之案;审查会已经议决之案请会长核准,其为会长所不能核准者即请会长陈述理由,公同讨论会长建议之案加以表决。[1]一般情况下,会长出席常会并核准议案,然后才能执行。技术审查会首任主席为戴理尔,后由罗斯继任。其职责为"任技术及工程之事"[2],筹划京直地区河道的根本治理计划。其筹划范围包括:办理地形测量事宜,并操管理之责;取现有之测量成绩审查并复核之,并将性质相称之资料增补于图内;组织流速测量队并操管理之责;审核已成之流速测量;将征集资料之成绩编装成册,以成直隶水道之一览图表,再将此成绩详细讨论后制定最适宜之进行办法,并参照目前现状决定可施行之工事;研究培肥现有之荒瘠土地办法,并解决为举办工程收用地产之困点等。[3]审查会每次议决的议案都由秘书处呈报给会长,然后在常会上核准才能发生效力。

再次,细化行政机构分工,各专其职。秘书处由魏易负责,承担会议记录、起草文件及保管各种文字材料等工作。会计处由斐利克负责,主要掌管财务事宜,并编制账册以备审查。顺直水利委员会将款项以本顺直水利委员会的名义存于外国银行,如需付款时,由会长核准后,支票由会计签字,再由会中一名会员副署方可支用。这样将支款权力授予全体会员,革除了靡费积病。测量处由梅立克担任主任,后由安立生主持,主要负责流量测量和地形测量,为制订河道治本计划提供精确数据。材料处主要代其他各处采办日常所需物料。工程处由顾德启任主任,主要负责河道治理工程。

顺直水利委员会的成立,主要是为办理指定的治河工程进行测量,搜

---

[1] 顺直水利委员会编:《顺直河道治本计划报告书》,北京大学图书馆藏本,1925年,第5页。

[2] 顺直水利委员会编:《顺直水利委员会会议记录》(第1—6月),中国国家图书馆藏本,1918年,第30页。

[3] 顺直水利委员会编:《顺直水利委员会会议记录》(第1—6月),中国国家图书馆藏本,1918年,第9页。

集资料,研究京直地区水利问题,向政府提出治河建议,以消除水灾。根据熊希龄对该委员会本身的权力界定,顺直水利委员会成立之初,政府并没有赋予其任何行政职权,为能够更加便宜治理工程,不久,"即经各方面之治议而变为操有若干行政权能之机关"①。

（三）顺直水利委员会的人事管理制度

顺直水利委员会深知人对机构运行的重要作用,以及制度对人的约束作用。为有效管理委员会职员,提高工作人员的积极性,顺直水利委员会作出了如下规定:

1. 制定了《职员办事规则》

主要内容:(1)职员。本会职员任职于如下各处:秘书处、会计处、地形测量处、流量测量处、工程处、材料处。(2)职员任事条件。委员会聘用人员不订立任期合同,若委员会欲停止某员职务,或某员欲自行告退均须于一个月前声明,惟特别事不在此例。倘有规定合同之必要时,可将出任之条件详细载明于委任函,须由会长代表委员会签署。(3)职员办事时刻。办事时间通常定为上午九时至十二时,下午二时至五时。各处领袖认为必要时,可以单独提早其到署或展迟其散值时刻。各处须常备职员签到簿一本,各处领袖应注意各员签到之时间。(4)办事纪律。各处职员应谨慎执行其领袖所嘱办之事务,各处领袖若遇一事不能圆满应付时,可将此事由正当手续提交审查会核夺。(5)职员应守之机密。各处职员不得将委员会所办之事向外宣布。(6)请假之规定。各处人员每年请假日数,规定以三十天为限,不逾此限之请假得仍发薪金,逾此限而请假者,则按逾限之日数扣除薪金。

这一办事规则从职员任事条件、办事纪律、请假等六个方面,详列了职员办事期间的职责,任事所须遵守的规定,考虑比较周全,基本涵盖了职员日常办公应注意的事项。顺直水利委员会对人员较多的执行部门,在人事管理方面有比较完整的管理措施。例如,委员会详细规定了地形测量处和工程处的办事规则,对两个部门人员的任用、休假制度、津贴发放制定了比较详细的规章制度。规定主任技师全权负责该部门事务,既主持日常工作,

---

① 《顺直水利委员会总报告目录》,北京市档案馆藏,1921年,全宗号J007,目录号001,案卷号01927。

又可对行为失当人员进行处罚。凡属野外作业一律发放津贴,请假或病假及被通知在事务所内办事七日以上则不予发放。请辞,则参照《职员办事规则》办理。这样,各部门领导就能因事制宜地处理工作关系,有利于测量和工程的顺利进行。

2. 制定了不同的薪金待遇制度

顺直水利委员会各处工作大体上可分为野外作业和方案工作,根据工作性质,不同工作发放不同的薪酬。地形测量和流量测量都需要从事户外作业,工作比较艰苦,它要求各种工程技术人员和管理工作人员及基层员工付出较多的辛劳,这就需要为员工提供较合理的薪金待遇,顺直水利委员会为技术人员制定了详细的工资晋级标准(如表 6.2 所示)。

表 6.2 顺直水利委员会地形测量处及工程处人员薪额及晋升标准一览表

人员等级	初薪	年增薪额	最高薪额	晋升规定
队长	银 400 元	25 元	500 元	
测量技师	银 250 元	25 元	350 元	上级出缺晋升
一等测量副技师	银 180 元	25 元	225 元	上级出缺晋升
二等测量副技师	银 150 元	15 元		两年后晋级
三等测量副技师	银 120 元	15 元		两年后晋级
一等练习员	银 75 元	15 元		三年后晋级
二等练习员	银 60 元			一年后晋级
绘图员	银 60 元	15 元	120 元	

资料来源:《顺直水利委员会办事规则及总报告月报》,北京市档案馆藏,J007-4-152。

这种薪金体制既可调动员工工作积极性,又体现了公平原则,野外作业时还有部分津贴能够让员工放心工作。比较而言,文职工作相对清闲,薪酬较低。顺直水利委员会内部实行薪级制度,各部均有最高薪额限制,视职员所承担的工作量制定薪金标准,逐年递增,起到了较好的激励作用。

(四)顺直水利委员会的资金来源

顺直水利委员会成立之前,熊希龄即向政府请拨治河经费。其经费来源有两处。第一项来源为善后借款合同的盐余项。1913 年,北洋政府同英、法、德、俄、日五国银行团签署《中国政府善后借款合同》,借款总额 2 500 万英镑,以中国盐税、海关税及直隶、山东、河南、江苏四省所指定的中央政府税项为担保。据借款合同第六条规定,由各产盐省共存 1 200 万元于银行团,后银行团曾归还中国政府 200 万元,熊希龄在剩余 1 000 万元中提取 200 万元作为治河之用。1918 年 4 月,北洋政府拨 120 万元作为治河费用给顺直水利委员会,并指定用于三岔口裁湾取直,北运河挽归故道及天津南堤工程。1919 年 2 月,熊希龄申请的 200 万元盐余款项拨至顺直水利委员会,并指定用于北运河挽归故道,马厂新河及新开河整理。第二项来源是海关关余拨款。1920 年 6 月,为维持测量的根本计划,财政部由关余项下每月拨付关平银 3 万两作为该会行政及测量费用。

二、改组各河务局

为加强地方水利机构的功能,北洋政府内务部对旧有河务机构进行了改组,调整了京直各河务局的行政机构,并重新赋予河务机构新的职能,一定程度上推进了京直水利机构的近代化。

清季,京直地区河务事宜分属于永定河道(管辖永定河)、通永道(管辖北运河、通惠河及蓟运河)、天津道(管辖南运河及子牙河)、清河道(管辖潴龙河、拒马河、滹沱河及东西淀)、大顺广道(管辖漳卫诸河)。1912 年以后,设立天津河务局管理天津道所辖南运河、子牙河事宜,1913 年,又接管清河道、通永道所辖大清河、北运河河务。同年,设东明河务局管辖东明黄河事务。1918 年,内务部认为旧有河务制度存在很大问题,主要是"民国肇建,旧例既不尽适用现行法令,亦尚未经规定,名称复杂,殊难收整齐画一之效"[1]。"综理局务人员或为局长或名总办,局长之下又有特设分局支局,或上游下游等局者,虽工段有广狭之悬殊,局所因繁简之各别,但同为管河机关,自未可名目互异,致涉纷歧。"[2] 所以,京直地区对河务机构进行了改组。

针对内务部对河务机构改革的目标,即明确各河务局职权,京直各河

---

① 《呈大总统筹拟画一河务局暂行办法缮单请鉴核文》,《河务季报》1919 年第 1 期,第 9 页。

② 《呈大总统筹拟画一河务局暂行办法缮单请鉴核文》,《河务季报》1919 年第 1 期,第 9~10 页。

务局改组行政机构,扩大并明确了各河务局的管理职能和范围,在河务机关职能转变方面作出了努力,为建立一支有效的河工队伍进行了探索和尝试。所以,重新确认各河务局的职能,成为不可不重点考虑的问题,这主要表现为行政机构职能的转化。

首先,明确各河务局管辖范围,并重新厘定河务局等次。直隶河务局(后更名为直隶黄河河务局)管辖直隶境内黄河及其他有关河流;天津河务局(后更名为直隶河务局)管辖直隶境内之北运河、南运河、大清河、子牙河等河及其他有关河流;永定河河务局管辖永定河及其他有关河流;北运河务局管辖京兆地区北运河及其他有关河流。各河务局"管理该管区域内治水工程及其他一切河务"[①]。此外,又依照事务之繁简,管辖区域之广狭的原则,把河务局分为一等河务局和二等河务局,直隶河务局、直隶黄河河务局、永定河河务局和北运河河务局定为一等河务局。直隶河务局在南运河、大清河、子牙河三河各设一等分局,北运河下游设二等分局;直隶黄河河务局在南北两岸各设一等分局;永定河河务局于南岸上游、南岸下游、北岸上游、北岸下游四处各设一等分局;北运河河务局在北运河东岸和西岸各设一等分局。

其次,健全河务局机构,调整机构职能。直隶河务局设海河事务管理员、九宣闸管理员、府河各闸管理员各1名,管理各闸启用。设东淀堡船管理员1名,管理东淀地面60只堡船挖取淀内淤塞,以所挖土方培修大清河堤岸。南运河置工巡队3队;大清河置工巡队3队;子牙河置工巡队3队;北运河下游由该河分局管理。直隶黄河河务局南岸分局下设驻工办事处3处,工巡队3队;北岸分局下设驻工办事处5处,工巡队5队。工巡队主要职责为汛期内办理应修工程,植树时节由队长会商驻工办事处指定地点栽柳树,工作训练外堆积土牛以备工用。永定河河务局设金门闸管闸委员1名,永定河电话局司事2名,南北两岸各设10工,除四个分局就近驻扎1工外,另设16个驻工办事处,每工设1工程队"办理修作防抢及栽植看守一切事宜"[②]。北运河河务局下设驻工办事处2处,227名巡防兵分为

---

① 《划一河务局暂行办法》,《河务季报》1919年第1期,第45页。

② 《永定河河务局改组章程》,《河务季报》1920年第2期,第64页。

10 队办理修防河工事务。

再次,引入科层制管理机制。科层制理论是由德国社会科学家马克斯·韦伯提出的。科层制指一种由训练有素的专业人员依照既定规则持续动作的行政管理体制。科层制结构特征为:根据组织目标进行劳动分工并实现专业化;实行等级原则,建立合法权威;通过稳定的规章程序运作;职位占有者具有非人格化的理性特征;普遍的用人标准,量才用人。京直各河务局在改组过程中引入了科层制管理机制,河务机构的科层制结构特征逐渐凸显。

根据内务部制定的《划一河务局暂行办法》和《修正河务官吏任用暂行办法》,京直地区结合自身实际情况,拟定了《直隶河务局改组章程》《直隶黄河河务局办事规程》《直隶黄河河务分局办事规程》《永定河河务局改组章程》《北运河河务局改组章程》,并呈奉省长及京兆尹由内务部核准施行。从有关文件中我们可以看出,各河务局负责本辖区内河务事务,下设各科室。直隶河务局置总务科、技术科和会计科三科,总务科掌管本局庶务,收发文件,监用印信暨局员迁调,及其他不属于各科事项;技术科掌管本局所辖各河堤埝坝埽一切工程,及稽核料物石方及测绘事项;会计科掌管本局预算决算及各项收支经费,并稽核各分局队之会计事项。直隶黄河河务局下设总务科和工程科两个科室,总务科掌管本局会计庶务,收发文件,监用印信,并承管本局分局员司之迁调委用,综核各分局经费之预算及其他不属于各科事务;工程科掌管南北两岸分局一切工程,查验坝埽之修守,稽核正杂料物之购用,及两岸测绘事务。黄河河务分局设三股:总务股、计核股、工程股,并对各股的职责权限作了规定。总务股掌管收发文牍,保管文卷与关防各事务;计核股掌管收支款项,办理庶务及预算决算各事务;工程股掌管估验工程计划修守,及保管料物各事务。[①] 永定河河务局设技术员 2 人,事务员 8 人,办理各科事务。局内设有总务、技术两科,总务科掌管本局文牍、会计、庶务事项,技术科掌管全河一切工程及测绘事项。北运河河务局设总务、技术两科,总务科掌理该局文牍会计庶务事项;技术科掌理全河一

---

① 《直隶黄河河务分局办事规程》,《河务季报》1920 年第 3 期,第 37 页。

切工程及测绘事项。从京直地区各河务局内部机构职能划分看,基本达到了科层制分科治事的要求。

京直各河务局机构是北洋政府水利行政体制的重要组成部分,在日常工作中,承担护堤任务,并于水灾发生后,承办堵口工程。尽管由于各种原因,官员中存在疏防渎职、专顾自己辖区、没有全局观等缺点和不足,而没有发挥出其应有的作用,但京直各河务局是北洋政府设立的专门水利机关,并对其职责进行了明确划分,是北洋政府加强和健全水利行政体制的新举措。

第三节 | 华北水利委员会

华北水利委员会是继顺直水利委员会之后北方最大的水环境管理机构,它在存续期间大力引进水利人才,吸收国外先进的治水理念,加强内部组织管理,在水利规划与建设、改善华北水环境方面发挥了举足轻重的作用。

一、华北水利委员会成立缘由

1928 年,顺直水利委员会改组为华北水利委员会,负责整个华北地区的水利建设。它的改组缘于政权更迭和河流统一治理的需要。南京国民政府成立后,开始对北洋政府行政及其相关机构进行改组,水利行政机构也在改革之列。

1928 年 6 月,国民革命军占领河北、北京、天津,北伐取得胜利,南京国民政府宣布统一全国。南北统一后,南京国民政府便开始注重经济建设,并将治理河道、兴修水利作为经济建设的一项重要内容。筹设专门水利机构是开展水利事业的先决步骤,故此,南京国民政府对北洋政府时期华北地区的水利机构进行了改组。

河流统一治理的需要为华北水利委员会的建立创造了条件。清代各河设立河道总督,主管黄河、运河、淮河等水系的水利事务。中华民国成立后,行政管理状况发生变化,河道被省界分割,由各省自行治理境内河流,致使河工废弛,给水利建设带来诸多难以解决的困难。河工置之不理,多年失修,主要是由于有省界之分。顺直水利委员会会长熊希龄建议河道国有,以化疆界之见。有鉴于此,南京国民政府在接收顺直水利委员会后,积极谋求打破省域界限,筹划河流上下游统一治理方案。

二、华北水利委员会的建立

1928 年 2 月,中华民国建设委员会成立。南京国民政府颁布的《中华民国建设委员会组织法》规定:"凡国营事业如交通、水利、农林、渔牧、矿冶、垦殖、开辟商港商埠及其他生产事业之须设计开创者皆属之。"[①] 按照该法规定,建设委员会负有全国水利建设的职能,故而,国民党中央政治会议决议,令建设委员会接收顺直水利委员会。1928 年 7 月 15 日,中华民国建设委员会任命沈伯棠、须君悌为接收委员,负责接收顺直水利委员会。1928 年 8 月 7 日,接收完竣。1928 年 9 月 26 日,华北水利委员会在天津成立,中华民国建设委员会聘任李仪祉、李书田、须恺、吴思远、陈汝良、彭济群、周象贤、王季绪、刘梦锡 9 人为华北水利委员会委员,指定李仪祉为主席。华北水利委员会领导层的相关情况,如表 6.3 所示。

表 6.3　华北水利委员会领导层籍贯、学历、经历统计表

姓名	职务	任职时年龄	籍贯	学习经历	任职前主要经历
李仪祉	主席	48	陕西蒲城	德国但泽工业大学土木工程学	1915 年,南京河海工程专门学校教务长、教授;1922 年,陕西水利局局长;1927 年,重庆市政府工程师
李书田	常务委员,总务处处长	30	河北昌黎	美国康奈尔大学土木工程专业	北洋工学院院长;国立交通大学唐山土木工程学院院长;北洋大学教授

① 《中华民国建设委员会组织法》,《建设》1928 年第 1 期,第 122 页。

续表

姓名	职务	任职时年龄	籍贯	学习经历	任职前主要经历
须恺	常务委员，技术处处长	30	江苏无锡	美国加利福尼亚大学灌溉系	1919年，顺直水利委员会助理工程师；1924年，陕西省水利局工程师；1927年，任浙江钱塘江工程局工程师；1928年，南京国立第四中山大学工学院土木系教授
王季绪	委员	48	江苏吴县	日本东京帝国大学工学；英国剑桥大学工科	国立北平大学机械科主任；北洋大学代理校长
周象贤	委员	40	浙江宁波	美国麻省理工学院	北京市政所工程师；国立北京大学工科讲师；国民政府内务部技正；钱塘江工程局局长
刘梦锡	委员	45	陕西汉中	上海南洋公学；留学美国专攻土木建筑工程	1926年，中山陵陵园工程师，负责全部工程
彭济群	委员	34	辽宁铁岭	法国巴黎建筑学校	中央观象台气象科科长；北京中法大学数学教授
陈汝良	委员	31	安徽石棣	北洋大学，主修土木建筑	1925年，启新洋灰公司工程部土木工程师
吴思远	委员，技术处测绘科主任技师	42	福建闽侯	英国格拉斯哥大学	南京河海工程专门学校教员；粤汉、株钦、周襄铁路工程师；顺直水利委员会绘图主任、测量队长
张含英	总务处秘书课课长	30	山东菏泽	美国康奈尔大学土木工程专业	青岛大学工科主任；山东建设厅第三科科长；运河工程局局长
王辍	总务处会计课课长	27	江苏镇江	美国宾尼法尼亚大学商学学士	国立北京女子师范大学教员；北平特别市政秘书
徐单昆	总务处庶务课课长	38	江苏宜兴	北洋大学采冶科毕业	曾任江西高等师范主任教员；北京门头沟通兴煤矿公司副经理；黑龙江梧桐河金矿局经理；北洋大学制图教员

续表

姓名	职务	任职时年龄	籍贯	学习经历	任职前主要经历
曾世英	测绘科绘图室主任	31	江苏常熟	江苏苏州工业专门学校土木科	北京通惠公司测量员;顺直水利委员会测量队练习技师、绘图室副主任
耿瑞芝	测绘科第一测量队队长	53	河北滦县	山海关铁路学堂毕业	周襄铁路测量队副队长;顺直水利委员会测量队、工程队队长
高镜莹	测绘科第二测量队队长	29	天津	美国密歇根大学工科	北洋大学、东北大学教授
顾世楫	技术处水文课主任技师	33	江苏吴县	南京河海工程专门学校	陇海铁路练习工程师;全国水利局主事技师;顺直水利委员会流量处副技师
李德晋	技术处设计课主任技师	44	广西桂林	美国康奈尔大学土木工程专业	宜夔、株钦、周襄铁路副工程师;顺直水利委员会工程处绘图主任

资料来源:根据《华北水利月刊》、徐友春主编《民国人物大辞典》(河北人民出版社,1991年)、牟玲生主编《陕西省志·人物志》(陕西人民出版社,2005年)等资料整理而成。

华北水利委员会是以科学方法进行水利建设的新式水利机构,从委员会领导层成员的学历来看,17人全部具有大学学历,12人具有国外知名大学学历,占总人数的70.59%。在领导层中,既有博士、硕士,也有大学教授、工程师,应该说华北水利委员会领导层人员的学历是相当高的,他们大多专攻土木工程专业,为开展水利建设奠定了扎实的专业基础。从领导层成员的年龄来看,他们大多三四十岁,年富力强。从领导层成员任职前的经历看,他们一般都具有较为丰富的水利及相关工作经验。

三、华北水利委员会的组织机构

华北水利委员会成立后,首要任务是努力健全组织机构及规章制度,为水利事业的开展进行了制度、组织及管理方面的准备。作为新式水利机构,华北水利委员会在组织机构和人员管理方面建立了更加系统的管理制度。

(一) 机构设置及其沿革

华北水利委员会的组织结构是基于水利事业的需要建立起来的,在开展水利建设的过程中,华北水利委员会的组织结构不断调整,大致经历了三个阶段。

第一阶段为创制阶段(1928 年 9 月—1929 年 5 月),这一阶段是华北水利委员会的初建时期。1928 年 9 月,华北水利委员会在天津成立,依据《中华民国建设委员会华北水利委员会暂行组织条例》,华北水利委员会设立了较为完善的组织机构,具体情况如下:(1)设立委员会。委员会为华北水利委员会内最高权力机构,委员会由常务委员会召集,每年召开全体会议四次,即每年 1 月、4 月、7 月、10 月举行。其职权范围为讨论决议以下事项:关于会中各部分之组织;关于决定华北水利进行之方针;关于研究各种水利计划及规定其实施之程序;关于审核各项实施之工程;关于本会各项经费预算决算案;关于其他重要事件直接或间接影响本会前途者。[1] 从以上决议的内容看,委员会在华北水利委员会中居于首要地位,讨论决定华北水利委员会诸如组织、财务、水利工程等重大事项,其他机构是它的决议执行机构。委员会委员由上级主管部门聘任。1928 年 9 月,建设委员会聘李仪祉、须恺、李书田等 9 人为华北水利委员会委员,组成委员会。(2)设立常务委员会。常务委员会为华北水利委员会主持日常重要事务的决策、执行机构,执行上级主管部门及委员会付托及决议的事项,常务委员会由上级主管机关在委员中指定 3 人组成。以其中 1 人为主席。委员会主席"总揽本会事务并为全会对外的总代表"[2]。常务委员会负责"执行委员会决议事项,及处理本会一切行政事项"[3]。常务委员会每周开会一次,会议由主席主持,各委员提出报告及动议,由常务委员会讨论决议一切施行事项。1928 年 9 月,建设委员会指定李仪祉、李书田、须恺为常务委员,组成常务委员

---

① 《华北水利委员会会议规则》,《华北水利月刊》1928 年第 1 卷第 1 期,各项规范,第 1~2 页。

② 《华北水利委员会办事规则》,《华北水利月刊》1928 年第 1 卷第 1 期,各项规范,第 6 页。

③ 《华北水利委员会会议规则》,《华北水利月刊》1928 年第 1 卷第 1 期,各项规范,第 2 页。

会,李仪祉为主席。(3)设立总务处。总务处设秘书课、会计课、庶务课、材料课等。秘书课职掌事项有:文书收发、卷宗编制及保管、文书分配、文电之撰拟翻译、编制会议记录、编辑会务期刊表册及报告书、典守印信及校对文件、其他属于秘书事项。会计课职掌事项有:经营收支款项、登记各项账册、编制预算决算、其他属于会计事项。庶务课职掌事项有:购置物品、保管器物文具、其他一切杂物事项。[①] 材料课职掌事项有:工程材料价格统计、材料选购、材料保管及支付。[②] 总务处设处长 1 人,各课设课长 1 人,课员及雇员若干。总务处长由常务委员兼任。1928 年 9 月,建设委员会任命李书田为总务处长。(4)设立技术处。技术处负责华北水利委员会各项测绘、工程设计及实施事项,分设测绘、水文、设计、工程四课,秉承主席及技术长之命掌理各该课事务。[③] 测绘课设测量队和绘图室,职掌事项有测量河道、海岸、地形等,绘制河道、海岸、地形各项图表,其他测绘事项。水文课下设流量站和雨量站,职掌事项有流量站事项、雨量站事项、各流域稽查事项、编制水文图表、其他属于水文事项。设计课职掌事项有工程之计划、制备图表、编制建筑规范书、工费之估计、其他属于设计事项。工程课主要负责工程施工。技术处设总技师 1 人,技正、技士及技佐若干人,各课各设主任技师 1 人,技术处处长、总技师由常务委员兼任。1928 年 9 月,建设委员会任命须恺为技术处处长、总技师。

第二阶段为调整阶段(1929 年 5 月—1935 年 7 月)。在开展水利事业过程中,华北水利委员会对原定组织条例中不适用的地方加以修正。1929 年 5 月 8 日,华北水利委员会把修正后的组织条例呈报建设委员会。1929 年 5 月 25 日,建设委员会经核准颁发修正的《建设委员会华北水利委员会组织条例》。依据该条例,华北水利委员会组织机构也相应地进行了调整,华北水利委员会调整后有以下机构。(1)委员会。委员会职权未发生变

---

① 《华北水利委员会办事规则》,《华北水利月刊》1928 年第 1 卷第 1 期,各项规范,第 7~9 页。

② 《中华民国建设委员会华北水利委员会暂行组织条例》,《华北水利月刊》1928 年第 1 卷第 1 期,法令,第 5 页。

③ 《华北水利委员会办事规则》,《华北水利月刊》1928 年第 1 卷第 1 期,各项规范,第 6 页。

化,委员人数增加,华北水利委员会条例规定:"本委员会由建设委员会聘任九人至十一人为委员。"①1929 年 7 月,加聘河北省建设厅厅长温寿泉、民政厅孙奂仑为当然委员。1931 年 4 月 1 日,华北水利委员会由内政部接管。1933 年 1 月,内政部加聘豫、鲁、晋、察四省建设厅厅长为华北水利委员会当然委员。②1935 年,内政部颁发《内政部华北水利委员会章程》,规定"华北水利委员会设委员十一至十七人"③。调整后的华北水利委员会委员为:彭济群、李书田、徐世大、林成秀、李仪祉、周象贤、陈懋解、陈湛恩、王季绪、朱广才、张伯苓、杨豹灵、魏鉴、张鸿烈、张静愚、陆近礼、张维藩,共计 17 人。④ 委员会人数增加,委员职务范围的扩大,更加有利于水利事业在华北的推进,说明华北水利委员会在整合水利人才及行政资源方面作出了努力。(2)常务委员会。常务委员会职权未发生变化,依据 1929 年 5 月颁布的《建设委员会华北水利委员会组织条例》,华北水利委员会主席一职取消,改设委员长。华北水利委员会委员长主持会务。1929 年 5 月,李仪祉任委员长,李书田、须恺为常务委员。1929 年 7 月,陈懋解任委员长,李书田、须恺为常务委员。1930 年 3 月,彭济群任委员长,李书田、徐世大为常务委员。1931 年,华北水利委员会归内政部主管。1931 年 5 月,内政部指定彭济群任委员长,李书田、徐世大为常务委员。(3)秘书长。委员会设立秘书长 1 人,承委员长之命令办理一切机要事件。秘书长掌管文书课、会计课、事务课。文书课职掌:收发文件、草拟文稿、编辑文电、编制表册及报表、保管印信及卷宗。会计课职掌:经营收支款项、登记各项账册及编制预算决算。事务课职掌:购置物品、保管器物文具。⑤(4)技术长。技术长综理全会技术事宜。技术长

---

① 《建设委员会华北水利委员会组织条例》,《华北水利月刊》1929 年第 2 卷第 6 期,法令,第 20 页。

② 《华北水利委员会关于启用新印章和修订组织条例的呈及内政部的指令》,北京市档案馆藏,J007-001-00266。

③ 《内政部华北水利委员会章程》,《华北水利月刊》1934 年第 7 卷第 9、10 期合刊,法规,第 31 页。

④ 《华北水利委员会第二十次大会议事录》,《华北水利月刊》1934 年第 7 卷第 3、4 期合刊,会议记要,第 43~44 页。

⑤ 《建设委员会华北水利委员会组织条例》,《华北水利月刊》1929 年第 2 卷第 6 期,法令,第 19~20 页。

室下设测绘课、水文课、工务课、材料课。测绘课分设绘图股和测量队,职掌各项测量及绘算事项。水文课下设水文站、水标站、雨量站,职掌流量、雨量及含沙量的测验及绘算事项。工务课分设设计股和工程队,职掌各项工程之设计实施暨监督视察各事项。材料课负责工程材料价格统计、材料选购、材料保管及支付。[1]1929 年 5 月,须恺任技术长,1929 年 7 月,徐世大任技术长。

　　第三阶段为定制阶段(1935 年 7 月—1937 年 7 月)。1935 年 7 月 1日,全国经济委员会公布《华北水利委员会组织条例》,华北水利委员会对原有组织机构进行改革,此次改革后,华北水利委员会组织结构基本定型。(1)委员会。委员会职能未发生变化。1935 年 7 月,华北水利委员会改隶全国经济委员会后,华北水利委员会"设委员长一人,简任,综理会务,设委员十二人至十六人,由全国经济委员会聘任之"[2]。1936 年 2 月,全国经济委员会任命彭济群为委员长,5 月,聘任张伯苓、边守靖、王秉喆、张砺生、李书田、徐世大、林世则、门致中、潘毓桂、张吉墉、王景儒、冯曦、樊象离、张鸿烈、张静愚等人为华北水利委员会委员。[3](2)总务处。总务处下设第一、第二、第三科,第一科掌理文书,第二科掌理会计及出纳,第三科掌理庶务。总务处设处长 1 人,秉承委员长及总务长的命令处理各种主管事项,指挥监督所属职员,下设各科设科长 1 人。[4]1935 年 7 月,总务处长为李书田,第一科科长为宋瑞莹,第二科科长为王鸿钧,第三科科长为尹赞先。总务处掌理委员会文书、财务和日常庶务。其具体掌管事务有:①关于文书收发、编撰、保管事项。②关于职员考核、任免事项。③关于典守印信事项。④关于统计审核事项。⑤其他不属于工务处事项。[5](3)工务处。工务处主要

---

　　① 《建设委员会华北水利委员会组织条例》,《华北水利月刊》1929 年第 2 卷第 6 期,法令,第 20~21 页。

　　② 《华北水利委员会组织条例》,《华北水利月刊》1935 年第 8 卷第 7、8 期合刊,章则,第 57 页。

　　③ 《全国经济委员会训令》,《华北水利月刊》1936 年第 9 卷第 5、6 期合刊,公牍摘要,第 19~20 页。

　　④ 《华北水利委员会总务处组织章程》,《华北水利月刊》1935 年第 8 卷第 7、8 期合刊,章则,第 59~60 页。

　　⑤ 《华北水利委员会组织条例》,《华北水利月刊》1935 年第 8 卷第 7、8 期合刊,章则,第 57~58 页。

负责水利工程及相关事项,其具体掌管事务有:①关于查勘及测绘事项。
②关于工程设计事项。③关于工程实施及种养事项。④关于治河、造林事
项。⑤其他一切工程事项。工务处下设测量、工程、造林三组。测量组掌理
河道、地形、水文、气象等测量绘图事宜。工程组掌理工程规划、设计、实施、
监督等有关事宜。造林组掌理华北各河及山坡造林事宜。① 总务处设总务
司 1 人,由技正兼任。1935 年 7 月,工务处总务司、技正为徐世大。

其他机构还有:自办机构和合办机构。(1)自办机构主要包括:华北水
利委员会经济委员会、测候所、崔兴沽模范灌溉试验场。①华北水利委员会
经济委员会。华北水利委员会经济委员会主要职责是研讨筹措华北水利
工款详细办法,保管及经理工款。1932 年 9 月 27 日,华北水利委员会呈请
国民政府内政部准予特设经济委员会,1932 年 10 月 6 日,内政部批准了华
北水利委员会的呈请。华北水利委员会经济委员会聘请的委员有卞寿孙
(天津中国银行经理)、钟锷(天津交通银行经理)、李达(天津中央银行经理)、
许福晌(天津大陆银行总行经理)、周作民(天津金城银行总行经理)、吴鼎昌
(天津盐业银行总行经理)、齐致(上海中国农工银行总行经理)。② 华北水利
委员会常务委员林成秀、李书田、徐世大为当然委员,华北水利委员会秘书
长李书田兼任干事。②测候所。1929 年 4 月 1 日,华北水利委员会测候试
验所在天津成立。主要职责是对气象进行综合观测。1931 年 4 月,设备扩
充后改测候试验所为测候所。测候所设测候员专职记录观测结果。③崔
兴沽模范灌溉试验场。1935 年 4 月,崔兴沽模范灌溉试验场成立,华北水
利委员会副工程师韩少琦任模范灌溉试验场主任。模范灌溉试验场占地
为 4 875.83 亩,其中试验田 480 亩。从 1935 年开始试验场进行农田灌溉、
土壤改良等多项试验。(2)合办机构主要包括:①中国第一水工试验所。中
国第一水工试验所成立于 1935 年 11 月,由华北水利委员会联合黄河水利
委员会、导淮委员会、太湖水利委员会、建设委员会、模范灌溉管理局、国立

---

① 《华北水利委员会工务处组织章程》,《华北水利月刊》1935 年第 8 卷第 7、8 期合刊,
章则,第 60~62 页。

② 《呈内政部:呈为拟请延聘卞君寿孙等七人为本会经济委员会委员开单呈请仰祈鉴
核照准由》,《华北水利月刊》1933 年第 6 卷第 11、12 期合刊,公牍摘要,第 29 页。

北洋工学院、河北省立工业学院、扬子江水利委员会、陕西省水利局、国立北平研究院等机关单位合作组成。1937年前水工试验所开展了多项水工试验。②整理运河讨论会。1933年12月，整理运河讨论会成立。整理运河讨论会由华北水利委员会、黄河水利委员会、导淮委员会、太湖流域水利委员会、河北省建设厅、山东省建设厅、江苏省建设厅、浙江省建设厅组成。其目的为统筹设计整理北平至宁波间运河发展，纵贯南北水道，复兴四省腹部农村。①设常务委员1人，综司会务，任期1年。③永定河中上游工程处。1934年，华北水利委员会会同河北省建设厅呈请国民政府内政部设立永定河中上游工程处。1935年9月，永定河中上游工程处成立。该处代表华北水利委员会与河北省政府建设厅，"会同办理永定河堵口未了工程，金门闸放淤工程，及官厅水库工程"②。华北水利委员会常务委员、技术长徐世大任工程处处长兼工程师，内设主任工程师、工程师、助理工程师，负责工程测量、设计、施工及管理材料与机械等。另设总务主任及事务员，掌管文书、会计、庶务等事项。④指导永定河上游农民兴办灌溉与植林各合作机关总通讯处。1932年华北水利委员会联合河北省建设厅、河北省实业厅、察哈尔建设厅、山西省建设厅、山西省实业厅、国立北平大学农学院、北平社会调查所、天津中国农工银行、北平中国华洋义赈救灾总会九个机关成立指导永定河上游农民兴办灌溉与植林各合作机关总通讯处。该处负责实施指导永定河上游农民兴办灌溉与植林工作，各合作机关派代表为联络员，联络处设在华北水利委员会院内。

（二）华北水利委员会组织机构的特点

1. 委员制与执行首长负责制相结合

委员制是指在行政系统中，最高的法定决策权和指挥权由两个以上的人共同执掌的行政管理体制。华北水利委员会在重大事情决策方面实行的是委员制。华北水利委员会由上级主管部门聘任委员若干人组成委员会，

---

① 《整理运河讨论会章程》，《华北水利月刊》1934年第7卷第9、10期合刊，法规，第37页。

② 《永定河中上游工程处组织章程》，《华北水利月刊》1934年第7卷第9、10期合刊，法规，第39页。

它是华北水利委员会内部最高决策权力机构,决定整个委员会的组织、水利工程、进行方针、经费等重大事项。同时,华北水利委员会实行执行首长负责制,委员会主席总揽会务。委员会主席及其常务委员执行委员会的决议事项,并负责日常行政。由此可知,重大问题先由委员会讨论决定方案,再交由常务委员会、委员会主席负责执行。这样可以发挥委员制的集思广益、科学决策,容纳各方意见,获得多方支持的优点。同时,突出主席和常务委员会首长负责制责任明确、行动迅速、办事效率高的长处。二者的结合保证了水利委员会在议事方面广其谋,任事方面专其责,为推进华北水利委员会工作提供了组织制度上的保障。

2. 实行科层化的结构组织

现代社会组织管理较为典型的方式是科层制。科层化的组织模式在华北水利委员会中得到了体现。华北水利委员会建会伊始就制定了各种规则,如《华北水利委员会办事规则》《总务处办事细则》《技术处办事细则》等。华北水利委员会内部存在上下级制度,每一层阶都有职掌范围和严格的规章制度。委员会为最高决策机构,常务委员会为最高行政机构和委员会决议执行机构,总务处和技术处及其下设各课秉承委员会主席和常务委员会的命令,执行相关任务,是具体事务的办事机构。这种层次制度的建立是符合水利建设实际需要的,委员会集思广益进行决策,总务处和技术处在委员会主席和常务委员会主持下开展日常工作,这样保证了工作有条不紊地开展。科层化的层次结构使华北水利委员会将各种资源整合起来,提高了工作效率。

四、华北水利委员会的组织管理

华北水利委员会历来十分重视管理制度的完善,该会从机构和人员两个方面制定了相关规章制度来加强组织管理。

(一)建立机构日常管理制度

为科学有效地对各级机构实施管理,规范各种工作流程,1928 年 9 月,华北水利委员会制定了《办事规则》,该规则是华北水利委员会日常运行的基本准则。

第一条:依本会组织条例之规定,本会所有事务由常务委员会遵建设委员会之命,或本会委员会之决议或付托执行之。第二条:本会常务委员会由建设委员会指定常务委员三人组织之,本会所有日常重要事务由常务委员会裁决。分别由主席、总务处长或技术处长办理之。第三条:本会主席总揽会务,并为本会对外之总代表。第四条:本会总务处设秘书、会计、庶务、材料四课,秉承主席及总务处长之命,掌理各该课事务。第五条:本会技术处设测绘、水文、设计、工程四课,秉承主席及技术处长之命,掌理各该课事务。第六条:本会办事时间每日由八时半起,迄十二时止,下午由二时起,迄五时止。第七条:本会以星期日及国民政府直辖各机关之例假为休息日。第八条:本会所有职员每年至多得享四星期假,上年应享未享之假不得并入本年。离职时如有应享未享之假不得提请以薪补假,假满不销假者按超过之日数扣薪,逾四星期不销假者,由常务委员会酌量去留。第九条:凡本会职员如遇亲丧大故,或本人婚礼,至多得享四星期假,假满不销假者,按超过之日数扣薪,逾四星期不销假者,由常务委员会酌量去留。第十条:凡无医生凭单之病假以事假论,病假须按医生签认之必需日数请准,病假每年至多不得超过四星期,逾四星期时按超过之日数扣薪,如连续再逾四星期仍不销假时,由常务委员会酌量去留。第十一条:本会职员因事或因病请假不满一日者,由各主管课主任核准。在一日以上者,须由各主管处长核准。第十二条:本会所有职员每日均须于上班下班时,自签到班离班之准确时刻。第十三条:本会课主任以下之员司,均须逐日填写本日之工作报告,并须于即日工作毕时填呈课主任,课主任于核阅后,汇呈处长,课主任并须于每周之星期六、日作工作总报告,于下午工作毕时呈处长核阅,工作报告之单式另定之。第十四条:常务委员须于每月之十日前将本会上月之工作报告呈交建设委员会。第十五条:主席及处长之交办任何事项及各课员司之呈报或请示,均须经过相当手续,不得越级。第十六条:本总则如有未尽事宜得随时由会务会议之通过修改或增减之。[①]

这一办事规则对华北水利委员会内部机构设置、职责、职员假期、请假

---

① 《华北水利委员会办事规则》,《华北水利月刊》1928 年第 1 卷第 1 期,各项规范,第 5~7 页。

手续、各项工作程序和办事纪律都作了规定,较为详尽,基本保证了华北水利委员会日常工作有效运转。

(二)建立人事管理制度

华北水利委员会制定了《职员征用方法及标准》和《职员待遇规则》,从职员的任用、考核、惩戒、解职、请假、抚恤等方面,详列了对职员的相关要求,基本涵盖了近代行政单位人事管理的全部内容。

华北水利委员会依据《职员征用方法及标准》,对职员进行征用,分为技佐、助理、技士、技师、主任技师、课员、课长七个层次类别,制定了不同的任用标准。这些标准对学历、任职经历、已有职务进行了规定,经资格审核后,通过考试招录。人员征用之后,考绩成为职员晋级的重要标准,它是实施提高工作效率的重要手段。华北水利委员会对职员的考核以工作情形为主要内容,由各课课长随时密记,加以考语,提交考绩审查会核定。人员考绩一般每年两次,6月及12月终或1月及7月初进行,奖励方法为:"(1)特奖;(2)升用;(3)进级或如[加]薪;(4)记功,凡记功两次者得进一级;(5)传令嘉奖。"① 惩戒处分为:"(1)免职;(2)降职;(3)降级或减薪;(4)记过;(5)申斥。"② 华北水利委员会管理人员大多是水利专家,对于职员晋级、惩戒一般能做到公平、公正。华北水利委员会为规范请假,制定了请假规则,对请假天数、程序进行了详细规定。对于全年内不请假或请假不及30天的职员分别给予奖励,这样保证了职员在会工作时间。

为保障职员的利益,安定其生活,华北水利委员会制定了抚恤规则。职员因公死亡或因公受伤永久不能工作者,给予抚恤金。抚恤规则的实施是对职员工作的一种鼓励,是对职员无私奉公的首肯,有利于解除职员的后顾之忧,使工作顺利开展。

---

① 《华北水利委员会职员待遇规则》,《华北水利月刊》1929年第2卷第10期,各项规范,第64页。

② 《华北水利委员会职员待遇规则》,《华北水利月刊》1929年第2卷第10期,各项规范,第66页。

第四节 | 长江水利委员会

长江具有十分丰富的水利资源,历来受到政府的重视,尤其是南京国民政府成立后,不断加强对长江的管理,改组扬子江水道委员会,成立长江水利委员会和长江水利工程总局。这些机构在长江流域经济开发与水环境改造方面发挥了重要作用。

一、长江水利委员会的成立

随着长江水利委员会的成立,长江流域的水政工作得到逐步加强,尤其是长江水利工程总局的建立,为该流域的水利工程建设奠定了良好的基础。

(一)长江流域水利管理机构沿革

人们对长江流域的早期水利开发利用,主要是农田水利和水运。长江流域水利专职官员的设置始见于汉代的都水长丞,宋元以后各地水官种类更迭较多,但都设官兼管长江各段水利。明清时期,长江流域内各省分别设有水利金事、水利道或水利副使等职官,各府、州、县设有同知、通判、州同、县丞、主簿等职,江防海塘还设有守备、千总、把总、外委等武职,他们负责地方的河工、水利事宜。但在我国古代,长江流域从未设立过全国统一的水利管理机构。至近代,为统一管理长江水利,北洋政府于1922年设立扬子江水道讨论委员会,并附设技术委员会,专司测绘及各项工程技术。该机构于1928年改组为扬子江水道整理委员会,该委员会下设技术委员会,另有总务、工务两处分理会务。扬子江水道整理委员会的主要职责有测绘水道、疏浚江流、修养航路、防御水灾,协助并指导扬子江流域的治水工程等事项。1935年4月,扬子江水道整理委员会改组为扬子江水利委员会,并接管太湖流域水利委员会和湘鄂湖江水文站,直隶于全国水利委员会,"掌理扬子江流域一切兴利防患事务"[1]。1947 年 6 月,扬子江水利委员会被改组为长江水利工程总局,隶属水利部。

(二) 长江水利工程总局的建立

民国初年,由于历史遗留问题,北洋政府在水政管理方面有时会受到国外势力的干预。1919 年,英国商会以长江"航行阻滞,影响商业甚巨"为由,"联合各国侨商,提议筹款疏浚水道"[2]。1920 年,英国商会又联合各国政府要求建立他们自己的治江机构,妄图控制长江流域。北洋政府认为此提议事关中国主权,即于 1922 年由内务、财政、农商、交通四部会商核定,会同设立扬子江水道讨论委员会,隶属内务部。1928 年,南京国民政府执政后,对各机关部署进行统一规划,重新分配各部职掌。交通部认为,长江之航政前途实属该部职权所在,原隶属内务部之扬子江水道讨论委员会由交通部接管,成立扬子江水道整理委员会。

1930 年 9 月,南京国民政府为"促进经济建设,改善人民生计,调节全国财政"[3],设立全国经济委员会,先后颁布《统一水利行政及事业办法纲要》及《统一水利行政事业进行办法》,规定以全国经济委员会为管理全国水利的总机关,有关水利事项统归全国经济委员会办理,至此,全国水利行政才得以统一。全国经济委员会根据规定调整各中央水利机关组织与地方水利行政系统,于 1935 年改组扬子江水道整理委员会为扬子江水利委员会,并裁撤太湖流域水利委员会,将太湖流域水利事宜与湘鄂湖江水文站一并归入扬子江水利委员会。1938 年,南京国民政府经济部成立后,扬子江水利委员会又划归经济部管辖。

1941 年 9 月,南京国民政府行政院水利委员会成立,这是中华民国建立以来中央政府成立的第一个水利行政专管机构。扬子江水利委员会也和其他水利机构一起并入水利委员会,归其直接管辖。抗日战争期间,扬子江

---

① 《扬子江水利委员会组织法》,《行政院水利委员会季刊》1943 年第 2 卷第 1 期,第 64 页。

② 《李谦若吴敬呈报扬子江技术委员会历史及测量计画大概情形由》,《扬子江水道整理委员会月刊》1929 年第 1 卷第 1 期,公牍,第 17 页。

③ 《全国经济委员会组织条例》,《法律评论》1931 年第 8 卷第 37 期,第 28 页。

水利委员会随各政府机构由南京迁至重庆。抗日战争胜利后,扬子江水利委员会又迁回南京。1946年5月21日,南京国民政府行政院第743次例会议决,裁撤扬子江水利委员会,设立长江水利工程总局。1947年5月,南京国民政府水利委员会改组为水利部,颁布《长江水利工程局组织条例》,明文规定长江水利工程总局隶属水利部,仍然"掌理长江兴利防患事宜"[①]。

二、长江水利委员会的组织构成

任何一个机构的高效、规范运转,均离不开合理的组织机构设置。长江流域土地广袤,其管理机构更应按其特点相应设置,做到因江制宜。长江水利工程总局成立后的机构设置,既沿袭了其前身的规制,又根据整个流域治理的需要添设了分支机构。

(一)扬子江水道讨论委员会时期

1922年1月23日,北洋政府成立扬子江水道讨论委员会,隶属内务部,职员设置有会长、副会长、主任、课长、会员、技术员、顾问。扬子江水道讨论委员会分设总务课、工程课、调查课。其掌理事务为:(1)总务课掌理关于会议、撰拟文牍典守印信、会计庶务和其他不属于各课事项。(2)工程课掌理关于工程计划、测勘事项。(3)调查课掌理关于调查、编辑报告事项。[②]会长由内务总长高凌尉兼任,孙宝琦、张謇、李国珍为副会长,杨豹灵、翁文灏、海得生等为会员,并聘英国人柏满为咨询工程师。

扬子江水道讨论委员会下设扬子江技术委员会,陈时利任委员长,杨豹灵、周象贤、额得志(英籍)、海得生(瑞典籍)、方维因(荷兰籍)、沈豹君等为委员。后经技术委员会第一次会议议决,于上海设立测量处,聘美国人史笃培为测量总工程师,测量处下设汉口和九江两个流量测量队,一个精确水准测量队和一个地形测量队。

(二)扬子江水道整理委员会时期

1928年5月23日,扬子江水道讨论委员会改组为扬子江水道整理委员会,隶属交通部。本会设委员长1人,由交通部长或次长兼任,综理会务。

---

①　《长江水利工程局组织条例》,《金融周报》1947年第25期,第19页。
②　《扬子江水道讨论委员会章程》,《河务季报》1923年第8期,第24~25页。

本会设委员 10 人,由内政、外交、财政、农矿、工商及建设委员会各委派 1 人,交通部航政司司长 1 人,以及富有河海水利工程经验或具有专门学识者 3 人,计委员 10 人。[①] 扬子江水道整理委员会首任委员长为交通部政务次长李仲公,委员有吴健、秦景阜、胡博源、张铭、马铎、韦以黻、殷汝耕、周象贤、夏光宇。扬子江水道整理委员会下设技术委员会、总务处、工务处。

技术委员会置主任委员 1 人,委员 4~8 人,技术委员会若干人,办理一切技术事务。技术委员会下分设制图室、事务室、考核组、设计组。技术委员会首任委员长赵世瑄,委员沈祖伟、宋希尚、孔祥榕、周象贤、陈湛恩、刘锡三、过养默、查德雷(英籍)、希尔门(英籍)。技术委员会仍延聘美国人史笃培为总工程师。

总务处置处长 1 人,课长 2~4 人,事务员若干人。下设文书课、编查课、会计课、庶务课。各分课职掌如下:(1)文书课分掌关于机要、考绩、会议、择拟命令、收发文件及保管案卷、典守钤记、其他属于文书事项。(2)编查课分掌关于翻译、调查、编制会刊、编订章则、其他属于编查事项。(3)会计课分掌关于收支保管款项、审核经费、编制预算决算、登记各项账册、其他属于会计事项。(4)庶务课分掌关于购置物品仪器、保管器物文具、卫生清洁、其他一切杂务事项。[②] 总务处长孔祥榕,文书课长许鸿达,会计课长韩景范。

工务处置处长 1 人,课长 2 人,技术员及事务员若干人,办理一切工程事务。下设技术课、事务课。其分课职掌如下:(1)技术课分掌关于规划工程及测量之程序、审核测量工作及报告、估计工程及招标监工、调查及勘验、规定及保管工程测量图标之式样、保管仪器材料、编订年报月报、其他属于工程技术事。(2)事务课分掌关于保管文卷图记、撰拟缮写文书及本处收发、队员请假、本处杂务、不属于技术之事项。[③] 工务处主要负责实地调查和工程建设,设测量队及工程队,由工务处长指挥监督。关于各项工程

---

① 《国民政府行政院交通部扬子江水道整理委员会章程》,《扬子江水道整理委员会月刊》1929 年第 1 卷第 1 期,章则,第 1 页。

② 《总务处分课执掌》,《扬子江水道整理委员会月刊》1929 年第 1 卷第 4 期,章则,第 3~4 页。

③ 《工务处分课执掌》,《扬子江水道整理委员会月刊》1929 年第 1 卷第 4 期,章则,第 5~6 页。

事务,工务处得会同技术委员会办理。

扬子江水道整理委员会机构改革后,在基层组织机构职能方面进行了较详细的分工。1930年2月底,扬子江水道整理委员会因技术委员会事务较简,且与工务处职务重叠,裁撤扬子江技术委员会,其职掌归并入工务处,由于上述原因,《扬子江水道整理委员会章程》重新修订,修订后的章程规定,委员人数增加总务处长、工务处长2人,本会设委员12人。工务处人员设置也相应变更,工务处置测量总工程司1人,测量总队长1人,主任3人(其中2人由测量总工程司或正工程司兼任),工程司4~8人,技术员8~16人,事务员3~6人,承长官之命令办理测量、设计、制图及一切工程事务。[①]改组后,工务处分设事务科、设计室、测量队、制图室,各处下属各课改为科,课长名目改为主任。

此次机构改革后,总务处职责更加细化,其具体职掌如下:(1)设计室掌理关于各种工程设计及测量程序、估计工料及招标监工、调查及勘验、审核测量工作及报告各种工作统计、其他工程计划事项。(2)制图室掌理关于绘画及晒印图标、编订及保管图标、图表计算及校对、编订年报月报、保管仪器事项、其他绘制事项。(3)测量队掌理关于实施各种测量及测验、测勘灾区及江流变迁、各种绘算记载统计报告、管理仪器及船舶、其他一切测量事项。[②]

(三) 扬子江水利委员会时期

1935年,扬子江水道整理委员会改组为扬子江水利委员会,隶属全国经济委员会,并于7月1日公布了《扬子江水利委员会组织条例》,规定扬子江水利委员会设委员长1人,综理会务。委员12~20人,由全国经济委员会聘任之,委员会大会每6个月开大会一次。全国经济委员会任命傅汝霖为委员长,孙辅世为总工程师,白郎都(奥地利籍)为顾问工程师,次年续聘李仪祉为顾问工程师。

---

① 《交通部扬子江水道整理委员会章程》,《扬子江水道整理委员会月刊》1930年第2卷第2期,章则,第2~3页。

② 《交通部扬子江水道整理委员会办事细则》,《扬子江水道整理委员会月刊》1930年第2卷第4期,章则,第6~7页。

扬子江水利委员会设总务、工务二处。总务处掌理文书收发、编撰、保管、职员考核、任免、典守印信、统计、审核、庶务及护工事项。工务处掌理查勘及测量、工程设计、工程实施及护养、沿江造林及其他一切工程事项。除总务处、工务处外,扬子江水利委员会设立测量队、水文站、测候所、工程管理处等机构。1934年5月3日,扬子江水利委员会下设水文总站,站址在南京,此水文总站的设立是长江水文工作统一管理的开始。

1941年9月,南京国民政府行政院水利委员会成立,扬子江水利委员会隶属水利委员会,水利委员会于1942年10月17日公布《扬子江水利委员会组织法》,其中关于人员设置、机构设置的规定与前《扬子江水利委员会组织条例》基本相同,仅总务处职掌略有修改,改为掌理文书收发、编撰、保管、职员考核、任免、典守印信、出纳、庶务及护工、其他不属于工务处事项。《扬子江水利委员会组织法》还规定,本会设立会计主任1人,统计员1人,办理岁计、会计、统计事项,受委员长之指挥监督,并依据国民政府主计处组织法之规定,直接对主计处负责。会计室及统计室需用佐理人员,名额由本会拟送水利委员会审核,会同主计处就本法所定委任人员及雇员名额中决定之。[①]

(四) 长江水利工程总局成立

1946年5月21日,南京国民政府行政院例会决议,裁撤扬子江水利委员会,设立长江水利工程总局。1947年5月29日,南京国民政府公布《长江水利工程局组织条例》,规定长江水利工程总局隶属水利部,掌理长江兴利防患事宜。置局长1人,简任,综理局务,并监督所属职员及机关。副局长1人,简任,辅助局长处理局务。长江水利工程总局局长为孙辅世,副局长为朱世俊。《长江水利工程局组织条例》在1947年经过修改后,于1948年12月4日重新公布为《长江水利工程总局组织条例》,规定长江水利工程总局下设工务处和总务处。

工务处设四组一室,其职掌如下:第一组,关于全流域及各重要支流之灌溉、防灾、航道、水力等工程之统筹研究及规划事项。第二组,关于水文、

---

① 《扬子江水利委员会组织法》,《行政院水利委员会季刊》1943年第2卷第1期,第59页。

水准、水道地形等之测验,与成果之整理、校核、统计、汇编、图表之绘制及各项测验报告之编订事项。第三组,关于实施工程之设计及编审等事项。第四组,关于工程之实施及养护,预算之编审,工程进度之督查、核计及验收事项。仪器图表图书管理室负责仪器之保管、配发、整修,及图表、书籍之保管整理事项。工务处长为邢维堂。

总务处。总务处设四科,其职掌如下:第一科,关于综合文稿、编审规章、监督电台、保管密码、翻译电报及交办机密事项。第二科,关于收发文电、典守印信、撰拟稿件及缮校、管卷事项。第三科,关于各项经费之出纳、契据、证券之保管及有关财务之事项。第四科,关于财产登记、物品购置、房屋清洁、工役管训、测轮管理等事项。总务处长为刘衷炜。

修改后的《长江水利工程总局组织条例》规定,长江水利工程总局设置工务处、总务处、会计室、统计室、人事室。工务处、总务处的职能与修改前基本相同。会计室置会计主任1人,荐任。会计室根据主计法令掌理岁计、会计及所属机关会计机构之指挥监督事项。统计室主司法令,掌理统计及所属机关统计机构之指挥监督事项。人事室置人事主任1人,荐任。人事室掌握人事管理条例所规定事项。[1] 会计室主任为黄光杰,人事室主任为沈振球。

长江水利工程总局根据《长江水利工程局组织条例》,设置了直辖附属机构。其下设机构有1948年2月成立的长江上游工程处(原岷江、嘉陵江、金沙江三处合并),1947年6月成立的綦江水道闸坝管理处,1946年11月成立的洞庭湖工程处,1947年元旦成立的金水流域工程处,1947年4月成立的华阳河流域工程处,1946年3月成立的堵口复堤工程处(1948年元旦改组为堤闸工程处),1946年8月成立的太湖流域工程处,水文总站及水文总站下各水文站。长江水利工程总局另有四个地形测量队和一个精密水准测量队,隶属工务处。长江水利工程总局各支流工程处机构设置与总局的机构设置基本相同,下设工务、总务、会计室及人事管理员等分理处务。

长江水利工程总局的水文总站及各分水文站组织规程,与其他各机构

---

① 《本局办事细则》,《长江水利季刊》1947年第1卷第4期,第79页。

不同,水利委员会于 1947 年 2 月 28 日公布了《水利委员会及所属各机关水文测站组织规程》,1947 年 6 月 16 日进行了修订,水利部又于 1948 年 2 月 7 日颁布《水利部所属各机关水文站新组织规程》。两部规程除水文站隶属机关有所变化外,职掌内容无变化。根据规定,水文总站及各水文站均设主任 1 人。水文总站掌理如下事宜:(1)水文、水位站之筹设及管理事项;(2)测验工作之督导及考核事项;(3)河道地形、地质之查勘及研究事项;(4)水文、气象资料之搜集及整理事项;(5)其他有关水文测验事项。水文站掌理各项测验及绘算校正,如水位、流量、含沙量、河道断面、水面坡降、雨量、蒸发量、气象概况、地下水位及其他有关事项。[①] 关于长江水利工程总局及直辖附属机关职位设置及主管人员基本情况,如表 6.4 所示。

表 6.4　长江水利工程总局及直辖附属机关主管人员统计表

机关名称	职别	姓名
本局	局长	孙辅世
本局	副局长	朱士俊
本局	工务处长	邢维堂
本局	总务处长	刘衷炜
本局	工务处第一组主任(兼)	邢维堂
本局	第二组主任	陈　庆
本局	第三组主任	蒋涤泉
本局	总务处第一科科长	吴笠田
本局	第二科科长	李敬铭
本局	第三科科长	屠　聿
本局	第四科科长	田定益
本局	会计室主任	黄光杰
本局	人事室主任	沈振球
金沙江工程处	处长	华钟文
岷江水道工程处	处长(代理)	吴述舜
嘉陵江工程处	处长	程仁武
綦江水道闸坝管理处	处长	许懋榕
洞庭湖工程处	处长	王恢先

---

① 《水利部所属各机关水文站所组织规程》,《水利通讯》1948 年第 14 期,第 49~50 页。

续表

机关名称	职别	姓名
金水流域工程处	处长	王鸿遇
华阳河流域工程处	处长	施建臣
堵口复堤工程处	处长(兼)	朱士俊
太湖流域工程处	处长(兼)	陈 庆
第21测量队	队长	徐连仲
第22测量队	队长	查庆丰
第221测量队	队长	王大铨
第222测量队	队长	段 干
精密水准测量队	队长(代理)	刘惠吾
水文总站	主任(兼职)	邢维堂
重庆水文站	主任	李百炼
涪陵水文站	主任	杨绍明
宜昌水文站	主任	邹忠诰
湖口水文站	主任	汪达章
大通水文站	主任	杨积培
龚滩	主任	李文龙
松滋	主任	许天柱
太平	主任	刘煮泉
藕池	主任	蒋宗周
益阳	主任	李国华
长沙	主任	王大冬
瓜泾口	主任	徐光遹
吴县	主任	赵宏章

资料来源:《长江水利工程总局暨直辖附属机关主管人员录》,《长江水利季刊》1947年第1卷第1期,第84页。

三、长江水利委员会管理机制

长江水利工程总局自成立以后,在逐渐完善机构设置的同时,也加强了其内部组织的规范和管理。主要体现在以下两个方面:一是建立完善的会议规程管理制度,二是建立规范的日常事务管理制度。

（一）建立完善的会议规程管理制度

长江水利工程总局在其前身扬子江水道讨论委员会及扬子江水道整理委员会时期，实行执行委员会制，其组织内各项事务办理均由委员会议议决。1923年，扬子江水道讨论委员会制定了《扬子江水道讨论委员会会议规则》，规定参加会议人员为会长、副会长、主任、课长、会员、技术员，以每月第二个、第四个星期五为常会日期，会员之席次抽签定之，依号列坐，委员会职员均有提出议案之权。议案须先期送交总务课由主任分配，依次编列议事日程，于开会前分送与会各员。课长与会员有一切同等之资格，但技术员得提出建议及发表意见，不与表决之数。① 除上述事项外，该规则还对会议程序、会员参加会议组织纪律等情况作出了详细规定。

扬子江水道整理委员会制定并颁布了《扬子江水道整理委员会会议细则》。该细则规定，委员会于每月第四个星期四、星期日开常会一次。会议议决事项主要有：(1)交通部部长交议事件；(2)委员长或委员提议事件；(3)总务处、工务处两处建议事件。凡议案须经过讨论及审查之手续始得付诸表决，但事务简单明了，主席认为勿庸付审查者得省略之。议案应付审查者，由主席指定委员3人或5人审查之。审查会举1人为主席，审查案之结果取决于多数可否，同数时由审查主席决定之。② 此后，由于水道整理工作渐成规模，委员会议细则对议案审查的规定也逐渐完善。这些规定有利于规范会议规程，加强了会务管理。至长江水利工程总局时期，依然保留定期会议之制，总局出台的《本局办事细则》规定：本会为集思广益迅速推进业务起见，每两星期由局长召开局务会议一次，于星期四上午举行。局务会议以局长、副局长、处长、顾问、专员、科长、主任，及指定负责一部分工作之人员为出席人，附属各单位来局述职人员亦得临时参加。局务会议由局长主持，局长因事缺席时由副局长主持。局务会议决议案由总务、工务两处按其性质分别办理。③ 该细则还对工务处、总务处、会计室、统计室、人事室的职掌

---

① 《扬子江水道讨论委员会会议规则》，《河务季报》1923年第8期，章制，第4~6页。

② 《扬子江水道整理委员会会议细则》，《扬子江水道整理委员会月刊》1930年第2卷第3期，章则，第219~220页。

③ 《本局办事细则》，《长江水利季刊》1947年第1卷第4期，第80页。

进行了详细规定。长江水利工程总局的局务会议制度,本质上仍是对组织机构管理的有效形式。

(二)建立规范的日常事务管理制度

对于日常办事细则的管理,扬子江水道整理委员会制定了《扬子江水道整理委员会办事细则》,后因裁撤技术委员会又重新颁布修改后的《扬子江水道整理委员会办事细则》,规定:本会职员均应按照组织系统表承各级主管长官之命办理各项事务,并对各处关联事件处理及各处内部事务处理等具体事项做出了规定。长江水利工程总局成立后,出台了《本局办事细则》,其中除各处细分的具体职掌外,加强了对日常事务的规范管理。如规定本局事务均须经局长核行,局长因公离局时由副局长代理,副局长同时离局时,由局长指定处长1人代行职权,但重要事件仍应秉明局长办理。本局一切文件、图表,未经主管长官核行者,概不得印发。职员调阅卷宗,须填调卷单签名或盖章,方得调取,阅毕缴还时原单退回。本局行文程式,对水利部用呈,对水利部各司处及各省政府各机关用公函或代电,对所属处站队用令。本局办公时间依照中央规定办理,但有特别事故得随时延长。本局职员除例假日外,如因病或因事不能办公者,应填具请假单,呈由主管长官送经局长核准,交人事室登记,其职务应由主管人派员暂行代理。《扬子江水道整理委员会办事细则》对总局机关文件收发传递程序、行文程式、薪资发放程序、办公物品购置发放程序、职员工作纪律等都做了具体规定,这些详细规则的制定能有效规范机关人员的工作程序,保障总局机关日常工作的运转。这些制度的建立至今仍有一定的参考意义。

第五节 | **动植物保护法规**

随着环境机构的完善,对环境保护的职责逐渐明晰,相应的近代环境保护政策与法规随之产生。如北洋政府和南京国民政府所颁布的《森林法》

《狩猎法》《渔业法》等法规,对当时乃至后世都产生了重要影响。

一、制定《森林法》

《森林法》是我国近代历史上第一部专门规定森林培育、管理和保护的法规。1912年9月,北洋政府制定了《林政纲要》十一条,规定林业方针为:凡国内山林,除已属民有者由民间自营,并责成地方官监督保护外,其余均为国有,由部直接管理,仍仰各该管地方官就近保护,严禁私伐。1914年,北洋政府在《林政纲要》的基础上制定并颁布了《森林法》,这是我国第一部具有现代意义的森林法,主要涉及六个方面的内容:第一部分主要对森林的所有权问题进行了明确规定:"确无业主之森林及依法律应归国有者,均编为国有林。"[1]同时,对于公有或私有的森林,农商部认为与经营国有林有重大关系者,应以与之相当的价值收归国有,由农商部直接管理或委托地方官署管理。其中关系江河水源的,面积跨两省以上的,或关系国际交涉的国有林,由农商部直接管理。第二部分是对保安林的相关规定。《森林法》将有关预防水患、涵养水源、公众卫生、航行目标、便利渔业、防蔽风沙的森林编为保安林,由农商部委托地方官署经营管理,非经准许,不得樵采,并禁止带引火物入林。"公有或私有森林因为编为保安林致受损害者,得禀请地方行政长官或农商部酌核补偿。"[2]另外,对于"古迹名胜之林木"的管理,《森林法》规定可参照保安林的管理办法执行。第三部分主要是奖励造林,个人或团体愿意承领官荒山地造林者,可无偿给予他们。旨在鼓励个人或团体承领官荒山地造林。根据规定"承领官荒山地造林者,其面积不得超过一百方里。"[3]但该地造林完毕后可以申请扩大面积。承领时,"每十方里应缴纳二十元以上一百元以下之保证金。"[4]。满5年后,如造林确有成绩则发还保证金,按年息3%~5%核给利息。承领荒地后经过一年尚未着手造林的,则撤回荒地,没收保证金。为了鼓励人们植树,《森林法》规定承

---

[1]　陈嵘:《中国森林史料》,中国林业出版社,1983年,第72页。

[2]　陈嵘:《中国森林史料》,中国林业出版社,1983年,第72页。

[3]　陈嵘:《中国森林史料》,中国林业出版社,1983年,第73页。

[4]　陈嵘:《中国森林史料》,中国林业出版社,1983年,第73页。

领之官荒山地,自承领之日起,得免5年以外30年以内之租税。第四部分是监督。为保护植树的成果,《森林法》规定,禁止或限制在公有和私有林内开垦,如公有和私有林所有者滥伐或荒废森林,可限制或进行警戒。地方官署还可以对公有和私有荒山所有者限期或强制造林。第五部分是罚则,意在惩罚林业犯罪。对盗窃、烧毁和未经允许放牧牛马、损毁他人森林幼苗、未经允许樵采破坏保安林、公有和私有林等行为,给予相应处罚。第六部分是附则,规定本法之施行细则以教令定之,本法自公布日起施行。1915年,北洋政府又颁布了《森林法施行细则》和《造林奖励条例》,对国有林、保安林、公有或私有林有关事宜,以及对承领官荒山造林的奖励、处罚等方面作了更加具体的规定。

1932年,南京国民政府修改了北洋政府制定的《森林法》。此次修订的重点是国有林及公有林的保护和经营事项:规定国有林由主管部门设立林区经营管理;公有林由该管地方主管官署或自治团体经营管理;关系国土保安、江河水源或其他利益等的公有和私有林,都得收归国有,但给予补偿金;主管部门或地方主管官署经营管理的林区都应设苗圃,培育树苗,廉价或无偿供应私有或自治团体所有的宜林地造林之用。修订后的《森林法》对保安林也进行了更为具体的规定,指出保安林的涵盖范围是指有下列情形的国有、公有、私有林:(1)预防水害、风害、潮害所必要者;(2)涵养水源所必要者;(3)防止沙土崩坏、飞沙坠石、泮冰颓雪等害所必要者;(4)公众卫生所必要者;(5)航行目标必要者;(6)便利渔业所必要者;(7)保存名胜古迹风景所必要者。已编入的保安林无继续存置的必要时,经主管部门核准,可以解除一部或全部;保安林内不得砍伐、伤害林木,开垦,放牧牲畜,采土石、树根、草根、草皮等。同时《森林法》还规定,为协同保护森林,进行荒废林地造林,鼓励成立林业合作社,合作社有无偿承领附近国有荒山荒地的优先权。

1932年,南京国民政府公布了《森林法草案修正案》,该草案设总则、国有林及公有林、保安林、监督、林业合作社、保护、奖励、罚则、附则。《森林法》对地方官署的森林保护职责也提出了具体要求,规定地方主管官署应在辖区内设苗圃,以廉价或无偿供给私有或自治团体所有林地造林用之林苗。地方官署认为必要时可以命令林主于林产物运搬前选定用于林产物的记号或印章,报该管警察官署,否则得停止林产物的运搬;地方主管官署还可命令林产人设置账簿,记载林产物的出处、种类、数量和销路。森林保护区内不得有引火行为。另外,《森林法》对森林所有人的日常管理提出了要求,规定森林所有人应驱逐或预防森林害虫。森林保护区附近的工厂应有防火、防烟设备,通过森林保护区的电线应有防止走电设备。[①]

1932年修改后的《森林法》与1914年公布的《森林法》相比,增加了国有林及公有林、林业合作社、土地之使用及征收、保护等内容。这部《森林法》重申了人民可以无偿领取国有荒山荒地造林,面积不超过25平方里。还可成立林业合作社保林、造林,林业合作社有优先无偿承领国有荒山荒地造林的权利。1935年2月4日,实业部公布了《森林法施行规则》,对《森林法》作了详细的补充性规定,明确了实业部、地方主管官署、个人或自治团体、国有林管理机关、林业合作社社员、承领国有荒山荒地造林者各自的职责及其相互关系。其中还明确规定,编订为森林用地的土地不得供他项使用。

首先,从森林保护的法规看,《森林法》对保安林进行了规定与保护。1914年《森林法》明确划分出保安林,将其定义为“预防水患、涵养水源、公众卫生、防弊风沙、利使渔业”,基本涵盖了森林主要的环境保护功能。《森林法》还对“经济补偿”“不得樵采”“奖励造林”“惩罚毁林”以及“强制造林”等方面的问题制定了具体措施。1932年,《森林法》在丰富原本五种保安林内涵的基础上,将“航行目标必要的”“保存名胜古迹风景所必要的”也划入了保安林,同时加强了对保安林的保护。以后几次修订《森林法》,制定《森林法施行规则》等,都将保安林单列成章,在法律意义上强化其重要性,体现出南京国民政府对森林生态保护的重视。其次,《森林法》对森林的保护还体现在对造林、护林的扶持、奖励,以及对毁林行为的严厉惩罚上。如1914年的《森林法》,鼓励个人或团体承领官荒山地造林,给予其相应物资补偿。同时,设置专门机构和人员监督公私林地的开垦利用,对

---

① 《森林法草案修正案》,中国第二历史档案馆编:《国民政府立法院会议录》第6册,广西师范大学出版社,2004年,第302~312页。

盗窃、烧毁、未经允许即放牧牛马等行为给予处罚。1932 年,《森林法》将"保护"单列一章,并放在"奖励""惩罚"之前,体现出明显的森林保护意识。

二、颁布《狩猎法》

1914 年 9 月 1 日,北洋政府颁布了中国第一部《狩猎法》,共十四条。该法主旨是保护动物,保护自然生态环境。《狩猎法》规定:"狩猎者不得采用炸药、毒药、剧药和陷阱以捕获鸟兽。禁山、历代陵寝、公园、公道、寺观庙宇、群众聚会之地等处禁止狩猎。受保护的鸟兽禁止猎取,如因学术研究需要捕猎时应报请核准。每年 10 月 1 日至翌年 3 月末为狩猎期。"[1] 为减少捕获鸟兽引起的纠纷,《狩猎法》规定被捕鸟兽若窜入他人所有园地或栅栏内,除非得到所有者同意,否则不得任意追捕,对违犯法律者给予罚款等处分。

1932 年,南京国民政府对《狩猎法》进行了修订,修订后的《狩猎法》共十八条,除规定狩猎的方式,猎取的鸟兽种类外,狩猎时间改为每年 11 月 1 日起至翌年 2 月末止。同时,首次规定了狩猎需持有狩猎证。狩猎人"应依本法呈请狩猎地之市县政府核准登记,发给狩猎证书。但无中华民国国籍者,应经国民政府之特许"[2]。狩猎证书上记载着狩猎人的姓名、年龄、籍贯、职业、住所,以及允许捕取的鸟兽种类名称等信息,违反者根据情况不同分别给予处罚。1948 年,南京国民政府对《狩猎法》再次进行修改,将国内各种珍贵稀有的鸟兽列为禁止捕猎范围,规定禁止使用汽车及在夜间进行狩猎,并将管理狩猎的部门定为当地的警察机关。《狩猎法》的不断完善,在保护动物方面有着十分重要的意义。

三、颁布《渔业法》

1929 年,南京国民政府根据国外渔业法典及各省渔业的实际情况,制定并颁布了《渔业法草案》。《渔业法草案》共六章,对渔业的行政管理、保

---

[1]　熊大桐主编:《中国林业科学技术史》,中国林业出版社,1995 年,第 235 页。

[2]　《狩猎法草案重行审查报告》,中国第二历史档案馆编:《国民政府立法院会议录》第 5 册,广西师范大学出版社,2004 年,第 250 页。

护和奖励等问题进行了明确规定,对行政官署的职责提出了具体要求。如,行政官署为保护水产动植物之繁殖,或取缔渔业,得发布下列命令:"一、关于水产动植物采补之限制或禁止;二、关于水产动植物及其制品之贩卖或持有之限制或禁止;三、关于渔具渔船之限制或禁止;四、关于投放有害水产动植物之限制或禁止;五、关于采取或除去水产动植物蓄殖上所必要保护之物之限制与禁止。"[1] 此外,《渔业法草案》对有如下情形者予以奖励。如,以汽船或帆船在远洋捕鱼或运鱼者;设备护船常在一定水面担任救护及巡缉者;改良渔船渔具及采补之方法者;创办水产学校卓有成绩者;设备水产物之制造场及其使用器械者;设备水产物之储藏仓库或搬运之舟车者,新辟渔港或船港者;新设水产繁殖蓄养场、鱼种场、人工孵化场者。[2] 南京国民政府于 1932 年对该草案进行了两次修订。修订后的《渔业法》进一步确定了渔业、渔业人、渔业权及入渔权的含义,加强了对渔业的登记和管理、保护和奖励。

其实,早在南京国民政府颁布《渔业法草案》之前,各省亦开始探索加强水资源管理的办法,制定了相关的地方性法规。例如,直隶省制定了《渔业条例》。1927 年 1 月,直隶省实业厅发布训令,命令直隶各地积极推行。《渔业条例》体现了如下几方面的内容:(1)非中华民国人民不得在中华民国领海内采捕水产动植物,及依本条例取得关于渔业之权利。凡欲在领海其他一切公用水面置定渔具、划定渔场而有经营渔业之权利,须依本条例呈请核准。但欲得专用水面之渔业权利,非由当地渔业公会呈请不予核准。(2)渔业权视为物权,准用关于土地之规定。以渔业权抵押时置定于该渔场之工作物,除契约别有规定外,视为附属渔业权一体之物。(3)渔业权非经呈准,不得分割或变更其有与渔业权发生利害关系者,非经利害关系者之同意,不得分割变更或放弃之。专用水面之渔业权非经呈准不得处分之。渔业权者使用水面之权利义务随渔业权之处分定之。渔业权之期限十

---

[1] 《渔业法草案》,中国第二历史档案馆编:《国民政府立法院会议录》第 2 册,广西师范大学出版社,2004 年,第 366 页。

[2] 《渔业法草案》,中国第二历史档案馆编:《国民政府立法院会议录》第 2 册,广西师范大学出版社,2004 年,第 366 页。

年,但得于期满三个月以前呈请续展。依契约或依本条例施行前之地方习惯而有入渔之权利者,入他人有渔业权之渔场内而经营其全部或一部之渔业。(4)入渔权视为物权,但除继承及转让外不得为其他权利之目的。入渔权除别有地方习惯外,非经渔业权者之允许不得转让。入渔权值期限于契约上别无规定者,从该渔业权之期限。(5)凡沿海或其他关系两省以上之渔业,及以汽船经营之渔业,均须呈请农商部核准。前项规定外应经核准之渔业由地方最高行政长官核准,咨行农商部备案。渔业权核准后应予注册给证,其注册规程由农商部定之。(6)渔业者因下列事项得经呈准使用他人之土地或保存其竹木土石,如渔场标识之建设,渔业上必要目标之建设,或保存望鱼台及其他必要之设备。(7)因约束渔业或保护培植水产动植物,有必要时农商部或最高地方行政长官咨准农商部同意,可以发布下列命令,如禁止或制限爆发物及毒害物之使用或遗弃,禁止或制限水产动植物采捕之时期、区域及种类程度,禁止或制限水产动植物重要保护品之采捕及撤除,禁止或制限渔船渔具,制限渔业者之人数及其资格,禁止或制限水产动植物及其制品之贩卖。[①]上述条例的制定与实施,为维护直隶沿海渔业环境发挥了重要作用。

　　近代环境保护法规的制定,奠定了我国环境法体系建立的基础。但是,这些法规缺乏系统性,而且政府对相关法规的执行力度不够,各个地区乱采、滥伐、滥捕问题依然十分严重。尤其是战争造成的社会动荡,使政府缺乏对环境的持续保护和管理,许多法规还停留在文字层面,作用十分有限。

---

　　① 　天津行政公署编:《直隶公报》总第 8335 册,中国国家图书馆藏本,1927 年,第 1~7 页。

第七章

近代环境保护思想

　　随着工农业生产的发展，近代中国面临的环境问题越来越多，人们的环境意识也日益增强。尤其是随着西方环境保护思想的传入，环境问题不仅受到了更多人的关注，而且一些有识之士在工作中将环境保护与社会发展统筹考虑，孙中山、熊希龄、李仪祉、竺可桢等人在提倡环境保护方面做了大量工作，值得我们学习。

第一节 | **近代西方环境保护思想的传入**

鸦片战争后,中西交流逐渐增多,西方环境保护思想开始传入中国。这时的环境保护思想不仅包括对自然界草木鸟兽、山川江河、矿产资源等自然环境的保护,还包括对以街道清扫、粪便处理、厕所清洁、污水排放等为标志的社会生活环境卫生的治理。

西方环境思想的传入主要得益于三类人。一是清政府派往西方国家游历或出使的官员以及驻外使节。他们写下了大量的游记、日记、笔记,记载了所到国家的环境卫生和环境保护情况。二是来华的外国传教士、租界管理者、专家学者、商人等。一部分来华的外国人感到中国环境卫生较差,开始在租界内大力整治环境。三是留学生。他们学成归国后,有感于中国环境问题不利于社会发展,不仅传播西方环境保护思想,而且付诸实践,提倡并推动环境保护工作。

一、早期出国人员对西方环境保护思想的传播

为了解西方世界,清政府曾派遣一些人员到西方学习游历,之后又设置了驻外使臣,这些早期出国归来的人员将国外的山川形势、风土人情介绍到国内。

同治五年(1866)初,时任上海海关总税务司的英国人赫德请假回国,清政府派遣总理衙门章京、前山西襄陵知县斌椿携子笔帖式广英,与同文馆学生德明(即张德彝)、凤仪、彦慧 3 人随行赴欧洲游历,增长见闻。斌椿一行在欧洲期间访问了法国、英国、荷兰、德国、丹麦、瑞典、芬兰等 9 个国家,斌椿对这次游历考察进行了详细记载,写成了《乘槎笔记》一书。同治六年(1867)十一月底,总理衙门任命美国卸任公使蒲安臣为办理中外交涉事务大臣,并与总理衙门章京、记名海关道志刚,章京、记名知府孙家谷同

为钦差出使大臣,率同文馆学生、供事等组成外交使团,出国考察。该团于同治七年(1868)二月从上海出发,先抵达美国旧金山,在美国停留4个月后横渡大西洋,抵达英国利物浦。在欧洲该团依次访问了英国、法国、瑞典、丹麦、意大利等10个国家,于同治九年(1870)九月返回上海。关于这次出使,志刚写成了《初使泰西记》,张德彝写成了《欧美环游记》。

光绪元年(1875),清政府任命郭嵩焘为出使英国大臣,在任驻英、法公使的两年多时间里,郭嵩焘对西方社会进行了认真考察,写成《使西纪程》一书。其他考察、游历人员也以不同方式撰文记录出访活动,如戴鸿慈的《出使九国日记》、薛福成的《出使四国日记》、黎庶昌的《西洋杂志》等。这一时期还有一些以私人身份前往西方游历的人员,王韬就是其中的一位。同治六年(1867),王韬随同理雅格游历欧洲,历时两年多,归国后将其在欧洲的所见所闻写成《漫游随录》一书。另外,康有为在逃亡海外期间参观了欧洲许多国家,后来将其见闻写成了《欧洲十一国游记》。这些出使和游历人员写成的著作,以亲身经历将西方社会的情况介绍给国人,打开了人们的眼界。其中,他们记载的西方国家环境保护思想也逐渐传入中国,其传播的主要内容如下。

一是保护植物,种花植树。王韬发现,"西人最喜种树,言其益有五:一、气清,令人少病;二、阴多,使地不干燥;三、落其实可食;四、取具材可用;五、可多雨,不患旱干。故伦敦街市间,有园有林。人家稍得半弓隙地,莫不栽植美荫,郊原尤为繁盛。盛暑之际,莫不得浓阴而休憩焉"[①]他还发现西方人在城市中修建了一系列公园来美化环境。黎庶昌在西方游历过程中也发现,"西洋都会及近郊之地,其中必有大园囿,多者三四,少亦一二,皆由公家特置,以备国人游观,为散步舒气之地。囿中广种树木,间莳花草。树阴之下,安设凳几,或木或铁,任人憩休。间有水泉,以备渴饮。又有驰道,可以骑马走车。有池,可以泛舟。各国布置章法,大略相同"[②]。

---

① 王韬:《漫游随录》,钟叔河编:《走向世界丛书》第6册,岳麓书社,2008年,第109页。

② 黎庶昌:《西洋杂志》,钟叔河编:《走向世界丛书》第6册,岳麓书社,2008年,第473~474页。

斌椿在伦敦时曾受邀参观一个大花园,令他大开眼界。"杜鹃花高丈许,月季亦高至五六尺,花朵大倍于常,红紫芬菲。"[①] 斌椿这样记载:"花之娇艳者,罩以玻璃屋,有窗启闭,以障风日。司花者云,地气尚寒,非此即冻萎。其中五色璀璨,芬芳袭人。可识者,秋海棠高二尺许,丰韵嫣然。红白茶花,似江右产。月季、杜鹃、芍药、鱼儿牡丹,皆大倍常。又至果屋,亦如之。"[②] 这段文字记录了英国在温室中种植植物的情景。去荷兰参观时,斌春看到"沿河积土种树,留路二三余丈,以便车马往来"[③]。在芬兰,他也看到了花园的美景:"至一园,山水幽深,林石苍古。登楼眺望,极揽胜之乐。楼前花卉秀丽,芍药正开。"[④] 当时,西方国家已经意识到应保护植物,利用植物美化环境。

二是保护动物,建动物园。近代西方国家很早就意识到保护动物的重要性,在许多地方建立了动物园保护动物。斌椿在伦敦时曾看到动物园里动物种类很多,"虎豹狮象蛇龙之族,无不备具。异鸟怪鱼,皆目未睹而耳未闻者。园囿之大,以此为最"[⑤]。在荷兰他也看到,"狮象虎豹等兽甚多,珍禽异鸟,充斥其中。蟒之大者,粗如升斗,多蟠于土石草木之间,外以玻璃间隔"[⑥]。志刚在《初使泰西记》中记载了他在英国万兽园看到的情景:兽于圈,鸟于屋,鱼于池,不知其名,不计其数。郭嵩焘在他的著作中也提到了万兽园:"盖官园也,为国家驯养鸟兽之区。所见鸟兽数百余种。"[⑦] 所到之处,

① 斌椿:《乘槎笔记》,钟叔河编:《走向世界丛书》第 1 册,岳麓书社,2008 年,第 113 页。

② 斌椿:《乘槎笔记》,钟叔河编:《走向世界丛书》第 1 册,岳麓书社,2008 年,第 116 页。

③ 斌椿:《乘槎笔记》,钟叔河编:《走向世界丛书》第 1 册,岳麓书社,2008 年,第 122 页。

④ 斌椿:《乘槎笔记》,钟叔河编:《走向世界丛书》第 1 册,岳麓书社,2008 年,第 129 页。

⑤ 斌椿:《乘槎笔记》,钟叔河编:《走向世界丛书》第 1 册,岳麓书社,2008 年,第 114 页。

⑥ 斌椿:《乘槎笔记》,钟叔河编:《走向世界丛书》第 1 册,岳麓书社,2008 年,第 123 页。

⑦ 郭嵩焘:《伦敦与巴黎日记》,钟叔河编:《走向世界丛书》第 4 册,岳麓书社,2008 年,第 112 页。

他亲身感受到了西方国家为保护动物所作的努力。

三是清扫街道,处理垃圾。工业革命后,欧洲城市的近代公共卫生事业逐渐发展起来,对原来脏乱的市容进行了治理,市政建设形成了一定规模。王韬在描绘伦敦街道时说:"街衢宽广有至六七丈者,两旁砌以平石。街中或铺木柱,以便车毂往来,无辚辚隆隆之喧。每日清晨,有水车洒扫沙尘,纤垢不留,杂污务尽。地中亦设长渠,以消污水。"①志刚在《初使泰西记》中记载了巴黎的市容,"道途平坦,中为车路,旁走行人。夹路植树,树间列煤气灯,彻夜以照行人。道旁水管,下通沟渠。每日,司途者以牛喉汲水洒路,净无尘埃"②。志刚还对西方人处理垃圾的马桶进行了详细记载。抽水马桶的应用一定程度上减少了粪便污物的异味,保持了室内环境的清洁,也起到了保护环境的作用。

黎庶昌在巴黎看到洁净的街道,也发出了以下感慨:"西洋都会、街道之洁净,首推巴黎。……两旁余地甚宽,悉皆种树。"③这一时期的西方国家城市中已经有专人运送垃圾,原来随意丢弃垃圾的情况已经得到了改善,城市的环境卫生得到了一定的保护。张德彝在巴黎就亲眼见到了巴黎垃圾运送的情景:"各家秽物灰尘,每日粪除毕,放入箱罐之中,置于门首,或存厨内。按时有人赶大敞车摇铃经过,闻者送出,倾之而去,沿路星点不遗。每车三人,路上间有风吹留聚者,亦皆撮去。式与华同,二辕双轮,一马曳之。其箱作元宝形或斗形,高三四尺,后扇下有合页,旁有铁环,以便卸物。其运煤灰、石块、砖瓦等物者亦然。至运树与巨木者,细长无箱,轴辕皆粗,轮亦高大,乃系之于轴辕之下。马自一匹至十匹,皆联行。"④

四是建设城市排水系统。随着城市人口的增多,西方国家已经注意到了城市的排污问题,他们通过修建城市排水系统来解决污水问题,而这种

---

① 王韬:《漫游随录》,钟叔河编:《走向世界丛书》第 6 册,岳麓书社,2008 年,第 101 页。

② 志刚:《初使泰西记》,钟叔河编:《走向世界丛书》第 1 册,岳麓书社,2008 年,第305 页。

③ 黎庶昌:《西洋杂志》,钟叔河编:《走向世界丛书》第 6 册,岳麓书社,2008 年,第471 页。

④ 张德彝:《随使法国记》,钟叔河编:《走向世界丛书》第 2 册,岳麓书社,2008 年,第518~519 页。

做法也逐渐传入中国。张德彝曾参观过法国的下水道,他在游记中记述了巴黎下水道的情况。他看到巴黎城中地道相通,"系运通城污秽之物以达江海。上置筒管,通各间巷,两旁有墙,下有轨道,纯以铁石建造。所有工匠乘坐车船,可以往来"[①]。郭嵩焘也曾参观巴黎的下水道,他说:"通城溷清及诸浊污并引入地沟而注之海。……两旁有引水沟,引各家沟水汇入地沟。"[②]黎庶昌在《西洋杂志》中也记载了他参观下水道的情形。"谛视沟中之浊水,其流颇急,深可五尺,无甚气味。路之两旁,皆标明上面为某街某处。每隔数十步,即有一旁沟,微露天光,闻水声潺潺,即街中浊水流入处也。"[③]

五是保护名胜古迹。出使及游历西方人员,目睹了西方国家对自然资源及名胜古迹的保护,所以他们提出中国也应保护自然风景名胜。戴鸿慈在游览了瑞士雪景后,感到中国在风景开发方面还有很大差距。他说:"沿途望山,雪色不断,牧场衔接,长林迤逦。……思中国山川之胜,庐山西湖罗浮之属,如瑞士比者,不可偻指。顾瑞士以佳山水闻天下者,何也? 欧洲无大好山水,其气候亦多不适宜于避暑旅行之处,故瑞士一隅秀出尘表。而中国内地未辟,交通不便,又乏所以保护而经营之术,使坟茔纵横,斧斤往来,风景索尽,游人茧足。"[④]康有为在意大利游历时看到,"二千年之颓宫古庙,至今犹存者无数。危墙坏壁,都中相望。而都人累经万劫,争乱盗贼,经二千年,乃无有毁之者。今都人士皆知爱护,皆知叹美,皆知效法,无有取其一砖,拾其一泥者,而公保守之,以为国荣"[⑤]。想到中国的名胜古迹破坏严重,康有为表现出深深的遗憾,提出了保护名胜古迹的想法。"考之各国风俗,皆有保全古物会。士大夫好古者,皆列名于中,而有官监焉。凡一国之

---

① 张德彝:《欧美环游记》,钟叔河编:《走向世界丛书》第 1 册,岳麓书社,2008 年,第797 页。

② 郭嵩焘:《伦敦与巴黎日记》,钟叔河编:《走向世界丛书》第 4 册,岳麓书社,2008 年,第 664 页。

③ 黎庶昌:《西洋杂志》,钟叔河编:《走向世界丛书》第 6 册,岳麓书社,2008 年,第472 页。

④ 戴鸿慈:《出使九国日记》,钟叔河编:《走向世界丛书》第 9 册,岳麓书社,2008 年,第 498 页。

⑤ 康有为:《欧洲十一国游记二种》,钟叔河编:《走向世界丛书》第 10 册,岳麓书社,2008 年,第 115 页。

古物,大之土木,小之什器,皆有司存。部录之,监视之,以时示人而启闭之。郡邑皆有博物院,小物可移者,则移而陈之于院中。巨石丰屋不可移者则守护之,过坏者则扶持之,畏风雨之剥蚀者则屋盖之,洁扫而慎保之。"[①] 总之,近代走出国门的游历人员、驻外使节以自己亲身经历写成游记、笔记,这些作品在民众中不断流传,使许多中国人大开眼界,而西方近代环境保护思想也随之传入中国。

二、来华外国人对西方环境保护思想的传播

来华外国人对西方环境保护思想的传播,最初是在开放较早的通商口岸。随着租界的设立,大量的外国传教士、商人来到中国,他们认为中国城市的生活环境不卫生、水质恶劣,公共卫生问题严重,于是在租界、租借地内大力倡导整治环境。

(一) 通过植树改善生态环境

19世纪中期华北发生大灾荒,来华外国人认为灾荒很大程度上是因为树木太少造成的,于是向清政府提出通过植树造林改善生态环境的建议。他们甚至身体力行,直接经营林业。光绪二十四年(1898),德国人设青岛山林场,征收官有及无确实证据之民有山地,并收买有关水源及风景之民地,共约4万余亩,实行造林。树种以针叶树之赤松、黑松、落叶松为主。最初,德国人还在市区附近官有地内水土流失的地方栽植刺槐、柳树、赤杨等,在雨多土薄处成水平带状贴草皮。光绪二十六年(1900),造林235公顷,还修筑林道网,设置苗圃。光绪二十七年(1901),在路旁和水土流失处栽植刺槐。光绪二十八年(1902),基本上完成了市区附近的造林工作。光绪二十九年(1903),在沿海河流附近直达分水岭造林156公顷。除官方组织的造林外,还发放树苗推广民间造林,对造林有成效的居民予以奖励。当时,德国人对于林木保护相当严格,不但经常发布布告晓谕人民保护林木,而且制定了保护森林的法律,并严格执行。林区不仅有专人看护,而且禁止打猎以保护鸟兽。在长江流域,1911年美国长老会传教士裴义理发起成立义农会,

---

① 康有为:《欧洲十一国游记二种》,钟叔河编:《走向世界丛书》第10册,岳麓书社,2008年,第118页。

以工代赈,安排受长江水患流落到南京的灾民在紫金山垦荒造林,奠定了紫金山良好的植被基础。1914年,裴义理创办金陵大学农科,他还在安徽创办苗圃,将所培育苗木免费供给农民造林。此外,余佛西、罗德民、芬次尔等美国和德国的林学家也曾于20世纪初来到中国,提倡植树造林,传播水土保持思想。

（二）整治河流

晚清时期,朝廷腐败,水利事业颓废,黄河多次决口,严重影响了民众的生产生活。为改善这种情况,清政府在光绪年间就开始聘请外国水利专家。光绪十五年(1889),荷兰工程师单百克、魏舍两人受聘对黄河下游进行考察,他们分别在铜瓦厢、洛口等地测量黄河泥沙含量,并写了考察报告,提出整治河流方案。光绪二十五年(1899),比利时水利专家卢法尔对黄河下游进行了全面系统的考察,他提出要重视黄河水沙的观测研究工作,只有了解了盛涨水高若干,其性若何,停沙于河底者几多,停沙于滩面者几多,才可做出正确的河床设计。

进入民国后,中国政府聘请的外国专家逐渐增多。德国的恩格尔斯、方修斯,美国的费礼门、雷巴德、萨凡奇、葛罗同等,都曾对中国水利进行过实地考察和研究。费礼门于1918年到中国考察黄河,他亲自测量黄河水沙,提出了治黄方案。德国著名水工试验专家恩格尔斯,从1920年至1934年,广泛搜集黄河史料,悉心研究,三次为黄河做模型试验,写出了《制驭黄河论》。恩格尔斯的学生方修斯,1928年受聘来到中国,参与制订导淮计划,研究治河方策。美国水利专家萨凡奇,曾多次到中国,他不仅对治理黄河提出过咨询意见,还受聘对长江三峡水力发电枢纽提出过设计方案。

这些外国专家在研究、考察中国的水利问题时,把西方先进的理论、观点、技术和方法也介绍给了中国。他们的共同特点是:重视对基础资料的定量观测和科学整理;重视对实际问题的理论概括和模型试验;重视对水沙等基本规律的学术探讨。而这些恰恰是旧中国水利管理者所缺乏的。因此,聘请外国专家,开阔了中国水利人员的视野,使他们了解到了一些西方研究水利问题的新方法、新理论,了解到了西方先进的水利技术。

（三）清扫垃圾,维护租界卫生

西方人在租界内率先整修道路,改善环境。上海英租界开设之初,就将英国有关的环境保护思想吸收进来,并体现在制定的第一个《上海土地章程》中。《上海土地章程》规定租界内应修补桥梁,修筑街道,添设路灯,添置水龙,种树护路,开沟放水,并严厉禁止堆积污秽之物。咸丰四年(1854),上海公共租界成立工部局后,颁布了一系列管理条例,规定工部局必须随时打扫租界内一切街道以及街道两侧之行人道,把一切灰尘、垃圾收拾干净,一起挑走,以保持市容整洁。

同治元年(1862)八月,看到租界内华人有把垃圾和其他杂物倒在他们住处前面公共街道上的习惯,工部局发布公告,规定凡居民倒垃圾只允许在天亮到早上9点以前倒在路旁,由工部局派遣的清洁工运扫,假如超过时限再倒,一律予以处罚。工部局董事会还要求捕房派一名巡捕在街道上设岗值班,并让卫生稽查员把因为不在规定时间内倒垃圾和污物而被人控告者带到董事会进行处罚。工部局卫生稽查部门为此雇用了100名苦力,购置了6辆马车和数辆小车,从事垃圾清扫和清运工作。租界街道最先由工部局雇人打扫,每周清扫3次。随着租界内人口日渐增多,街道打扫的次数也逐渐增加。到同治八年(1869),除星期日外,主要街道和部分小弄堂已由工部局派人每天打扫。为防止运输时尘土飞扬,19世纪70年代初,工部局开始使用垃圾车运送垃圾,用洒水车在租界内主要街道洒水减尘。当时有人写文描述垃圾车的情景:"半车瓦砾半车灰,装罢南头又北来。此例最佳诚可法,平平王道净尘埃。"[1]

同治十年(1871),工部局从街道和住房内清运的垃圾日均达40余吨。同治十一年(1872),工部局雇用的清洁工用篮子和小车把垃圾从弄堂或小街上运出,留在大路边,由马车运走。垃圾在马路边堆放的时间不超过一小时。外滩、福州路、九江路和汉口路等主要街道每天清扫两次。同治十二年(1873),"工部局每天2次清除道路旁的垃圾,星期天也不例外。"[2] 光绪三年(1877),上海公共租界范围全年清运的垃圾量为19 740马车,从道路

---

① 顾炳权编著:《上海洋场竹枝词》,上海书店出版社,1996年,第75页。

② 马长林、黎霞、石磊:《上海公共租界城市管理研究》,中西书局,2011年,第78页。

清除的泥土达 707 马车。[①]19 世纪 80 年代,由于来往人员、车辆增多,道路上的垃圾数量也随之增多,一些道路开始每天清除垃圾 3~4 次。从光绪二十三年(1897)起,上海公共租界开始设立固定垃圾箱,规定以后所有垃圾一律不准倒在路上或阴沟内,必须存放在垃圾桶内。20 世纪 30 年代,原来所用的三合土制的垃圾桶逐渐被淘汰,取而代之的是大小不同,移动自如的铁桶。这种铁垃圾桶,夏季每日清理 1 次,冬季大多逐日清理,或两日清理 1 次。1924 年 8 月,工务处从工部局卫生处接手处理生活垃圾的事务。原来城市清除的垃圾都运往郊外处理,从 1929 年起,工务处开始研究建立垃圾焚化炉。1931 年,工部局投资近 200 万元建造焚烧炉。1932 年年底,建设在槟榔路和茂海路上的两个垃圾焚化炉正式投入使用。"1935—1936年,槟榔路和茂海路垃圾焚化炉焚化垃圾分别达到三四万吨。"[②]之后经过改造,这两个垃圾焚化炉处理垃圾的能力逐渐提高。

(四)集中处理粪便,维护公共卫生

随着上海租界人口的大量增加,粪秽处理成为环境保护的一项重要内容。从 19 世纪 60 年代中期起,此事由公共租界工部局管理。鉴于租界内公共卫生状况日益严峻,工部局在禁止随地便溺的同时,从 1864 年起,在租界内设立公厕、小便池。1884 年,租界内已有公厕 14 处,小便池 177 处。同治元年(1862),工部局成立了粪秽股,聘请了一名卫生稽查员约翰·豪斯,任用他负责租界内粪便、垃圾等污秽物清理事宜。同治六年(1867),公共租界工部局同粪便承包商签订粪便清除承包合同。合同规定,粪便承包商必须按规定把公共租界范围内的粪便全部按时清运出租界。

同治八年(1869),公共租界对居民、铺户倾倒粪便事宜做出规定:租界内居民、店铺及厕所的粪便,必须在规定时间内按时倾倒清洗。此外,还规定在粪便清理过程中,不可胡乱泼粪便。粪便清理后,居民、店铺马桶及公用厕所必须清洗,以保持清洁。清除粪便的容器必须加盖,盖子必需大小合适,不能导致臭气四溢,假若违反上述规定,便处 10 元以下罚金。为避免

---

① 马长林、黎霞、石磊:《上海公共租界城市管理研究》,中西书局,2011 年,第 78 页。
② 马长林:《上海的租界》,天津教育出版社,2009 年,第 98 页。

清除垃圾工作影响居民的日常生活,夏季8点以前,冬季9点以前,每天早晨都用有盖粪桶收集粪便。粪桶上统一标有英文标记和编号,并有严紧的盖子。粪便如果外溢应当立即打扫干净,故意外溢者将受到严厉处罚。在晚上8点至次日清晨7点之间,完成粪便的收集工作,并将其运至租界3千米以外。此外,为了防止运输粪便的船只日夜行驶于苏州河而导致苏州河臭味散发,所有工部局承包的船只都配备了适当的蓬盖。工部局对违反粪便处理规定的人员,给予十分严厉的处罚。

同治十年(1871),法租界也开始实行粪便招商承包清除制度。《申报》上就有这样的记载,居民王阿保等十余人,违反工部局制定的关于挑粪过街时必须加盖桶盖的规定,挑着无盖的粪桶过街,经巡捕劝解仍不听,被押送会审公廨,均被拘留一天。另外,一位广东人在美国公馆门口便溺,会审公廨认为其情节严重,枷号三日,以示惩儆。曾有人写了这样一首诗:"途中尿急最心焦,马路旁边勿乱浇。倘被捕房拖进去,罚洋三角不宽饶。"[1] 该诗以诙谐的语言描写了租界对违反规定者处罚的严厉程度。

(五) 建设污水处理系统

上海在开埠通商之前,老城厢内就建有排水沟渠,雨水和污水都通过这些沟渠排入邻近河流。开埠通商之初,上海租界在修筑道路时,只在路旁挖明沟或暗沟作为排水道。至道路码头委员会成立后,才开始对租界内的下水道系统做出规划。1862年,工部局先从公共租界中区对下水管道进行规划和建设,着手在租界内建设系统的道路排水工程。同年,工部局在道路两旁砌下水道及供沉淀用的水仓。1862年至1870年,公共租界排水系统工程全面铺开。"工部局在广东路、山东路、云南南路等地区敷设砖砌排水管道。至1870年9月,除了四川路和湖北路一小部分未完成外,所有的排水干道都已完成。工部局通过对原有排水设施进行改进,总共投资了11余万两。"[2] 同治十三年(1874)二月,工部局卫生官亨德森医生向工部局董事会提出了改进租界排水系统的必要性,他认为华人居住区比较肮脏拥挤,缺少排水设备,必然有害公众健康,并且易于加速传染病的传播。有鉴

---

① 顾炳权编著:《上海洋场竹枝词》,上海书店出版社,1996年,第425页。
② 吴志伟:《上海租界研究》,学林出版社,2012年,第135页。

于此,光绪四年(1878)九月,工部局董事会在开会时提出,要关注在清除污水池时发出的恶臭,要求夏季清除污水池应在晚上或清晨进行,并应大量使用消毒剂。光绪十七年(1891),工部局董事会又决定对租界内所有的排水沟、阴沟进行不定期冲洗,并且为了消除恶臭味,动手清除前在沟内投放生石灰。1918年,受工部局聘请来沪考察的印度专家福莱教授建议,为保护饮水水源,应该建立污水处理系统。于是,工部局相继在扬州路、汇山码头、开纳路、欧阳路4处进行污水处理试验。1921年,决定在欧阳路靶子场正式建造北区污水处置所,于1923年建成。公共租界为适应日益增加的水厕排水需要,从1921年开始敷设粪便污水管道,先后在外滩和南京路一带敷设污水管道。到1926年,北区、东区、西区均建立了污水处置所。①

法租界下水道建设开始于19世纪70年代,它虽然起步较晚,但发展很快,到1879年,法租界内所有房屋均已安装了落水管。从80年代起,法租界公董局在公馆马路等地区埋管,建造边沟。此后,公董局还通过招标的方式浇制钢筋混凝土排水管道,至1920年,法租界下水道网络已初步形成。至1940年,法租界下水道网络系统更加完善,能够容纳雨水、家庭污水和全部液体污物。当时,法租界内下水道管网总长度达114千米,其中104.346千米是圆形下水道。

总之,通过整治,上海租界的环境逐渐好转,街道整齐,廊檐洁净。与当时中国传统城市环境的脏乱相比,租界整洁的环境深深地刺激了中国人。租界所在的城市及其他城市的官员则有意识地仿照租界,改善本辖区内的环境状况,使近代的环境保护思想在中国得到了进一步传播。此外,传教士在其译介的著作中,也强调公共卫生的重要性,提出国家应于各大城镇设立卫生章程,使地方可免疾病之险。于各街道开沟,通入清水,使污秽得以宣泄,地方可免危险之病。他们特别强调洁净的自来水是解决公共饮水卫生的重要途径。傅兰雅出版的《延年益寿论》中,有《论人生免病之法》,讨论污水处理、厕所、环境卫生、饮水等方面与人健康的关系。

---

① 史梅定主编:《上海租界志》,上海社会科学院出版社,2001年,第451页。

三、归国留学生与环境保护

许多学有所成的留学生归国后在农、林、水利等机构就职,发挥自己的专业特长,在环境保护方面发挥了重要作用。

（一）林学专业留学生与环境保护

清末民初,中国的留学生逐渐增多,他们当中很多人学习林业,回国后把国外先进的思想应用于实践。梁希于 1913 年前往日本东京帝国大学林科攻读森林利用学和林产制造学。回国后,担任中日合办的鸭绿江采木公司技师。由于该公司被日本人控制,梁希不能忍受祖国宝贵的森林资源被破坏,不久辞职,并前往北京农业专门学校任林科主任,后来去德国德累斯顿撒克逊森林学院学习林产化学。归国后,他先后任北京农业大学、浙江大学、中央大学森林系教授,讲授"森林利用学""林产制造学"等课程。梁希十分重视将近代西方最先进的林业思想教授给学生,他一面教学,一面筹建我国首家林产制造实验室。他还带领学生在玉渊潭、钓鱼台等地的土山上造林绿化,在校园内建立树木园和林场,还在南口和老山分别购地 1 100 亩和 340 亩建造农场。

凌道扬于宣统二年(1910)赴美国留学,1914 年获得耶鲁大学林学硕士学位。他认为林政对于一个国家非常重要,它对于增加财政、提供工业原料、合理利用土地、改善人民生计、获得间接利益等方面都有十分重要的作用,所以振兴林政是中国的当务之急。归国之初,他就职于上海中华基督教青年会,利用这一机会在上海、南京等地宣传植树造林的重要意义,并编印宣传林业的小册子,广为散发,在青年中产生了很大影响。1917 年,凌道扬发起创建中国第一个林业科学研究组织——中华森林会,这个组织的宗旨是集合同志,共谋中国森林学术及事业之发达。1921 年 3 月,中国有史以来第一份林业科学刊物《森林》创刊。后因战乱,中华森林会停止活动,1928 年成立了中华林学会。中华林学会和中华森林会在联络林业学者,宣传林业知识,开展林业学术研究和交流,推动林业发展等方面都起到了十分重要的作用。凌道扬后来参与了《森林法》的修订,《森林法》使中国保护森林有法可依,推进了我国环境保护的法制化进程。凌道扬于 1939 年开始主持黄河上游水土保持试验和西北建设工作,他和学生合著《水土保持纲要》《西北水土保持事业之设计与实施》等论著,提出保护水土流失严重的西北地区的地形地貌等许多有见地的思想。

韩安于光绪三十三年(1907)前往美国留学,宣统三年(1911)获得密歇根大学林学硕士学位。他是中国留学生中第一个获得林学硕士学位者,回国后他立即被北洋政府农林部聘请在山林司担任要职,是当时中国最早的林业专家出身的林政官员之一。他参与编辑了中国第一份农林期刊——《农林公报》,并于1913年年初在《农林公报》上连载他所翻译的《世界各国国有森林大势》一文,这是中国人最早向国内介绍各国林业概况的科技文献。1918年,北洋政府设立京汉铁路局造林事务所,韩安任所长。他在河南确山县属黄山坡及信阳县南鸡公山李家寨一带,收购了荒山数万亩,开辟苗圃25处,每处面积达200亩,选择了几种适宜作枕木、电杆用的树种,大规模育苗造林。这是中国为铁路育苗、造林护路的一项创举,开创了中国营造护路林之先河,每年可造林数百万株。1941年,他又主持创建了中央林业实验所,这也是中国第一个林业科研机构,培养了一大批科技人员,后来大都成为我国优秀的林业科技骨干。

1915年,为使植树造林蔚然成风,孙中山向北洋政府提出设立植树节的建议,凌道扬、韩安以及金陵大学美籍教师裴义理积极呼应。1915年7月31日,北洋政府采纳了他们的建议,规定每年清明为植树节,要求全国各级政府在当日举行植树典礼,后来南京国民政府为纪念孙中山,把他逝世的那天,即3月12日定为植树节,植树节的设立推动了我国的植树造林工作。此外,陈嵘、姚传法、林刚等一大批林学专业留学生相继回国,在各自的工作岗位上致力于宣传西方先进的林业思想,大力提倡植树造林,发展中国近代林业,防止水土流失,保护环境。

(二) 水利专业留学生与环境保护

近代中国的留学生中有相当一批人在国外从事水文、水利工程等方面的学习和研究工作。他们学成归国后,把近代西方先进的水利思想传入中国,迅速成为水利事业的骨干,李仪祉、张含英等人就是这批留学生的杰出代表。

宣统元年(1909),李仪祉前往德国柏林工业大学土木工程系留学,1913年,再赴德国但泽工业大学专攻水利。他和当时陕西水利局局长郭希仁一道,遍游了俄、德、法、荷、比、英、瑞等国,考察河流闸堰堤防,深入了解西方先进的水利技术,见识到了西方国家通过兴修水利保护环境的做法,立志归国后振兴我国的水利事业,保护生态环境。1915年,李仪祉毕业回国后即到南京河海工程专门学校任教,执教8年。这一时期,李仪祉通过著书、上课等形式将西方先进的水利技术介绍到国内,他的论著《水功学》《实用水力学》《潮汐论》《水工试验》《森林与水功之关系》等,不仅系统介绍了西方水利科技的最新成果,而且对我国的水利问题进行了深入探讨,培养了一大批水利人才。

之后,李仪祉担任陕西水利局局长,兼任陕西渭北水利工程局总工程师。他经常到各地调查研究,积极筹划引泾灌溉等关中水利工程,主持修建了泾惠渠,该渠成为中国当代水利工程的典范。李仪祉运用以"科学的理论,定量的测量与计算"为特点的西方先进水利技术,综合治理黄河。1935年,他还在天津参与创立了我国第一个水工试验所,倡导进行水工试验。李仪祉把西方大量先进的水利科技著作翻译成中文,在国内水利界普及外国新兴的水利科技,成为我国传统水利走向近代水利的领路人,也是传播现代水利科学技术的奠基者。

1925年,张含英从美国留学回国,当时黄河在濮阳县南岸的李升屯民埝决口,泛水于下游黄花寺,冲决南岸大堤,祸及山东省。山东省河务局请他前往调查水灾,他认为黄河决口是由于堤防不固,而固堤之法,必须改埽工为石头护岸。由于受到保守势力反对,他的想法未能实现。之后,他在山东省建设厅工作时,曾先后提出引黄灌溉和发展省内水电等建议。虽然历尽波折,但在他的坚持下,修成一条虹吸管和一座小水电站。为将自己的想法付诸实践,张含英在黄河水利委员会工作期间,加强基本资料的收集、整理与研究,多次深入现场调查,探索自然规律,于1936年出版了《治河论丛》。1941—1943年,张含英出任黄河水利委员会委员长期间,配合李仪祉倡导科学治河,撰写了《历代治河方略探讨》《黄河治理纲要》等十多种治黄论著,提出了自己的观点:第一,要制订切实可行的治河计划,必须有充分的科学依据;第二,过去治理黄河,多侧重于孟津以下的黄河下游,而黄河为患的根本原因,是来自上中游的洪水和泥沙,所以专治下游,不能正本清源。在此基础上他提出"上中下游统筹规划、综合利用和综合治理"的治黄指导思想,为后人提供了宝贵的经验。

郑肇经留学回国后即致力于中国的水利建设,先后担任南京河海工程专门学校、河海工科大学、中央大学水工教授,筹划水工试验室,推广水工试验技术。他在担任中央水工试验所筹备主任、所长、中央水利实验处处长的十几年间,重视长江的治理与研究,提出了治江应以保农防洪为主,上、中游支流梯级开发,下游尤以江汉堤工为重点的治江与治汉(水)并举的方针。他提出上游建库消纳洪涨,裁湾取直截堵歧流,培修江堤巩固堤防,整理重要支流、内河、湖泊等治江措施。此外,他倡议查勘川黔、川滇、湘桂、黔湘、汉江、嘉陵江水道,并亲自查勘了青衣江、岷江、大渡河,以及重庆至宜昌的水道,为整治河道和开发水利做准备。

此外,在开展水工试验的基础上,郑肇经为华阳河滚水坝、龙溪河拦河坝、綦江船闸、重庆储奇门码头淤沙、羊蹄洞地下水渗漏、弥勒甸溪河拦河坝、石溪口滚水坝和船闸、郭家沱虹吸溢道、嘉陵江渡船、涟江拦河坝、金水流域滞洪堰等工程举行施工前的模型试验论证,并对长江河堤土壤、水库淤积物密度、水工学理、农田水利、水力发电、高地灌溉、水力机械等进行了学理研究与模拟试验。1935年,他还亲自为马当镇江段整治计划做模型试验。1940年,他在重庆创设土工试验室,第一次对郭家沱、石门页岩进行剪力压缩试验。在他的推动下,金沙江、嘉陵江、乌江、沅江、灌县、赤水河及云南、贵州、四川、湖南等地设立了水文、水位测站。1946年,郑肇经在南京创建水文研究所,他还与气象研究所合作,在武汉扩建测候所,设置航空测量队,航测水道地形,为中国环境治理打下了良好的基础。

第二节 | **孙中山的环境保护思想**

作为中国民主革命的先行者,孙中山不仅是著名的政治活动家,而且在社会建设方面颇具见地和建树。他曾到过欧美、亚洲的十几个国家和地区,目睹和亲身感受到了西方资本主义国家发达的物质文明,对中国在国家建设方面与西方强国的差距有清醒的认识,尤其看到了中国在环境方面存在的问题,由此产生了在社会经济建设的同时注重环境保护的思想。下面主要就孙中山的城市环境建设思想、植树造林与生态改造思想、水利建设与环境整治思想三方面予以剖析。

一、近代城市化过程中应重视环境建设

随着通商口岸的开辟和近代工业的兴起,中国近代城市化建设步伐加快,城市化和工业化带来先进物质文明和便捷生活的同时,也带来了不可忽视的恶果——严重的城市环境污染,以及由污染引起的疫病大流行,这种环境问题在我国近代城市化过程中表现明显。

我国近代城市不仅兴起较晚,而且城市设施落后,道路缺乏整修,交通不便,缺乏垃圾处理措施,致使城市的环境卫生状况被人诟病。随着城市近代化进程的加快,城市的生态环境越来越差,工厂有害气体和污水排放、生活垃圾堆放,给城市居民生活带来不便。早在19世纪80年代,孙中山就已经注意到了这些问题,并对这些问题进行了探析。

孙中山认为,加强城市环境卫生建设是防止疫病的重要措施。光绪二十三年(1897)孙中山撰文提到流行性疫病的发生在城镇越来越频繁,他认为城市疫病流行主要是由于这些城镇中完全缺乏卫生组织和官办的防疫组织所引起的。此外,有些疫病"是从那些人烟过于稠密、污秽到极点、难以言语形容的污水供应的城市中传入的"[1]。从具体原因来看,当时城市环境污染主要体现在以下三个方面:首先,人口过于稠密。城市化过程中由于城市生活条件的提高以及对劳动力的需求,必然会引起农村中破产的农民大量向城市流动,由此不仅造成城市人口拥挤,而且导致城市环境的污染。其次,城市环境不能得到很好整治。由于政府对于城市缺乏相应的规范和管理,导致生活垃圾严重污染环境。另外,在近代工业发展过程中,由于受技术条件限制,没有经过处理的工业污水、废气直接排放到河水里

---

① 《中国的现在和未来——革新党呼吁英国保持善意的中立》,广东省社会科学院历史研究室等合编:《孙中山全集》第1卷,中华书局,1981年,第93~94页。

和空气中,造成了水体污染和大气污染,城市环境污染必然会对人们的生活造成不良影响。最后,城市饮用水不洁。从晚清城市用水的供应情况看,几乎没有自来水的供应,即使在某些较好的城市,如广州和上海,"沟内污水直接流入河里,而人民就从这些污水的河里提取他们的饮用水"[①]。当时中国城市很少有自来水设施,人们饮用水都直接从河里或井里提取,饮用水几乎都不符合卫生标准,严重影响了人们的身体健康。

针对城市环境污染问题,孙中山提出了具体解决方法。一是建立自来水厂,处理城市污水,为城市提供干净的饮用水。孙中山指出:"我们要像外国人那一样的卫生,必要有那种文明屋的设备,方可以成功。……全屋都装得有自来水,一转启闭塞,要用热水便是热水,要用冷水便是冷水。"[②] 他建议"于一切大城市中设供给自来水之工场,以应急需"[③]。只有在全国各大城市中建立自来水工场,使人民饮用经过处理的干净的自来水,解决人民的饮水问题,才能够改变我国城市的不卫生状况。二是以广州为试点,在全国建设花园城市。孙中山认为:"广州是建设中华民国成功的地方。"[④] 而且,"广州附近景物,特为美丽动人,若以建一花园都市,加以悦目之林囿,其可谓理想之位置也"[⑤]。在广州城种植花草树木,不仅可以美化环境,而且可以使广州成为适合人们居住的避寒胜地。由此可见,孙中山心目中的理想都市首先也最重要的就是要有自来水,使人们饮水卫生。其次是城市中必须要有林囿,因为这些花草林木不但可以美化城市,而且可以吸收二氧化碳、二氧化硫等工厂排放的有毒气体,净化空气,进而美化环境。孙中山的这些规划在当时虽然并没有实现,但其设想的合理性已经被证实。

[①] 《中国的现在和未来——革新党呼吁英国保持善意的中立》,广东省社会科学院历史研究室等合编:《孙中山全集》第1卷,中华书局,1981年,第94页。

[②] 《在广东第一女子师范学校校庆纪念会的演说》,广东省社会科学院历史研究所等合编:《孙中山全集》第10卷,中华书局,1986年,第27页。

[③] 《建国方略》,广东省社会科学院历史研究所等合编:《孙中山全集》第6卷,中华书局,1985年,第387页。

[④] 《在广州商团及警察联欢会的演说》,广东省社会科学院历史研究所等合编:《孙中山全集》第9卷,中华书局,1986年,第61页。

[⑤] 《建国方略》,广东省社会科学院历史研究所等合编:《孙中山全集》第6卷,中华书局,1985年,第308页。

二、提倡植树造林以改善生态环境

在关注城市环境问题的同时,孙中山还十分关注森林与生态的关系。他认为,中国近代以来水旱灾害严重,主要是森林被大量砍伐引起水土流失造成的。要从根本上解决山地及丘陵地区的水土流失问题,必须广植森林。他说:"近来的水灾,为什么是一年多过一年呢?古时的水灾为什么是很少呢?这个原因,就是由于古代有很多森林,现在人民采伐木料过多,采伐之后又不行补种,所以森林便很少。许多山岭都是童山,一遇了大雨,山上没有森林来吸收雨水和阻止雨水,山上的水便马上流到河里去,河水便马上泛涨起来,即成水灾。所以要防水灾,种植森林是很有关系的,多种森林便是防水灾的治本办法。""有了森林,遇到大雨时候,林木的枝叶可以吸收空中的水,林木的根株可以吸收地下的水;如果有极隆密的森林,便可以吸收很大量的水;这些大水都是由森林蓄积起来,然后慢慢流到河中,不是马上直接流到河中,便不至于成灾。所以防水灾的治本方法,还是森林。"①此外,多栽树木不仅是防治水灾的根本办法,也是防治旱灾的有效途径。孙中山认识到植树造林是改造生态环境、防止水灾与旱灾的根本方法。他曾经说过:"有了森林便可以免去全国的水祸。"②旱灾问题用什么方法解决呢?"治本方法也是种植森林。有了森林,天气中的水量便可以调和,便可以常常下雨,旱灾便可以减少。"③所以,防止水灾与旱灾的根本方法,都是要造森林,要在全国大规模造林。

孙中山在多篇论著和讲演中都提到植树造林的重要性。他认为植树不仅可以使环境清洁、防治水旱灾害,而且可以增加经济收入。比如,在《内政方针》中,孙中山就提倡要培植和保护森林;在《建国方略》中,他建议要在中国北部及中部多造森林。在《致郑藻如书》中,孙中山写道:"试观吾邑

---

① 《三民主义》,广东省社会科学院历史研究所等合编:《孙中山全集》第9卷,中华书局,1986年,第407、407~408页。

② 《三民主义》,广东省社会科学院历史研究所等合编:《孙中山全集》第9卷,中华书局,1986年,第408页。

③ 《三民主义》,广东省社会科学院历史研究所等合编:《孙中山全集》第9卷,中华书局,1986年,第408页。

东南一带之山,秃然不毛,本可植果以收利,蓄木以为薪,而无人兴之。农民只知斩伐,而不知种植,此安得其不胜用耶?"[①]在《农功》中,他建议:"其余花果草木,皆当审察土宜,于隙地广行栽种。"[②]对于土地贫瘠的西部地区,"凡于沙漠之区,开河种树,山谷间地,遍牧牛羊,……务使野无旷土,农不失时,则出入有节,种造有法,何患乎我国之财不恒足矣!"[③]孙中山在《在广西阳朔人民欢迎会的演说》中建议:"土山肥厚,可种树木及一切果木,皆为人生必需之品。倘能广为种植,加以制造,则致富之术,不待外求也。"[④]在《中国国民党第一次全国代表大会宣言》中,孙中山又提出:"土地之税收,地价之增益,公地之生产,山林川泽之息,矿产水力之利,皆为地方政府之所有,用以经营地方人民之事业,及应育幼、养老、济贫、救灾、卫生等各种公共之需要。"[⑤]可见,孙中山不仅把植树造林作为改造生态环境的根本办法,而且将其作为发展国民经济、带领国民致富的一种重要途径。

三、通过水利建设改善环境

我国近代水旱灾害频发,一方面与气候、地质等自然因素有关,另一方面与政府在水利管理方面缺乏有效措施有直接关系。针对这种情况,孙中山提出了较为完善的江河治理方案和水电建设方案,其核心思想是既能改善我国的水环境,又能造福百姓。在江河治理方面,孙中山对黄河、长江、淮河、运河等均提出了自己的治理方案。

第一,治理黄河。黄河流域是中华民族的摇篮,在孕育华夏文明的同时,其频繁的洪涝灾害也给人们带来了巨大的灾难。据统计,黄河在1947

---

① 《致郑藻如书》,广东省社会科学院历史研究室等合编:《孙中山全集》第1卷,中华书局,1981年,第1~2页。

② 《农功》,广东省社会科学院历史研究室等合编:《孙中山全集》第1卷,中华书局,1981年,第5页。

③ 《农功》,广东省社会科学院历史研究室等合编:《孙中山全集》第1卷,中华书局,1981年,第6页。

④ 《在广西阳朔人民欢迎会的演说》,广东省社会科学院历史研究所等合编:《孙中山全集》第5卷,中华书局,1985年,第637页。

⑤ 《中国国民党第一次全国代表大会宣言》,广东省社会科学院历史研究所等合编:《孙中山全集》第9卷,中华书局,1986年,第123页。

年以前决口泛滥次数高达1 593次,较大改道26次,大型改道6次。在《实业计划》中,孙中山建议在黄河上筑堤,修浚黄河河道,从根本上治理黄河,以达到防止黄河洪水泛滥的目的。

第二,治理长江。长江是我国最大的河流,承担着航运和为农耕提供用水的双重任务。但是明清以来由于长期的乱砍滥伐、围湖造田导致了河槽淤浅,致使长江流域尤其是中下游地区成为水灾泛滥区,进入民国以后,长江流域的水灾更加频繁。在《建国方略》中,孙中山对长江治理进行了详细规划。他认为首先应注重对长江泥沙的处理,提出:"扬子江之砂泥,每年填塞上海通路,迅速异常,此实阻上海为将来商务之世界港之疁神也。……此种沙泥每年计有一万万吨,此数足以铺积满四十英方里之地面,至十英尺厚。必首先解决此泥沙问题,然后可视上海为能永成为一世界商港者也。"[1]

因此,要使上海成为世界性的商港,必须疏浚长江的泥沙,保证长江的水路畅通。孙中山建议对长江进行分段治理。他提出:"整治扬子江一部,当分五[六]节:甲、由海上深水线起,至黄浦江合流点。乙、由黄浦江合流点起,至江阴。丙、由江阴至芜湖。丁、由芜湖至东流。戊、由东流至武穴。己、由武穴至汉口。"[2]在治理自海上深水线至黄浦江合流点即长江口方面,孙中山认为要筑海堤或石坝来收窄河口,保持江水的流速,使水挟沙泥一起入海。在谈到治理由黄浦江合流点起至江阴一段时,孙中山认为,长江水道在这一部分是最不规则和最变化无常的,他对于这一段的治理意见是:"此段左岸即北岸筑河堤,起自崇宝沙,与海堤相连,做一凸曲线,以至崇明岛,在崇明城西北约六英里处,接于滩边。然后沿崇明滩边,直至马孙角,然后转而横过北水道,离北岸约三四英里,作一平行线,直抵金山角。在此处截断近年新成之深水道,向西南,以与靖江县城东北河岸相接。沿此岸再筑七八英里,又挖开陆地,以增河身之阔。"[3]通过筑河堤和挖浚的方式使

①　《建国方略》,广东省社会科学院历史研究所等合编:《孙中山全集》第6卷,中华书局,1985年,第271页。

②　《建国方略》,广东省社会科学院历史研究所等合编:《孙中山全集》第6卷,中华书局,1985年,第274页。

③　《建国方略》,广东省社会科学院历史研究所等合编:《孙中山全集》第6卷,中华书局,1985年,第278页。

河身广阔,使其能够容纳更多的水,达到防止水灾发生的目的。在谈到治理自江阴至芜湖一段时,孙中山的建议主要是通过裁弯取直和浚广水路的方式使河道减少弯曲。对于如何治理自芜湖至东流一段河道,孙中山的意见是:"为整治此自芜湖上游十英里至大通下游十英里一段河流,吾拟凿此三泛滥中流之沙洲及岸边之突角,为一新水道,直贯其中,使成一较短直之河身。"① 即主要通过开凿新水道,使河身变短变直。在整治自东流至武穴一段河道时,孙中山建议采用减少分支以及筑坝束水攻沙的方式来处理河中泥沙,防止水灾产生。对于如何治理自武穴至汉口一段,孙中山建议要整理河道,堵塞部分支流,使水道整齐划一。对于治理长江的这一计划,孙中山给予厚望,他说:"以工程之利益而论,此计划比之苏彝士、巴拿马两河更可获利。"②

第三,治理淮河。淮河原本有独立的入海口,但是 12 世纪以后,黄河夺淮入海,使淮河失去了入海尾闾,打乱了淮河水系,导致淮河中下游河道淤塞,淮河水患年年发生。晚清以后,淮河入海口更是逐年淤塞,导致淮河排水不畅,河水大量存储在洪泽湖内,而洪泽湖只是一个水库,没有退水口,水的消减仅仅依靠蒸发,在雨水正常的年景还能够保持住不发生大的水灾,一旦降雨过多,就会导致洪水泛滥。所以,孙中山指出:"修浚淮河,为中国今日刻不容缓之问题。"③ 在《建国方略》中,他建议要治导淮河。在谈到具体的治淮方案时,孙中山建议要让淮河通海通江,"在其出海之口,即淮河北支已达黄河旧槽之后,吾将导以横行入于盐河,循盐河而下,至其北折一处,复离盐河过河边狭地,直入灌河,以取入深海最近之路,此可以大省开凿黄河旧路之烦也。"④

---

① 《建国方略》,广东省社会科学院历史研究所等合编:《孙中山全集》第 6 卷,中华书局,1985 年,第 283 页。

② 《建国方略》,广东省社会科学院历史研究所等合编:《孙中山全集》第 6 卷,中华书局,1985 年,第 288~289 页。

③ 《建国方略》,广东省社会科学院历史研究所等合编:《孙中山全集》第 6 卷,中华书局,1985 年,第 296 页。

④ 《建国方略》,广东省社会科学院历史研究所等合编:《孙中山全集》第 6 卷,中华书局,1985 年,第 296 页。

第四,治理运河。京杭大运河自隋朝开凿贯通之后,一直都是漕运的主要通道,虽然时有淤塞,但历代都有修浚,直到近代都在使用。随着海运以及近代铁路的发展,运河的运输功能被大大削弱,逐渐被人们忽视,航道多年不修,导致运河淤塞。为此,孙中山在《建国方略》中建议恢复运河制度。他认为,首先要加强对运河的修护,主要是修浚杭州、天津间的运河,以及西江、扬子江间的运河;其次要积极地在没有开辟运河的地方开辟新的运河,主要是开通辽河、松花江间的运河以及其他运河,这不但可以弥补海运的不足,而且能为中国开辟新市场,建立更为广泛和便捷的交通网络。

此外,治理华南各河流。作为广东人,孙中山对自己家乡的水灾问题也给予了高度关注。他曾经说过:"近年水灾频频发生,于广州附近人民实为巨害,其丧失生命以千计,财产以百万计。……吾以为此不幸之点,实因西南下游北江正流之淤塞而成。"[1]他认为广东水灾是由于北江正流的淤塞造成的,要消除广东的水灾,必须制订出整理北江和西江水道的计划。他认为:"欲治北江,须重开西南下面之北江正流,而将自清远至海一段,一律浚深。……救治西江,须于其入海处横琴与三灶两岛之间两岸,各筑一堤,左长右短以范之。"[2]另外,他建议治理河流要采用综合治理的方法。他说:"吾人论广州河汉之改良,须从三观察点以立议:第一,防止水灾问题;第二,航行问题;第三,填筑新地问题。每一问题皆能加影响于他二者,故解决其一,即亦有裨于其他也。"[3]即在治理河流时要充分考虑到防止水灾与航运等多方面的因素,对河流进行综合治理。

在利用水利资源造福民众方面,孙中山也提出了自己的看法。他在国外期间看到西方国家的水电设施不但可以使水害转化为水利,而且产生了充足的电力资源。反观国内,虽然水资源十分充足,却没有得到相应的开发,因此他希望能够在中国多兴建水利设施,采用先进的水电技术开发水

---

[1] 《建国方略》,广东省社会科学院历史研究所等合编:《孙中山全集》第6卷,中华书局,1985年,第310页。

[2] 《建国方略》,广东省社会科学院历史研究所等合编:《孙中山全集》第6卷,中华书局,1985年,第311页。

[3] 《建国方略》,广东省社会科学院历史研究所等合编:《孙中山全集》第6卷,中华书局,1985年,第310页。

电。他曾说："近来外国利用瀑布和河滩的水力来运动发电机，发生很大的电力，再用电力来制造人工硝。瀑布和河滩的天然力是不用费钱的，所以发生电力的价钱是很便宜。"[①] 这种瀑布和河滩，在中国是很多的。"如果能够利用扬子江和黄河的水力发生一万万匹马力的电力，那便是有二十四万个工人来做工，到了那个时候，无论是行驶火车汽车、制造肥料和种种工厂的工作，都可以供给。"[②] 孙中山以独到的眼光，提出充分利用天然的水资源，为以后水电事业的开展提供了借鉴和参考。

四、孙中山环境思想的启示

从孙中山的环境思想看，无论是对城市环境，还是对江河环境，他始终坚持科学的环境观，同时坚持治理环境需要制度来约束，治理环境还要以保护民生为出发点。

首先，坚持科学治理环境。在治理环境时，孙中山提出不能盲目行动，如果措施不正确，非但不能保护环境，反而会对环境造成更为严重的破坏。世界上一些国家兴建的大坝工程导致生态环境的破坏给我们留下了深刻的印象，因此，在制定环境措施的时候，我们必须要经过科学的研究。其次，治理环境需要制度约束。孙中山建议不管是兴修水利还是植树造林，都要依靠国家力量和规范的制度来进行。他说："即如吾粤农家，向患水灾，谋筑一围以防止之，仍须有别围之防护。此非可赖一围之力者，势不得〈不〉仗政府之力以助之。"[③] "铁路、矿山、森林、水利及其他大规模之工商业，应属于全民者，由国家设立机关经营管理之，并得由工人参与一部分之管理权。"[④] "我们讲到了种植全国森林的问题，归到结果，还是要靠国家来经营；

---

① 《三民主义》，广东省社会科学院历史研究所等合编：《孙中山全集》第 9 卷，中华书局，1986 年，第 401 页。

② 《三民主义》，广东省社会科学院历史研究所等合编：《孙中山全集》第 9 卷，中华书局，1986 年，第 402 页。

③ 《宴请广东商界人士时的演说》，广东省社会科学院历史研究室等合编：《孙中山全集》第 4 卷，中华书局，1985 年，第 346 页。

④ 《中国国民党宣言》，广东省社会科学院历史研究所等编：《孙中山全集》第 7 卷，中华书局，1985 年，第 4 页。

要国家来经营,这个问题才容易成功。"①孙中山认为环境保护的主体应该是国家,国家应当制定相关的法律政策,对环境进行保护,而人民则有责任和义务协助国家保护环境。最后,治理环境要以保障民生为首要出发点。孙中山的环境保护思想并不是孤立的,而是与他的民生主义思想紧密相连的。孙中山的环境保护思想,不管是对城市生态环境建设的建议,还是关于水旱灾害的防治和植树造林思想,都是从国计民生着眼的。

孙中山的生态环境保护思想虽然因时代的原因未能完全实现,但是他以高瞻远瞩的眼光看到中国存在的环境问题,并给出治理意见,十分可贵,对我国现在的环境保护事业有着重要的借鉴意义。

第三节 | **熊希龄的环境保护思想**

熊希龄(1870—1937),字秉三,湖南凤凰人。他不仅在中国近代政界、慈善界具有重要影响,而且致力于治水事业 30 余年,对东三省、湖南、江苏、直隶等地江河治理都有一定规划,并借鉴近代西方水利技术,提出"统筹规划、标本兼治"的治水思想,为改善当时中国的水环境作出了较大贡献。

一、水环境治理原则

熊希龄提出的环境治理原则可以归纳为治标与治本相结合、除弊与兴利相结合、旧法与新法相结合三个方面。熊希龄认为治水必须做到标本兼治,他在担任顺直水利委员会委员长时,就将治本与治标工作同时进行。他开展的治本工作主要有测量水流量、测量雨量、建立水文站,在此基础上绘制地图及计划书,为河道改良打下了良好的基础。治标工作有疏浚河道、筑堤、建坝等。熊希龄在水环境治理方面还坚持除弊与兴利相结合的原则。

---

① 《三民主义》,广东省社会科学院历史研究所等编:《孙中山全集》第 9 卷,中华书局,1986 年,第 408 页。

他认为治水应当以排泄、灌溉、交通三项为根本原则，通过排泄去水害，通过灌溉兴水利，通过疏浚水道，发展水运，三者兼顾才为上策。他提出的治水方案大都以兴利为目的，充分考虑到农业、林业、水产、交通的情况。如，他在江苏宝应长湖的治理方案中提出，以"堤高浚深，重修水利，复旧田，殖产物，兴农业"[①]为指导方针。熊希龄在水环境治理过程中，还善于将旧法与新法相结合，在利用古代治水经验的基础上，将国外先进的治水技术融合进来，从国外聘请了一批有经验的技师到中国来治水，结合他们的建议，设立测量局，建立了检测水文的监测站，建造了机器启动的新式船闸，在改善华北水环境方面作出了很大贡献。

二、提倡造林涵养水源

森林具有涵养水源、保持水土、净化空气、防风固沙等作用。熊希龄在 1906 年就任奉天农工商局总办后，在东三省大力提倡植树造林。具体做法主要有两种。一是在已有森林之区域内，对树木实行轮伐制度。为此，他借鉴日本的林业管理制度，制定了相应的规章制度，对当地树木的种植与采伐予以明确规定。如对于木植公司的活动，必须在农工商局的监督下进行。二是大力发展国有林场。熊希龄认为，根据国外尤其是日本的经验，东三省应设立办理垦务的机构，凡是江河流域两岸及山谷接近平原的官荒，一律造林，作为官有产业，由政府逐次经营。而较分散的土地，可卖给人民，在面积较广的地区设法培植，将来设立专门机构加强林业管理。

对于如何造林，熊希龄提出了具体意见。他看到东西各国的都会、市镇空地，大都树木成荫，所以建议在省城内外空余官地先行试种树木。针对奉天省树种价格昂贵，农民财力不够的情况，他建议由政府设立农业试验场，采购苗种，详加试验，并对种植树木有功人员进行奖励。鉴于奉天省农牧区牲畜较多，森林往往被践踏的情况，熊希龄建议责成地方官及商务分会严加保护，并仿照各国定例，设立巡林警察，保护森林。

---

① 《宝应长湖垦殖公司计划说明书》，周秋光编：《熊希龄集》第 2 册，湖南人民出版社，2008 年，第 63 页。

1917年，华北发生大水灾，熊希龄上书北洋政府，指出清东陵的森林大量被砍伐是造成水灾的一个重要原因。他说："不知此项森林关系直省水旱，实为数千万生命财产所攸托，亟应加意培护，计岁增植，方免积雨横流，千里溃淤之患。若图目前近利，恣意斫伐，后此水灾必且十倍今岁。……应请大总统迅饬该主管衙门及地方官吏，将清皇室附近一带森林，妥为保护，严禁采伐，以免灾害而全乐利。至此后，该地居民因建筑制器而用之材，应令就附近山岭逐岁增植，其采取之法，亦须仿外人轮伐之例，植新去旧。"[1]此后，熊希龄多次提出在北方广植树木以预防水旱灾害的建议。

三、治河改善生产生活环境

熊希龄十分关注河流对社会生产以及人类生活的影响，他在东北、江苏、湖南、京畿等地的河湖治理方面都倾注了大量心血。熊希龄担任奉天农工商局总办时，通盘规划了东三省的实业发展方案，他把治水作为一项重要内容来加以考虑。他认为治水事业关系到农业、林业、航运业的发展，并非只是单纯防御自然灾害这一孤立问题。放眼西方，一个地区商业繁盛与否、经济发达与否，往往与运河的多寡、河流是否通畅、航运业是否繁盛相关。他看到东三省河流众多、水利资源丰富，东西各国调查都认为东三省揽江河流域之胜，但由于人们缺乏此类意识，尚未很好地利用这些资源。

为改变这种状况，熊希龄提出了东三省的治水之策。首先，加强灌溉。熊希龄提出："松花江流域之临江各府，嫩江流域之龙江各府，辽河流域之新民各府，凡受水患漫溢者，均设法沟洫，使有所归蓄，为备旱之用。"[2]其次，及时清淤。熊希龄看到，"奉省仅此营口一埠为我国地方自主之权，各国商货荟萃之点，若不从速开浚，便利舟楫，巩此港埠，荒凉之象，即在目

---

① 《呈大总统为请禁滥伐森林以防水患文》，周秋光编：《熊希龄集》第6册，湖南人民出版社，2008年，第341页。

② 《移民开垦东三省意见书》，周秋光编：《熊希龄集》第2册，湖南人民出版社，2008年，第512页。

前。"① 因此要抓紧治理，"先购拖泥机器，由海青湾上至新民屯，施行第一段工程，以保全固有之航路。"② 最后，开凿运河。熊希龄认为东北地区水利资源丰富，"两河相对，中间约有陆路百里，倘能仿德、美开凿运河之法，以成先朝未竟之功，使营口直接黑龙江，由黑龙江转接松花江，血脉灵通，运输便捷，亦近时东亚之一大伟工程也"③。另外，"自西辽河设法以通蒙古，由运河顺序以达兴京，必使平原大陆帆橹相闻，货物固得递送之廉，田壤亦资灌溉之益"④。

熊希龄在江苏任职期间，主要制定了江苏宝应长湖治水方案。1907年，熊希龄赴日本调查浚河工程及商务，回国后担任了江苏农工商局总办。经过调查，他看到："江苏扬州府宝应县运河西岸之宝应长湖濒湖一带，地本膏腴，自嘉、道年间黄淮合流之际，洪泽漫衍，波及宝湖堤堰，冲决附近民畴，多成沮洳。及黄河北徙，湖岸修复，旧没荒田皆可耕治，士人亦力谋垦复。然以资本微薄，十未得其四五，且大半规模苟简，堤低渠狭，或既垦而荒，或试垦不熟。"⑤

为改变现状，他开始在民间筹办宝应长湖垦殖股份有限公司，并于1910年与江苏绅士曹典初等合作成立了宝应长湖垦殖公司，制定了章程和垦殖计划。此方案是熊希龄在多次考察江苏湖区地势、水道、气候、土壤、物产等自然条件后制定的，集治水、垦荒、发展农副水产于一体，该方案呈报农工商部后得到批准。这一方案在实施过程中，熊希龄提出通过清理淤泥使河流通畅，兴建闸洞，贮存水源。开垦河岸两边的荒地，仿井田之制，引河水灌溉，使当地的水利资源得到了充分利用。

① 《请开浚辽河与金还、陶大均呈赵尔巽文》，周秋光编：《熊希龄集》第1册，湖南人民出版社，2008年，第248页。

② 《请开浚辽河与金还、陶大均呈赵尔巽文》，周秋光编：《熊希龄集》第1册，湖南人民出版社，2008年，第248页。

③ 《请开浚辽河与金还、陶大均呈赵尔巽文》，周秋光编：《熊希龄集》第1册，湖南人民出版社，2008年，第247页。

④ 《请开浚辽河与金还、陶大均呈赵尔巽文》，周秋光编：《熊希龄集》第1册，湖南人民出版社，2008年，第247页。

⑤ 《与曹典初等为集股垦复宝应县长湖荒田呈农工商部文》，周秋光编：《熊希龄集》第2册，湖南人民出版社，2008年，第169页。

　　熊希龄还对洞庭湖提出了治理计划。1916年,熊希龄回到家乡湖南。出于深厚的桑梓之情,熊希龄针对洞庭湖的水患问题,在系统总结中国古代治湖得失的基础上,结合国外的治水技术,提出了洞庭湖治理方案。他认为中国古代许多治水经验值得借鉴和参考,主要有穷委竟原,束水刷沙,裁湾取直,让地与水而不与水争地,多开渠堰支流以杀水势。

　　根据查阅到的洞庭湖档案,熊希龄认为历史上有四次比较重要的疏浚洞庭湖工程值得深入探究。第一次是清代常德府知府裕庆查勘洞庭湖。"其宗旨在堵塞藕池等口,以免续淤,疏通虎渡等口以及沅、澧各水道,以畅宣泄,并于澧、安、龙、武濒河濒湖之区,限制堤垸。"[1]第二次是清代湖广总督张之洞等人对洞庭湖的规划,"其宗旨在藕池口不必堵塞,鲇鱼须不必筑堤,调弦、虎渡两口不必疏浚,而惟以禁新垸,疏湖流,培城堤为要著"[2]。第三次是清代岳常澧道王乃澂等对洞庭湖的规划,"其宗旨在不塞藕池,而以疏江流、浚湖道、修港口、固堤岸为政策"[3]。第四次是湖南水利局对洞庭湖治理的规划。"其宗旨以疏江为先,塞口次之,浚湖又次之,并胪列荆江应疏浅滩者十九,大口应急塞或缓塞者四,小口应塞者四,洞庭应浚旧濠道者十四,应开新濠道者八,湖口障碍物应铲除者三,湘水尾间应浚者一,资水道应浚者五,沅水道应浚者十六,澧水道应浚者九。"[4]

　　熊希龄认为以上四次工程"主疏主塞各不相谋,而其泛漫敷衍,为未能统筹全局有所纲领,其弊则同"[5]。为此,他主张效法日本。他认为日本的利根川与中国的洞庭湖情景相同:"该川在下总国境内,自东京东南深入于海,水行泛缓,淤泥停积,洲渚所在,开成田亩。明治前后年间,屡遭洪水之

　　① 《疏浚洞庭湖刍议》,周秋光编:《熊希龄集》第5册,湖南人民出版社,2008年,第325页。

　　② 《疏浚洞庭湖刍议》,周秋光编:《熊希龄集》第5册,湖南人民出版社,2008年,第325页。

　　③ 《疏浚洞庭湖刍议》,周秋光编:《熊希龄集》第5册,湖南人民出版社,2008年,第326页。

　　④ 《疏浚洞庭湖刍议》,周秋光编:《熊希龄集》第5册,湖南人民出版社,2008年,第326页。

　　⑤ 《疏浚洞庭湖刍议》,周秋光编:《熊希龄集》第5册,湖南人民出版社,2008年,第327页。

患,民间损失甚巨。"[①] 所以,日本政府开始与千叶、茨城两县的官民议决疏治的方案,希望能够长治久安。具体办法是:"先事测量以悉全河之宽狭深浅,而算其容积之多寡。次则绘图以分别地质、沙线、方程、里数。次则设置水标,以量酌比较连年水势之消涨缓急。次则化验水质,以知所含泥沙成数之多少。次则统筹全局,以决定水流之轨道。次则收买土地,购办机器,以从事于疏浚。应中洪者浚之使深,应堤防者筑之使高,应护岸者培之使坚,应去障害者除之使尽。"[②] 熊希龄提出参照这种方式治理洞庭湖,主要包括四项措施:"一曰遵照全国水利局新章,设立测绘职员养成所以预储测绘人才;二曰雇聘欧美高级技师以从事测量;三曰分段设立水标,以量各道水率;四曰详绘全图以资筹画。"[③] 从熊希龄提出的洞庭湖治理方案看,它是一个包含治理水灾、振兴农业、发展交通运输在内的综合方案。

1917 年 8 月,京畿一带霪雨连绵,山洪暴发,京兆及直隶一带受灾多达105 个县。由于熊希龄精通治水之道,他被委以重任,督办京畿河工善后事宜。在他的领导下,经过详细筹划,制定了整治京畿五大河的方案。

一是设立测量局以备规划。直隶的五大河流虽然原来绘有地图,但由于 1917 年的洪水许多河道迁徙,原有地图不能准确反映河道状貌。为此,熊希龄从测量河道、绘制地图做起。"经河工讨论会议决,设立测量局,委任前导淮总技师詹美生为该局技师长,督率东西洋工程毕业素有经验之技术人员,分途出测,预以六月为期,将来永定、子牙两大河应否改道,其余各河应否疏浚,均得拟具计画讨论决定。"[④]

二是实测各河流量以供设计。熊希龄了解到,欧美各国对于本国国内雨量、各河流量、流速、各年的旱涝情况均有详细记载,设有专门机关,聘请

① 《疏浚洞庭湖刍议》,周秋光编:《熊希龄集》第 5 册,湖南人民出版社,2008 年,第324 页。

② 《疏浚洞庭湖刍议》,周秋光编:《熊希龄集》第 5 册,湖南人民出版社,2008 年,第324 页。

③ 《疏浚洞庭湖刍议》,周秋光编:《熊希龄集》第 5 册,湖南人民出版社,2008 年,第329 页。

④ 《胪陈办理五河救急工程办法呈冯国璋文》,周秋光编:《熊希龄集》第 6 册,湖南人民出版社,2008 年,第 854 页。

精通此项学识的人员常年记载,遇事可随时查阅,而我国迟迟未设立此类机构。熊希龄认为,应由全国水利局设立机关记载雨量。"至流量、流速,一岁之中,即可查竣。且与核定河身、河面之计画直接有关。"[①] 不久,熊希龄调用河海工程学校的毕业生,分河设站,赴各地实地勘查。

三是裁直三岔口湾以畅水流。熊希龄经过实地考察发现,三岔口一带河道弯曲太多,"泄宣不畅,久为研究水利者所诟病"[②]。之前,海河工程局就曾打算裁湾取直,但由于阻力太大,没有实行。这次由于上游积水,大会经过讨论一致同意裁直三岔口湾。这项工程完成后,不仅可以解决十余年的交涉悬案,而且使水流通畅,可以减少洪水对京津地区的威胁。

四是勘测南北各减河以备浚治。熊希龄认为,海河流域五条大的支流当中,只有南运河、北运河两河有减河,一定程度上可以减轻海河下游水流宣泄的压力。但是,这些减河如青龙湾、筐儿港、新开河、金钟河、靳官屯减河、捷地减河等,"皆年久失修,淤垫达于极点。河床既窄,河岸复卑,甚至淤塞不复通水"[③]。虽然制订了详细的疏浚河道计划,但因需款过多,汛期在即,未能大加治理,仅在各险要之处做了一部分工作。为从根本上治理海河,还需要统筹规划。顺直水利委员会在熊希龄的领导下,"悉经分别派员测制详细施工图案,一俟图案陆续告成,即当酌定办法,呈请拨款兴修,以期永久"[④]。

五是关于京东河道的治理。京东河道的治理历来难度较大,顺直水利委员会在熊希龄的带领下,经过多次调查研究后提出了治理方案:(1)箭杆河口设置洋闸两门,分 600 立方米之水,使入宝坻以至蓟运;(2)于青龙湾另辟新道,以南堤为北堤,新河槽线与旧河槽平行,槽宽 2 千米;(3)新河槽下

① 《胪陈办理五河救急工程办法呈冯国璋文》,周秋光编:《熊希龄集》第 6 册,湖南人民出版社,2008 年,第 855 页。

② 《胪陈办理五河救急工程办法呈冯国璋文》,周秋光编:《熊希龄集》第 6 册,湖南人民出版社,2008 年,第 855 页。

③ 《胪陈办理五河救急工程办法呈冯国璋文》,周秋光编:《熊希龄集》第 6 册,湖南人民出版社,2008 年,第 855 页。

④ 《胪陈办理五河救急工程办法呈冯国璋文》,周秋光编:《熊希龄集》第 6 册,湖南人民出版社,2008 年,第 856 页。

游由潘庄表口村及北淮鱼甸路线,使由北塘河入海,其河身亦展宽至 2 千米。[①] 该方案提出后,1919 年 5 月,顺直水利委员会同内务部、全国水利局、京兆尹,召集武清、香河、通县等五县绅民代表在北京召开会议,反复讨论。由于各地绅民过多地考虑自身利益,提出偏私之见,该方案未能在大会上通过。

为保证京畿水利安全,熊希龄又提出了四项建议:一是在牛木屯附近开一新河,引潮河、白河复归北运河;二是在箭杆河口设立上坝下闸之操纵机关;三是在青龙湾另辟新河一道;四是在七里海以东至宁河所属,以至北塘河,为新青龙湾辟一入海尾间。此计划得到了北洋政府以及京直河道沿线各县的支持,部分水利工程得以实施,京东河道水环境有所改善,京畿洪水横流的情况一定程度上得到了遏制。

第四节 | **李仪祉的环境保护思想**

李仪祉(1882—1938),陕西蒲城人。我国近代著名的水利学家、教育家,被誉为水利之父。他于 1909 年和 1913 年两次赴德国留学,学习土木工程和水利技术,回国后活跃在水利建设第一线。在治理中国水环境 20 多年的实践中,他为我国水环境治理留下了宝贵的经验。

一、科学治水

第一,李仪祉主张在确定治河措施之前,要对河流进行实地考察,科学治水是李仪祉治水思想的基石。李仪祉曾经多次前往我国的黄河流域、淮河流域、华北地区等地进行考察,1917 年夏,华北地区发生特大水灾后,为搜集资料并增加学生的实践经验,时任南京河海工程专门学校教师的李仪

---

① 《为改良京东河道呈徐世昌文》,周秋光编:《熊希龄集》第 7 册,湖南人民出版社,2008 年,第 213 页。

祉不顾灾区瘟疫流行,冒着生命危险带领学生到河北、山东等重灾区考察水灾详情达半年之久,搜集了大量珍贵资料。1922年夏,李仪祉到陕西任职,就任陕西水利局局长兼陕西渭北水利工程局总工程师。上任后,他到各地进行了广泛的调查研究,于1922年、1923年、1924年3次亲自到泾谷考察,将山脉形势以及水流方向都绘成详图加以说明,自1922年8月至1924年8月的短短两年之中,李仪祉就完成了泾河两岸的地形测量;完成了泾河的干渠测量、掌握了泾河的灌溉田地、旧渠渠道、拦河堰、雨量、蒸发量、泾河流量、含沙量等情况;完成了龙洞渠流量测量,获得了大量第一手资料,并据此确定了引泾计划。

华北水利委员会成立以后,李仪祉多次亲自前往或派遣技术人员对各河进行勘测,在短时间内就完成了永定、黄河下游、海河等河的测勘工作,收集到了上述各河的水文资料,为制订各河的治导计划打下了良好的基础。1929年7月1日,南京国民政府导淮委员会成立后,任命李仪祉为导淮委员会工务处长兼总工程师,8月21日,李仪祉亲自率领查勘队,前往苏北调查,10月2日,李仪祉再次率工务处副总工程师须恺等人前往山东考察泗河与南四湖水系。为了考察淮河入海工程线路,李仪祉于1929年11月和1930年2月,偕同导淮委员会顾问、德国汉诺威大学水土工程专家方修斯教授两次赴淮阴、涟水、滨海、响水一带,查勘运河、盐河、废黄河、灌河等苏北有关河道的水势和地形状况,最终确定了由洪泽湖出张福河,经废黄河套子口的入海方案。经过这几次考察,李仪祉掌握了淮河两岸的地形,淮河水文、水势等情况,为制订导淮计划提供了充足的资料。1934年9月,李仪祉亲自考察黄河上游情形,20日和21日视察铁桥上下的黄河水车灌溉及水文站工作,27日乘车视察各渠,考察之后,写成《黄河上游视察报告》,对黄河的河道、两岸形势、货物都进行了详细总结,为制订治理黄河计划作准备。

第二,李仪祉建议在制订治河计划之前,要进行科学的测量,即设立水文站、水标站、测候站等,详细记录当地的气候、河流的水文等情况,为制定科学正确的治河方案提供充足的资料。以黄河为例,为详测黄河水文、流速、水量、水位、含沙量等情况,李仪祉建议在皋兰、宁夏、五原、河曲、龙门、潼关、孟津等 21 处设立水文站,在贵德、托克托、葭县、陕县、郑县、东明、蒲台、汾阳、咸阳、洛宁、阳城 11 处设水标站,在河源、皋兰、宁夏、河曲、潼关、开封、泺口 7 处设测候站,在各县建设局设立雨量站等,以确保能够掌握各地的气候、气压、湿度、雨量、蒸发量等资料,为制订治河计划提供翔实的资料。

第三,李仪祉建议建立水工试验所,进行模型试验。1891 年,德国水利专家恩格尔斯创办了水工试验所,进行了包括中国黄河在内的多个水工模型试验,拉开了在中国建立水工试验场的序幕,欧美许多国家都以水工试验作为确立治水工程计划的先导。在德国但泽工业大学学习水利期间,李仪祉得到了恩格尔斯教授的倾心教导,深感进行水工模型试验的重要。"欧西各国,近数十年来,均认水工试验,为辅助研求精当水工设计最经济最确实之方法,争相设立水工试验所,以资解决,尤以德国为最多,惟我国则尚付缺如。"[1]李仪祉回国后,大力倡导在中国设立水工试验所。他说:"近代水工规模之大者,多先之以试验,治河亦然。其法先依天然河床流势以及其携带泥沙之轻重,依例设比以为模型。……数十年来,试验之效,彰彰大著,于是水工试验场之设,遍及全欧,不下数十处。"[2]1928 年,在华北水利委员会第一次委员会上,李仪祉建议利用荷兰退还我国的庚子赔款建立河工试验场,得到大会与会人员的一致赞同,但这一计划因未能得到中央批准而搁浅。后来,在李仪祉等水利界人士的呼吁下,1931 年南京国民政府批准兴建水工试验所,由于经费紧张,直到 1935 年该所才正式成立。当时,李仪祉虽然已就任黄河水利委员会委员长,但他积极投身水工试验所的工作,被聘为水工试验所的董事长。

中国第一水工试验所是由黄河水利委员会、导淮委员会、华北水利委员会、太湖流域水利委员会、国立北洋工学院等 10 个单位在天津联合成立的,是中国第一个现代水利科研机构,附设在华北水利委员会内。水工试

---

① 《中国第一水工试验所筹备经过》,《华北水利月刊》1934 年第 7 卷第 5、6 期合刊,第 89 页。

② 《三省会派工程师往德国作治导黄河试验之缘起》,黄河水利委员会选辑:《李仪祉水利论著选集》,水利电力出版社,1988 年,第 68 页。

验所成立以后,在李仪祉的带领下,进行了黄土区河流泥沙运动试验、官厅水库泄洪试验等多次水工试验。除此之外,李仪祉还多次建议我国治河要进行模型试验。以黄河下游的治理工作为例,李仪祉一直提倡进行模型试验,在他的推动下,恩格尔斯进行了多次关于黄河下游水道的模型试验,试验结果证实:"将堤距大加约束之后,河床在洪水时非但不因之冲深,洪水位非但不因之降落,反而使水位不断抬高。"[①] 这一试验结果为科学治理黄河提供了依据。此外,在《治理黄河工作纲要》中,李仪祉也建议:"于开封、济南各择一段河身,作天然试验。又择适当地址设模型水工试验场一所,以辅助之。"[②] 可以说,李仪祉不仅注重试验,而且注重将试验成果用于实践,是我国科学治河的引路人。

二、践行水土保持思想

关于水土保持,李仪祉有他自己的看法。当时许多外国专家和中国的一些学者都认为,洪水和旱灾产生的根本原因在于我国河流沿岸森林稀少,认为广泛种植森林是治理水旱灾害的唯一要策。对此,李仪祉提出了自己的看法。他认为,雨水降落之后以三种方式流失,即径流、蒸发、渗漏,洪水的产生是由于暴雨之后渗漏、蒸发量过少,径流直接流入河中的雨水过多。况且,种植森林见效比较慢,至少需要十年的时间才能长成,如果单纯依靠种植森林治理水旱灾害,难以收到效果,所以应加强植被的综合保护。首先,他认为,"为国家生计计,非大植森林不可"[③]。因此,他主张在不适宜农耕的地方大力种植森林,为我国工业建设提供充足的木材。其次,李仪祉没有忽视森林对于治河的功效,他认为:"在黄河上游植林,防沙灌溉等工程,对于下游防止河患也有不少的帮助。""造林工作,在上游可以防止冲刷,平缓径流;在下游可以巩固堤岸,充裕埽料,于治河有甚深之关系。

---

① 黄河水利委员会编:《民国黄河大事记》,黄河水利出版社,2004年,第65页。

② 《治理黄河工作纲要》,黄河水利委员会选辑:《李仪祉水利论著选集》,水利电力出版社,1988年,第109页。

③ 《森林与水功之关系》,黄河水利委员会选辑:《李仪祉水利论著选集》,水利电力出版社,1988年,第624页。

应在中游干支各流分别勘定造林区,及沿干流河防段大堤内外,广植林木,并按土壤种植之宜,各为选定树木种类,分区分段,设置苗圃,分年栽植。"[1]在此,李仪祉肯定了森林在防止水土流失方面的作用。我国黄河的泥沙主要来源于黄河中上游地区,由于当地缺少植被,致使水土流失严重,土壤被冲入黄河,使黄河成为含沙量最大的河流,因此,在黄河中上游植树造林,可以在一定程度上减轻下游的河患。

在加强植被保护方面,李仪祉还提出了如下措施:

一是种植苜蓿,改良土壤。为救济旱荒以及纠结土壤以减少水土流失,李仪祉建议要广种苜蓿。他认为苜蓿为耐旱植物,不仅可以供食料,而且可以改良土质。李仪祉认为种植苜蓿的好处很多,苜蓿抗旱,不需要灌溉,只要种植一次,以后就可以年年生长,每年都可以收割 3 次,在干旱年份可以给人类提供食物,使人们不至于由于饥饿而死。广种苜蓿可以增加饲料产量,尤其是能够使农民不至于在旱年时,由于没有饲料喂养而卖掉或杀掉牛马而失去耕作工具。种植苜蓿还可以改良土壤性质。在贫瘠的土地上种植四五年苜蓿之后,就可以使土质得到改良,之后再种植其他农作物就可以得到好的收成。因此,李仪祉建议应该效法美国,由政府督令人民广种苜蓿来纠结土质,防止冲刷。谈到具体种植办法时,李仪祉建议由各县县长派人到本县或外县采购优良的苜蓿品种,分给农民种植,农民按其所有的田亩数量必须种植一定数量的苜蓿。如有旱田 10 亩必须有 1 亩种植苜蓿,有 50 亩必须种植 4 亩,有 100 亩必须种植 8 亩,10 亩以下可以自愿种植。种植苜蓿的土地,除了需要照常缴纳正粮,不需要缴纳任何附加税,对于不肯种植苜蓿或者偷窃别人苜蓿的人处以重罚。这样,农民在旱地广泛种植苜蓿,不但可以使田地不再荒芜,而且由于苜蓿的根扎入土里很深,还能固定土壤,比树木更能抵御河流、雨水的冲刷。

二是广开沟洫,平治阶田。李仪祉认为,中国有推行沟洫制度的必要,因为山西北部、陕西北部和甘肃以山地为主,气候干燥少雨,土壤以易于吸水的黄壤为主,而且西北的土地大多都是阶田,遇到大雨就很容易被冲刷,

---

① 《黄河治本计划概要叙目》,黄河水利委员会选辑:《李仪祉水利论著选集》,水利电力出版社,1988 年,第 171 页。

导致水量泥量无限制,将地面冲成沟壑,之后成为支流流入黄河,导致黄河泥沙淤积,冲决为灾,还会导致田里的肥沃土壤被水冲走,成为不毛之地,因此很需要对其进行治理,即广兴沟洫。开沟洫不但能阻止雨水直流入河,而且可以使肥沃的土壤不被冲刷走,留在沟洫之中。

具体兴建办法是:首先,将斜坡之地修治平整,使田畔高仰,中间略低,之后再加以治理,在田畔处开沟,中间设十字沟洫,沿田畔植树,这样不但使得降雨时的水能够得到收容,肥沃土质不会被冲走,而且能节制河水中的泥沙。其次,在沟壑之口,督令人民择适当地点,用土修筑横堰,拦截泥沙,使其逐渐填平沟壑。这样做有许多好处,可以增加耕地,减除交通不便,使河患降低,还能积蓄雨水方便造林。沟洫完成之后,李仪祉主张要定期加以维护。主要方法是在沟洫之畔种植灌木,沟洫地区容易生长荆棘、杂草等植物,会对沟洫造成破坏,影响沟洫的容水量,所以要定期除草,在沟洫的边沿种植矮柳、湖桑等树木,来抵制荆棘、杂草等的生长。还要定期挖淤,由于流水的冲刷使得土地中的肥料随之一起冲刷到沟洫之内,造成沟洫容量越来越小,因此要定期把沟洫中的淤泥挖出,并将其储存起来以备利用。具体方法为选择一块土地,用三合土筑底,使中间低四周高,四围用土筑成,顶上用树叶、芦苇和树枝封盖好,以防止蒸发。李仪祉大力主张蓄水,是因为他希望用蓄水的方式来涵养水源,防止水旱灾害。他认为:“蓄水工事,在水利上为最要,故周官遂人有‘陂以蓄之’之文。”[1]李仪祉认为降水消失的途径主要有3种,即1/3顺着地面流到河中,1/3蒸发到空气中,剩下1/3渗到地下。陕西境内的水,真正被用来灌溉的还不到10%,其余90%因为植被缺乏而不能得到储存,流出省外,造成陕西境内旱灾频繁。因此,为了解决旱灾问题,李仪祉建议蓄水。要蓄水,就要想办法阻止降水消失。

针对降水的三种消失途径,李仪祉设计了解决方案。

第一,阻止水蒸发到空气中。为实现这一目的,李仪祉认为最有效的办法就是培植森林,遮蔽阳光,使水分不易蒸发,同时还可以调节气候,一举两得。但是“农民大半不肯在耕地中种树,因为树木之下,土中水分被树

---

① 《蓄水》,黄河水利委员会选辑:《李仪祉水利论著选集》,水利电力出版社,1988年,第712页。

根吸收,田禾不长。若是灌溉有水的地方,不用官厅督劝,人民自知种树,树木也最易生长"[1]。因此,李仪祉建议要在不能灌溉的地方大力发展灌溉事业,有了充分的灌溉水源,农民会自动种树。李仪祉还建议要在干旱地方种树,以蓄养水源。具体分为四个步骤:第一要审地址,就是选择树木容易生长的地方,具体到平原地带,要每隔百步挖深壕后栽树一行,这样树根会在较深的土壤层内吸收水分,不至于与庄稼争水,不影响庄稼生长;第二要择种类,就是要选择土性相宜的以及经济上最需要的树种;第三要乘时机,即把握好种树的最佳时机,就是雨雪充足的年景来种树;第四要勤管理,李仪祉建议通过乡村自治法来督促农民种树,通过选出一个有声望的乡老来负责,即兴乡老之制。

第二,阻止水顺地面流走。这主要分三种情况:首先,要在田间截留雨水。将土地修治平整,使田畔高仰,这样在田中就可以盛水。同时要开沟洫,在田地中开纵横不一的壕,之后在壕内植树,不但可以减杀风力,还可以用壕来蓄水。此外,可以通过挖窖和挖水池的方式来蓄水。其次,在溪道中截留雨水。具体做法是在无水的沟中最为狭窄的地方,将地面浮土挖去,兴建宽厚结实的堰,堰顶宽 1 丈至 2 丈,坡面斜坦,日后经过雨水冲刷可以堰上加堰。这样做有三方面好处:"(1)沟中地土可以用天然力,淤得宽平,多得耕地。(2)地土润湿,经营果园最宜。(3)堰愈累[垒]愈高,可以做跨过沟的交通道路。"[2] 这种工程比较简单,因此李仪祉建议开始由公家做几个给农民做指导,之后农民自办。此外,携带沙砾和泥土的溪水出了峪口后因水流平缓,堆积在峪口之外,成为扇形冲积,遇到冲击力猛的山水大发便将沙石冲下很远,毁坏良田,成为石田。对于这种田地,李仪祉提出的筑堰方法为用木或石作弧形拱向上流,石堰用石块干砌成上下二阶,中间留一塘,把水分为二跌水。李仪祉还介绍了柴堰截水法,一般是把薪柴捆成束,梢端向上流,根端向下流,排铺一层,在根端压一木杆,如此铺上多层,上下各

---

① 《蓄水》,黄河水利委员会选辑:《李仪祉水利论著选集》,水利电力出版社,1988 年,第 714 页。

② 《蓄水》,黄河水利委员会选辑:《李仪祉水利论著选集》,水利电力出版社,1988 年,第 720 页。

层柴薪俱用铅丝与木杆捆扎一起。最后,在河谷截留雨水。李仪祉提出要在山谷狭窄处,用石砌或用钢筋混凝土筑一高堰,将多余的水完全储蓄在水库里面,达到蓄水的目的。这种堰所需费用太高,不适合农民自己建造,应由政府兴建。

第三,截留地下水。李仪祉认为要使地下水量充足,可以通过多种树木,增加渗入地中的水量,还可以通过多开沟洫,多修拦截山水堰,使水归于沟洫,增加地下水量。

三、综合治理水环境

对于水环境的综合治理,李仪祉提出了四项措施:上中下游综合治理、巩固堤防、兴建水库蓄洪、防沙治沙。

(一)上中下游综合治理

我国治河历史虽然悠久,却很少达到根治的效果,最主要的原因就在于历代治河大多只注重河流下游的治理,而忽视了上游和中游的治理。李仪祉说:"自汉而后,河失其轨,治导无良策,河患无宁日。盖历代治河皆注重下游,而中上游曾无人过问者。实则洪水之源,源于中上游;泥沙之源,源于中上游。"[①]因此,要改变我国在治理河流方面只注重下游的弊病。"今后之言治河者,不仅当注意于孟津—天津—淮阴三角形之内,而当移其目光于上游。"[②]在以后的治河工作中要将上中游的治理和下游治理结合起来。李仪祉认为治理黄河的正确方法,就是要一方面减除上游的泥沙,另一方面在下游进行浚治。只有将中上游的治理工作和下游的巩固堤防工作紧密结合起来,做到综合治理,治河才会取得最终成功。

(二)巩固堤防

李仪祉认为,治理黄河的关键在于做好五项工作:"一、如何使河床固定。二、如何使河槽保其应有之深,以利航运。三、如何以减其淤。四、如

---

① 《请测量黄河全河案》,黄河水利委员会选辑:《李仪祉水利论著选集》,水利电力出版社,1988年,第71页。

② 《黄河之根本治法商榷》,黄河水利委员会选辑:《李仪祉水利论著选集》,水利电力出版社,1988年,第25页。

何以防其泛滥。五、如何使之有利于农。"[1]李仪祉认为固定河床的主旨在于免除险工，所以固定河床是第一位。

（三）兴建水库蓄洪

李仪祉认为水库的用途有三种：首先是储水用来灌溉、饮用、工业及航业用水；其次是用水力发电；再次是防洪。李仪祉认为治河要以防洪为最大目的，因此，要浚深河槽增加其容量，就需要在河流上游各支流处建拦洪水库，调节水量，开辟减河，减去涨水。防洪方面，黄河两岸年降水量不均，洪水来得猛，因此需要水库调节。

具体到各个河流的治理，李仪祉认为最需要治理的是黄河。黄河流域多支流，水流量少，灌溉面积小，西北交通不便，需要建水库发电。"黄河水库若一旦有办法，非独水灾可望免除，而西北旱灾亦可望减少。"[2]黄河洪水主要来自于渭、泾、洛、汾、雏、沁等河，因此李仪祉主张在陕西、山西、河南的黄河各支流设蓄洪水库，在汛期前将水库放空，使相当水量在汛期中能够从宽孔中流出，使得库内不淤积，而且还能增大下游水量，不至于使河床淤积，从而达到不发生水患的目的。在兴修泾惠渠时，李仪祉就主张用筑堰的方式使泾谷成为一个较大的水库用以蓄洪。另外，李仪祉还主张在山西和陕西之间选择水流最大的地方建蓄洪水库，这样可以减轻下游水患。

在治理江淮方面，李仪祉认为："扬子江洪水河幅有许多段尚不足以容纳天然非常洪水之量，而不免使之溃决堤防，则利用两岸湖泽，消纳洪涨，为不可少之事。且此消纳于低泽之地，害固有而利亦随之，非可深闭固绝者也。"[3]长江虽然有五个天然水库可以调节其流量，但是远远不够，李仪祉仍大力主张除原有的天然湖泽之外还要人为修筑拦洪水库，比如在汉江上游的支流设置拦洪水库。为了便于控制水势，修筑水库的地方要远离汉口。此外，李仪祉还建议在黔江、高滩河、嘉陵江、涪江、岷江、青衣江、大渡河、

---

[1] 《黄河之根本治法商榷》，黄河水利委员会选辑：《李仪祉水利论著选集》，水利电力出版社，1988年，第30页。

[2] 《黄河流域之水库问题》，黄河水利委员会选辑：《李仪祉水利论著选集》，水利电力出版社，1988年，第137页。

[3] 《对于治理扬子江之意见》，黄河水利委员会选辑：《李仪祉水利论著选集》，水利电力出版社，1988年，第532~533页。

金沙江等长江支流上建筑水库,以免除下游水患。

(四) 防沙治沙

据统计,黄河流域每年输入黄河的泥沙量平均约有 16 亿吨,其中约有 4 亿吨淤积在下游河道中。李仪祉认为:"言黄河之弊,莫不知其由于善决、善淤、善徙,而徙由于决,决由于淤,是其病源一而已。""黄河之患,在乎泥沙。泥沙之来源,由于西北黄土坡岭之被冲刷。"[1] 由此,李仪祉认为:"沙患不除,则河恐终无治理之一日。""所以欲图根本治黄,必须由治沙起。"[2] 李仪祉首先分析了黄河的三个产沙区,即泾河、渭河流域为一区,托克托至韩城为一区,潼关至汜水为一区。泾河、渭河流域和潼关至汜水流域区内属于黄土地带,土质疏松,夏秋季节雨量多的时候,由于雨水冲刷,土壤被冲入河中,因此这两条河流中的泥沙成分为土多沙少。而托克托至韩城这一段河流两岸大多为石崖,沙多土少。他认为黄河泥少沙多,泥患尚轻,而沙患是河之大患。因为泥细,所以浮在水中,随水而行,乃至随洪流入海。但沙重,沉在河底随水前行不会太远,因此造成了河南境内多沙、河北境内次之、山东境内无沙多泥的局面。

在谈到具体治沙办法时,李仪祉主张:首先,要积极植树造林,遏制沙患,杜绝沙源;其次,挖沟洫,防止冲刷,减少沙源;最后,设置谷坊以堵截泥沙去路,在山谷间筑堰节制洪流,减轻下游泥沙淤沙之患。李仪祉提出了在黄河流域兴修水利工程的计划,他认为黄河自府谷至潼关、巩县之间含沙甚多,因此可以在巩县以上山谷中设拦沙坝。另外,还要加强河流尾闾和河口的治理,使水得以畅流入海。

从李仪祉水环境治理的实践看,有许多地方给我们带来了启示。

治理环境工作要重视科学性。李仪祉是我国现代水利科学的奠基人,他参与创办的水工试验所是我国建立的第一个水工试验场,开启了我国水工模型试验的先河。尤其是水工试验所通过的对黄河河道、河流情况进行

---

① 《黄河之根本治法商榷》,黄河水利委员会选辑:《李仪祉水利论著选集》,水利电力出版社,1988 年,第 25、72 页。

② 《治黄意见》,黄河水利委员会选辑:《李仪祉水利论著选集》,水利电力出版社,1988 年,第 112、113 页。

模拟试验,为科学治理黄河提供了依据。李仪祉还十分重视水务基础工作建设,他倡导建立水文站、测候所等水文机构,为科学治水打下了坚实的基础。

政府应加强对环境治理的支持力度。李仪祉作为我国近代著名的水利专家,设计了许多科学的治水方案,但因未能得到政府的大力支持,许多计划不能及时实施。如引泾工程,1922年就开始规划,因经费始终不到位,直到1931年才得以动工。再如在黄河治理方面,李仪祉主张抓紧实施治本计划,但政府重救济,轻建设,将大量资金拨给孔祥榕掌握的黄河水灾救济委员会,而黄河水利委员会的资金一直难以到位,使治黄工作难以推进。最终,李仪祉以病为由,愤而辞去黄河水利委员会委员长职务。

要加强对环境人才的培养。李仪祉在我国治理水环境问题上很注重对人才的培养,在治河问题上尤其注重专家治河。1915年,李仪祉出国留学回国后,参与创办河海工程专门学校,并在该校任教7年,为我国培养了大量水利方面的人才。1922年,李仪祉到陕西任职,负责兴修水利。1923年,创办水利道路工程学校,该校后来隶属国立西北大学。之后,他又创办陕西水利专修班,国立武功农学院农业水利系就是在此基础上发展起来的。李仪祉还倡导兴办灌溉讲习班,为我国水利、环境事业培养了大批专业人才。

总之,李仪祉的环境思想对于治理我国水旱灾害有一定的借鉴意义,我们要发扬李仪祉坚持不懈的治水精神,学习中外治水经验和先进技术,促进我国环境事业的不断发展。

第五节 ｜ 竺可桢的环境保护思想

竺可桢(1890—1974),字藕舫,浙江绍兴人,我国较早关注生态问题的科学家,早在20世纪20年代,他就发表了《论江浙两省人口之密度》一文,探讨中国人口与环境的关系问题。竺可桢大声疾呼要控制人口增长,宣传人口增加过快对环境、资源以及社会各个方面的巨大压力。针对各地不顾自然规律,滥垦滥伐森林草地的现象,竺可桢一再强调,大自然各种因素之间是互相依赖、互相制约的,彼此之间的关系是有一定规律性的,违背了这一规律,就会受到大自然的惩罚。竺可桢既反对"人在大自然面前无所作为"的说法,也反对夸大人的作用的"人定胜天说"。他强调人与自然的关系不是"主人和奴仆的关系",而是两者之间和谐相处、协调发展的互动关系。竺可桢晚年更加关注人口增长和水土流失两大课题,并为此付出巨大努力。竺可桢生态环境思想极其丰富,主要包括人口问题、水土流失问题和沙漠化问题。

一、控制人口增长以减轻资源环境压力

竺可桢所撰《论江浙两省人口之密度》一文,在我国人口地理学上具有开创性意义。竺可桢选择浙江和江苏作为研究对象,主要是由于"江浙两省人口之密,不但在我国首屈一指,即在世界各国亦无其匹"[①]。所以,他认为如果能将江浙两省的人口问题解决,就能为中国控制人口找到出路。竺可桢十分赞赏欧洲国家实行的计划生育政策,并且主张中国也应尽快实行这一政策,把限制人口增加作为解决民生问题的一大对策。他说:"生育限制为近世文明之副产品,国人对之应取一定之政策,若任其自然传播,则流弊甚大。"[②]我国的工业比较落后,可吸收剩余劳动力比较有限。竺可桢认为,"即使六十年中我国工业能发达与欧美现状相等,则亦只能容纳此数之十分之一或五分之一而已,其余百分之八九十仍须另谋出路。故为今之计,政府应设法教导农民以生育之限制"[③]。

竺可桢在提倡限制人口的同时,反对早婚。他认为,早婚是人口增长

---

① 《论江浙两省人口之密度》,竺可桢:《竺可桢全集》第1卷,上海科技教育出版社,2004年,第505页。

② 《解决中国民生问题的几条路径》,竺可桢:《竺可桢全集》第2卷,上海科技教育出版社,2004年,第229页。

③ 《解决中国民生问题的几条路径》,竺可桢:《竺可桢全集》第2卷,上海科技教育出版社,2004年,第229~230页。

过快的主要因素。"早婚与人口之蕃盛,亦有密切之关系。……而推其人口蕃盛之故,则早婚其一焉。"[1] 在反对早婚的同时,竺可桢同时反对近亲结婚。他认为近亲结婚所生孩子的质量不高,对后代人的健康成长非常不利,对整个国民素质不利,所以应该坚决杜绝这一现象。

从 17 世纪到 19 世纪,直隶水灾频仍,除了受地理环境影响,人为因素也不可忽视。竺可桢首次把人口问题列为水灾的重要因素,他认为人口增加必然加重对自然的掠夺,导致水土流失等一系列后果。如元朝时天津人口仅有 40 万人,明末时增加到 120 万人,在二三百年的时间里增加了这么多人口。通过分析水灾次数与人口数量关系,可知自然灾害的发生与人口增加密切相关。作为气象学家、地理学家的竺可桢,从人类社会发展的角度出发,同时结合中国当时的国情,提出了一系列关于人口问题的观点和主张,针对当时流行的"人多力量大""多子多福"等传统观点,竺可桢明确提出,国家对于人口应该有一个政策,不能任其发展,主张"生育限制""优生优育"。在当时粮食紧张,人口增长速度超过了粮食增长速度的特殊历史时期,这些主张有一定的合理性。

二、将水土保持作为生态建设的基础工程

水土流失问题是竺可桢关注的最大环境课题。他认为,黄河中游(以黄土高原为主)水土流失问题最为严重。黄土高原的土质特点是非常疏松,为粉沙细粒结构,非常容易融入水。这种土壤特点只有植被覆盖良好时,才能防止或减少出现水土流失的现象。竺可桢经过长时间考察,对黄河中游的水土保持工作提出了自己的看法。他在分析黄土高原水土流失问题时提出,造成这一现象的主要原因是黄土高原所在的地理区域属于干旱和半干旱气候,全年的降水量大部分集中在夏季,植被比较稀疏,容易受到冲刷。但是,竺可桢认为人为因素也是重要原因,他说:"二千年以来,黄土高原人民受统治阶级的榨取压迫,以致滥垦滥牧,使原来的森林草皮破坏无

---

① 《论早婚及姻属嫁娶之害》,竺可桢:《竺可桢全集》第 1 卷,上海科技教育出版社,2004 年,第 51 页。

余;这不但加剧了黄土高原的水土流失,而且还造成黄河下游的灾害。"[1]

竺可桢对此进行了深入剖析,他说:"人类从旧石器时代进化到新石器、铜器和铁器时代,他们干涉自然和破坏自然的能力也慢慢地大起来了。到了我们的历史时期,人们为了种庄稼,最初是在黄河流域的平原上和高原上开荒,以后就渐渐地进入山区开荒。到了春秋的时候,黄河流域的山区已经大部分被开发。……他们在开辟的时候,不论山上被覆的是森林还是草皮,统统加以破坏,再来耕种。这样的一种开垦方式,使得原来在那里的植被,全被破坏。在黄河流域的黄土区域内,夏季骤雨密集,土壤容易被冲刷,便造成了严重的水土流失。"[2]竺可桢充分认识到,黄河下游的水患来源于黄土高原的水土流失,因此要从根本上解决黄河的水灾问题,使黄河造福两岸人民,就必须根治黄土高原的水土流失问题。这一问题的解决,关系到137万平方千米地方上的工农业生产和千百万人民的生产生活。

竺可桢提出,解决黄土高原水土流失的根本方法是对沟的改造和利用。因为沟是水土流失的矛盾集合点,沟中含有黄土高原缺乏的水源和肥沃的土壤。因此,如果能对沟加以合理开发和利用,就可以使沟发挥应有的潜力,从而解决黄土高原的水土流失问题。他说:"黄土高原缺乏的是水,而沟中的水分最丰沛,黄土高原缺乏的是肥料,而沟也是肥料比较最沃暖的地方,因此,在沟中植树种庄稼总是生产丰富的。如能对沟加以适当的利用和改造,在配合梁、塬、坡上的其他措施,就能够从根本上解决黄土高原区的水土流失问题。"[3]

此外,在如何治理黄土高原水土流失问题上,竺可桢认为应该采取多种手段综合治理,而不能片面强调某一个方面。他说:"我既然承认自然界是一个统一的整体,我也就主张必须采取农、林、牧、水的综合措施,必须从上到下的全面治理,以分散径流,保水保土,这样,沟的治理才能得到保

---

①　《对于今后黄土高原干旱和半干旱地区的水土保持的几点意见》,竺可桢:《竺可桢全集》第 3 卷,上海科技教育出版社,2004 年,第 551 页。

②　《要开发自然必须了解自然》,竺可桢:《竺可桢全集》第 3 卷,上海科技教育出版社,2004 年,第 370 页。

③　《加强普查与科学研究　继续进行重点规划　为完成巨大的水土保持任务而奋斗》,竺可桢:《竺可桢全集》第 3 卷,上海科技教育出版社,2004 年,第 236~237 页。

证。"① 当然,竺可桢强调必须因地制宜,"采取农、林、水的统一规划,进行综合开发"②。

当时,在治理黄土高原水土流失问题上,人们存在着不同的观点。在如何使用生物措施和工程措施的问题上,人们也存在着分歧。竺可桢认为二者缺一不可,互有优劣。他在《对于今后黄土高原干旱和半干旱地区的水土保持的几点意见》一文中详细阐明了自己的观点。他认为黄河流域水土流失严重,泥沙流失的数量之所以大,是和生物措施赶不上、工程措施赶不上、初步控制的标准要求有关的。所以,水土保持工作是综合性的,必须工程措施与生物措施齐头并进,必须科学研究与群众经验相结合,这是用两条腿走路的办法。

在《论我国气候的几个特点及其与粮食作物生产的关系》一文中,竺可桢还就我国山区不适宜种植粮食作物的地方,大力发展林业和畜牧业的问题提出了自己的看法。他认为发展林业和畜牧业是山区人民的正确选择,可以发展特色产品和产业,来带动当地经济的发展,从而提高人民的生活质量。但如果出现大面积开垦,必定造成严重的水土流失。

他说:"我国西北和西南各省区,多为丘陵山岳区,凡在山上开荒易致水土流失,'山上开荒,山下遭殃'是很普遍的现象。再加季风气候,雨量集中于夏季三、四个月,一到雨季倾盆而下,更易造成土壤的侵蚀。……从而可知,利用山地必须以牧业、森林为主,如大面积开垦必定造成严重的水土流失。"③ 我国山区面积约占全国总面积的 2/3,如何保护山区资源不被破坏,同时又能挖掘山区资源,是摆在国人面前十分现实而重要的课题。因此,应该对山区的自然条件和自然资源进行彻底的调查研究,同时加强对水土保持的研究力度,着力从根本上解决山区的水土流失问题。为此,竺可桢在《科学院地理研究工作方向和任务的初步设想》一文中明

---

① 《对于胡树德同志所提关于我对黄土高原水土保持方针问题的认识》,竺可桢:《竺可桢全集》第 3 卷,上海科技教育出版社,2004 年,第 298 页。

② 竺可桢:《水土保持是山区农业增产的一项根本措施》,《人民日报》1955 年 12 月 22 日。

③ 《论我国气候的几个特点及其与粮食作物生产的关系》,竺可桢:《竺可桢全集》第 4 卷,上海科技教育出版社,2004 年,第 251 页。

确表明了自己的看法。他说:"我国山区面积广大,资源极其丰富,同时又是国防的后方。山区的研究应该着重抓:山区自然条件和自然资源的评价,以西北黄土地区、南方红壤丘陵地区、西南山区为主,进行山地利用与水土保持的研究,提出开展多种经营合理利用山区资源的意见;并研究水土流失规律,为合理利用土地,保持水土,开展农林牧副业生产提供科学依据。"①

水土流失现象涉及许多因素,对其治理不能采取单一手段。竺可桢在《晋西北地区水土保持工作视察报告》中说:"自然界的现象本身就是一个互相制约、互相依存的统一整体,是综合的,我们必须按照自然的原样去认识它。水土流失现象关系到地形、水文、植被、气候、土壤、地质等自然因素,采取改造自然措施的时候,就必须根据不同自然特点,有重点地分别地采取农、林、牧、水的综合措施,进行全面规划,这是既符合自然规律又符合农民的利益的。"②

进行水土流失综合治理时,还应该考虑到当前利益和长远利益的关系。这两个方面是互相关联、互相影响的。竺可桢经过实地调查,针对西南地区砍伐森林频繁、陡坡开荒现象不断发生的严重事实提出:"我国西南各省雨量比较丰沛,草木易于繁殖。一般来说较之西北干旱区域水土流失的严重情况,是不可同日而语的,但是由于西南林区的大量开伐和盲目的上山开荒打柴,所以在个别地区亦有水土严重流失的现象。……增加粮食产量本是国家首要任务,但砍伐森林,陡坡开荒,而不加水平梯田等措施,势必导致得不偿失。今后西南地区的农林当局亦必需十分重视水土保持问题,否则等问题搞大了再抓,这样事倍而功半了。"③

水土资源不仅是生态环境的重要组成部分,而且是影响生态环境的主要因素。所以,水土保持工作是生态建设的基础性工程和长远性工程。严

---

① 《科学院地理研究工作方向和任务的初步设想》,竺可桢:《竺可桢全集》第4卷,上海科技教育出版社,2004年,第364页。

② 《晋西北地区水土保持工作视察报告》,竺可桢:《竺可桢全集》第3卷,上海科技教育出版社,2004年,第274页。

③ 《视察西部南水北调引水地区的报告》,竺可桢:《竺可桢全集》第4卷,上海科技教育出版社,2004年,第43~44页。

重的水土流失会导致耕地减少、洪涝灾害加剧,还将严重影响水资源的有效利用。我国是世界上水土流失最为严重的国家之一。每年因水土流失造成的经济损失达数百亿元,对社会造成的长远影响更是无法估量。作为地理学家的竺可桢,通过长时间的考察分析,对水土流失造成的后果进行了科学的预见,并且一再强调做好水土保持的重大意义。竺可桢以水土流失最为严重的黄土高原为切入点,通过对这些地区水土流失原因的分析,提出了许多符合实际的观点,对其他地区的水土保持工作,同样具有指导意义。

三、遏制土地荒漠化以保持生态平衡

竺可桢很早就开始关注沙漠问题,他认为沙漠是人类最顽强、最普遍的敌人。其他各种自然灾害都是局部的和短暂的,它们都比不上沙漠这个长期同人类作斗争的敌人。竺可桢在《变沙漠为绿洲》一文中写道:"人类自从有历史以来即和沙漠作斗争,从留传下来的传说和记事看来,在这长期的斗争中人类总是失败时候多,胜利时候少;偶尔获得几个据点,不久又前功尽弃。沙漠魔鬼把自己用风和沙武装起来,而太阳有时候也作了帮凶。人们造运河,沙漠用沙子把它充塞起来,人们筑堤防,沙漠和风联合起来把它毁灭。人们种庄稼,沙漠不给水,让太阳把它晒死,沙漠里面的风吹动沙子堆成沙丘,好像波浪似的一个接着一个地向前进,埋没我们的园地,掩盖我们的屋宇,摧毁我们的森林。"[1]沙漠本身就是因为缺少水而才变成沙漠的,所以,征服沙漠最重要的武器是水。因此,竺可桢认为,对于沙漠地区来说,"无论植林种草,土壤中都必须有足够的水分,所以征服沙漠的最主要的条件是水"[2]。而在干旱和半干旱地区,蒸发量也往往大于降水量。所以,如何对水资源进行更科学地开发和利用,就显得尤为重要。为了科学合理地利用水资源,必须加强对高山冰川融水、地表水和地下水之间相互转化

---

[1] 《变沙漠为绿洲》,竺可桢:《竺可桢全集》第4卷,上海科技教育出版社,2004年,第48页。

[2] 《向沙漠进军》,竺可桢:《竺可桢全集》第4卷,上海科技教育出版社,2004年,第63页。

的研究。

在防止土地沙漠化过程中,竺可桢认为,不仅应根据水源来安排工农业生产,还应根据水平衡的计算,考虑水源的补充问题。竺可桢指出,在干旱少雨的河西走廊地区,大力发展植树造林,对于改善这一地区的生态环境能够起到很好的促进作用。但是众多的杨树犹如一部部抽水机,将会使本来不甚丰富的地下水,通过植物的蒸腾作用被大量消耗。这就需要我们经过充分的考察论证,正确处理好眼前利益和长远发展的关系问题。他一再强调在干旱地区一定要注意节约用水,使有限的水资源能够最大程度地发挥作用。同样,治理沙区必须从多个方面解决水的问题。既要尽可能地寻找更多水源,增加水的来源渠道,又要充分利用现有水资源,使其得到最大程度的发挥,这就要求我们必须实行开源节流的方法。正如竺可桢在治沙工作汇报会上所说的:"治理和改造沙区的工作中,水是一项重要的因素。无论工业、农业、运输、交通,城乡建设统需要水。干旱区水既极宝贵,必须开源节流。南水北调,融冰化雪,寻找地下水是开源;淡化盐水,减免蒸发,平衡用水就是节流,水要从二方面来平衡。一方面从自然界找出水的循环运行的平衡,这是自然界的规律,找到水的循环运行规律便能开水源节水流。另一方面,从工农业及城市、乡村的用水来平衡。"①

竺可桢主张在全面考察沙漠的基础上,找出风沙的来源和移动规律。根据动力学原理,提出能够控制风沙移动的方法。我国陆地拥有960万平方千米的土地,但是其中的1/3为干旱或半干旱地区。沙漠面积占到国土总面积的11%。如此广袤的土地如能得到很好治理,必将发挥巨大的经济效益和社会效益。竺可桢提出,沙漠形成的原因有自然和人为两种,要有效地治理沙漠,必须根据不同的原因采取不同的政策和方法。具体而言,"治理沙漠必须首先分辨人为的沙漠和天然的沙漠","改造人为的沙漠可以用造林、种草、机械固沙等方法,因其尚有充足的雨量,足够作物的滋生。

---

① 《在治沙工作汇报会上的讲话》,竺可桢:《竺可桢全集》第4卷,上海科技教育出版社,2004年,第35~36页。

而改造天然的沙漠,则首先要充分利用现有的水源和开发新的水源"。[①] 竺可桢强调要从根本上治理沙漠,还要从源头上加强对土地的使用和管理,以防止生态环境的进一步恶化。

---

① 《改造沙漠必须算好水账》,竺可桢:《竺可桢全集》第 4 卷,上海科技教育出版社,2004 年,第 59 页。

结　语

　　环境问题是关系国计民生、社会发展的大问题。生态环境的好坏与利权得失、战争局势、政府政策的制定和实施等因素有密切关系,在某种程度上甚至会影响社会发展进程。从中国近代环境的变迁看,尽管清政府、北洋政府、南京国民政府都采取了一些措施,但在保护环境方面做的工作远远不够:经费投入不足,管理理念和管理措施落后,近代中国生态环境呈现出越来越脆弱的态势。这一方面是自然灾害造成的,另一方面是由于人们的环境保护意识不强,环境保护措施不到位,对环境资源还未能实施有效管理。本卷从近代气候与环境变化、动植物与生态环境、农业与生态环境变迁、经济发展与城市环境变迁、近代水环境变迁、近代环境保护机构的设置与环境保护法规的出台、环境保护思想在近代中国的产生与发展等方面,多维度考察和研究了近代中国人类活动对环境的影响,以及环境变迁对中国社会的影响。

　　近代中国,环境问题逐渐突出。气候变化与生态环境有着密切关系,人们对气候变化所造成的恶劣环境和自然灾害的应对能力相对有限,尚处于被动防治阶段,治理效果欠佳,旱涝等自然灾害频发。这一时期,人们尚缺乏对动植物的保护意识,导致动物种类的减少或灭绝及森林覆盖面积的大幅度缩减。农业生产的发展依赖自然环境,但不合理的农业生产方式给地理环境带来了许多不良影响。近代农业开发主要是解决粮食问题,盲目扩大耕地面积,对环境造成了一定程度的破坏,部分地区出现了土地荒漠化现象。而随着农业生产技术的改进,农作物产量虽然增加了,但给生态环境带来了负面影响。尤其是化肥的不合理使用,使土壤板结,耕地地力衰退。近代中国随着城市近代化、工业化进程的加速,城市经济开始转型。一方面,城市空间发生了显著变化,另一方面,城市经济类型发生了变化。同时,城市环境污染问题接踵而来,给城市卫生环境的管理和城市环境保护带来了巨大挑战。

清末,西方环境保护思想传入中国,一部分知识分子逐渐产生了相对系统的环境保护思想,深入阐述了环境治理的理念。孙中山、熊希龄、李仪祉、竺可桢等人提出了环境治理的原则,并提倡植树造林以改善生态环境。他们对发展林业逐渐有了新的认识,强调植树造林的重要性,认为植树不仅能带来经济效益,还能减少水土流失,保护生态环境。尤其是孙中山,他最早意识到森林的重要性,提倡设立植树节,提出了一些行之有效的振兴林业的措施。此外,他们还提出了践行水土保持思想、控制人口增长以减轻资源环境压力、将水土保持作为生态建设的基础工程、遏制土地荒漠化以保持生态平衡等科学治理环境和保护环境的具体措施。他们提出的将发展经济与保护生态相结合的思想,为后人治理环境提供了重要的借鉴和参考。

近代中国在环境改造方面成绩较为显著的是在水环境领域。严重的水旱灾害直接威胁到政府的统治。为稳定政局,中央与地方政府在水利机构设置、农田水利灌溉工程、航道整治工程、水利水电工程、防洪工程等水利工程的兴建方面做了大量工作。在处于从传统社会到现代社会转型时期的近代中国,人们对环境的认知开始发生转变,并在改造环境时采取一些新技术、新材料、新手段,一定程度上改善了水环境。尤其是顺直水利委员会、华北水利委员会、黄河水利委员会、长江水利委员会等专门水利机构的设置,改变了水资源管理体制,通过流域管理与行政区域共同管理,逐渐改变了以往各行政辖区条块分割的弊端,有利于对水环境统筹治理。同时,《森林法》《狩猎法》《渔业法》等加强环境保护的法规陆续出台,使环境治理有法可依。当然,由于中国近代战争频繁,社会动荡,政府未能将环境治理提到重要议事日程上来,对环境的治理仍缺乏系统性,在环境保护机构设置、环境保护政策的制定、环境保护措施的推行等方面做得还十分不够,政府在处理环境问题时尚处于探索阶段。总之,中国近代环境的发展虽然经历了从恶化到防治的过程,但总体而言环境问题仍然十分严重。

在当今环境治理中,我们要吸取失败的教训,妥善处理人与自然的关系,生态环境才能保持良性循环。从中国近代环境的发展中我们可以得到一些启示:第一,要处理好发展经济与保护环境的关系。要从思想上正确认识发展经济与保护环境的关系,在发展经济时要遵循自然规律,合理利用自然资源,要有良好的环境保护意识。人们对环境的改造不应因追求短期经济利益而破坏生态环境,经济建设与环境保护应建立在科学的基础上,做到可持续发展,建立在现代科学基础上的可持续经济才是未来发展的方向。第二,坚持政策导向和制度先行。在环境保护中要有科学的环境保护理念,加强统筹管理,制度建设要先行。建立和完善严格的环境保护制度,制定全面、科学和严格的环境标准体系,真正实现源头严防、过程严管、后果严惩。第三,坚持生态环境保护和生态文明建设双管齐下,建设生态文明的现代化中国。在环境管理中,强化环保责任,严格环境督察,把生态文明建设放到突出位置来抓。尊重自然,保护自然,坚持保护优先,坚持节约资源和保护环境的基本国策,构筑我国生态安全屏障。目前,我国生态环境保护的任务十分艰巨,既要保障经济增长,又不能以破坏生态环境为代价,这就需要我们有制度作保障,制定切实可行的措施,以改善生态环境质量和维护国家生态环境安全为目标。统一规划,分类指导,加强监管,努力遏制生态环境恶化的趋势,实现经济效益、社会效益、生态效益相统一。

主要参考文献

一、古籍、资料

斌椿:《乘槎笔记》,钟叔河编:《走向世界丛书》第1册,长沙:岳麓书社,2008年。

蔡鸿源主编:《民国法规集成》第10册,合肥:黄山书社,1999年。

陈嵘:《中国森林史料》,北京:中国林业出版社,1983年。

重庆市政府秘书处编:《九年来之重庆市政》,重庆:重庆市政府秘书处编印,1936年。

戴鸿慈:《出使九国日记》,钟叔河编:《走向世界丛书》第9册,长沙:岳麓书社,2008年。

甘厚慈辑:《北洋公牍类纂》,台北:文海出版社,1966年。

广东省社会科学院历史研究所等合编:《孙中山全集》,北京:中华书局,1981—1986年。

郭嵩焘:《伦敦与巴黎日记》,钟叔河编:《走向世界丛书》第4册,长沙:岳麓书社,2008年。

河北省实业厅视察处编:《河北省实业统计》,天津:河北实业厅第四科发行,1934年。

黄河水利委员会选辑:《李仪祉水利论著选集》,北京:水利电力出版社,1988年。

黄苇、夏林根编:《近代上海地区方志经济史料选辑(1840—1949)》,上海:上海人民出版社,1984年。

康有为:《欧洲十一国游记二种》,钟叔河编:《走向世界丛书》第10册,长沙:岳麓书社,2008年。

黎庶昌:《西洋杂志》,钟叔河编:《走向世界丛书》第6册,长沙:岳麓书社,2008年。

李景汉编著:《定县社会概况调查》,上海:上海人民出版社,2005年。

李明勋、尤世玮主编:《张謇全集》第5册,上海:上海辞书出版社,2012年。

李文海等:《近代中国灾荒纪年》,长沙:湖南教育出版社,1990年。

李文海等:《近代中国灾荒纪年续编》,长沙:湖南教育出版社,1993年。

李文海等:《中国近代十大灾荒》,上海:上海人民出版社,1994年。

李文治编:《中国近代农业史资料》,北京:生活·读书·新知三联书店,1957年。

农商部棉业处编:《京兆直隶棉业调查报告书》,北京:中国国家图书馆藏本,1920年。

山东省会警察局编:《山东省会警察概况》,北京:全国图书馆文献缩微复制中心,2011年。

上海社会科学院经济研究所编:《刘鸿生企业史料》,上海:上海人民出版社,1981年。

上海市档案馆藏:《上海法租界公董局关于公共道路、下水道和粪便处理系统的城市卫生工作报告(1849—1940年)》,牟振宇、张华译,《历史地理》第23辑,上海:上海人民出版社,2008年。

上海市政府社会局编:《上海市工人生活程度》,上海:中华书局,1934年。

顺直水利委员会编:《顺直河道治本计划报告书》,北京:北京大学图书馆藏本,1925年。

顺直水利委员会编:《顺直水利委员会会议记录》(第1—6月),北京:中国国家图书馆藏本,1918年。

宋恩荣编:《晏阳初文集》,北京:教育科学出版社,1989年。

汪敬虞编:《中国近代工业史资料》第2辑,北京:科学出版社,1957年。

王韬:《漫游随录》,钟叔河编:《走向世界丛书》第6册,长沙:岳麓书社,2008年。

吴霭宸:《天津海河工程局问题》,北京:中国国家图书馆藏本,出版年不详。

吴弘明编译:《津海关贸易年报(1865—1946)》,天津:天津社会科学院出版社,2006年。

应廉耕、陈道编著:《以水为中心的华北农业》,北京:北京大学出版部,1948年。

于振宗:《直隶河防辑要》,天津:北洋印刷局,1924年。

张德彝:《欧美环游记》,钟叔河编:《走向世界丛书》第1册,长沙:岳麓书社,2008年。

张德彝:《随使法国记》,钟叔河编:《走向世界丛书》第2册,长沙:岳麓书社,2008年。

章有义编:《中国近代农业史资料》,北京:生活·读书·新知三联书店,1957年。

赵尔巽等撰:《清史稿》,北京:中华书局,1977年。

直隶农业讲习所辑:《直隶农业讲习所农事调查报告书》,北京:全国图书馆文献缩微中心,2006年。

志刚:《初使泰西记》,钟叔河编:《走向世界丛书》第1册,长沙:岳麓书社,

2008 年。

中国第二历史档案馆编:《国民政府立法院会议录》,桂林:广西师范大学出版社,2004 年。

中国科学院历史研究所第三所编:《云南贵州辛亥革命资料》,北京:科学出版社,1959 年。

中国科学院历史研究所第三所编:《云南杂志选辑》,北京:科学出版社,1958 年。

中国人民政治协商会议河北省涿鹿县文史资料征集委员会编:《涿鹿县文史资料选辑》第 1 辑,张家口:中国人民政治协商会议河北省涿鹿县文史资料征集委员会编印,1985 年。

中国人民政治协商会议云南省委员会文史资料研究委员会编:《云南文史资料选辑》第 16 辑,昆明:中国人民政治协商会议云南省委员会文史资料研究委员会编印,1982 年。

中华平民教育促进会编:《植物生产改进组作物改良报告》,北京:中国国家图书馆藏本,1935 年。

中华平民教育促进会总会华北试验区普及农业科学部推广股编:《改良定县猪种》,北京:全国图书馆文献缩微中心,2008 年。

周秋光编:《熊希龄集》,长沙:湖南人民出版社,2008 年。

周钰宏编辑:《上海年鉴》,上海:华东通讯社,1947 年。

竺可桢:《竺可桢全集》,上海:上海科技教育出版社,2004 年。

二、报纸、杂志

《长江水利季刊》

《大公报》(天津)

《东方杂志》

《东亚经济月刊》

《法律评论》

《海王》

《河北棉产汇报》

《河北实业公报》

《河北通俗农刊》

《河务季报》

《华北合作》

《华北水利月刊》

《华北养蜂月刊》

《冀察调查统计丛刊》

《建设》

《金融周报》

《立法院公报》

《农学月刊》

《农业推广》

《上海市政公报副刊》

《上海周报》

《申报》

《盛京时报》

《市政月刊》

《水利通讯》

《卫生月报》

《新陕西月刊》

《行政院公报》

《行政院水利委员会季刊》

《扬子江水道整理委员会月刊》

《云南农业丛报》

《云南省农业推广委员会月刊》

《政府公报》

《直隶公报》

《中联银行月刊》

三、 档案

《河北省公报》,河北省档案馆藏,全宗号 654,案卷号 1,件号 72。

《华北水利委员会关于报请设立经济委员会和聘请委员所送该会组织章程会议记录等呈内政部的指令》,北京市档案馆藏,J007-001-00307。

《华北水利委员会关于启用新印章和修订组织条例的呈及内政部的指令》,北京市档案馆藏,J007-001-00266。

《华北政务委员会实业总署关于 1942、1943 年华北农业增产方案实施要领》,北京市档案馆藏,J25-1-78。

《经济委员会公布扬子江和华北水利委员会组织条例的训令》,北京市档案馆藏,J007-001-00541。

《顺直水利委员会总报告目录》,北京市档案馆藏,1921 年,全宗号 J007,目录号 001,案卷号 01927。

《云南烟草改进所三十七年度工作报告》,云南省档案馆馆藏云南省建设厅档案,全宗号77,目录号9,卷号808。

四、方志

重庆市志·经济地理志课题组编纂:《重庆市志·经济地理志(1891~2005)》,重庆:西南师范大学出版社,2008年。

《汉口租界志》编纂委员会编:《汉口租界志》,武汉:武汉出版社,2003年。

光绪《费县志》,南京:凤凰出版社,2008年。

光绪《广州府志》,上海:上海书店,2003年。

光绪《泰兴县志》,南京:江苏古籍出版社,1991年。

光绪《永康县志》,台北:成文出版社,1970年。

海河志编纂委员会编:《海河志》第1卷,北京:中国水利水电出版社,1997年。

河北省地方志编纂委员会编:《河北省志·煤炭工业志》,石家庄:河北人民出版社,1995年。

河北省地方志编纂委员会编:《河北省志·水利志》,石家庄:河北人民出版社,1995年。

河北省水利厅水利志编辑办公室编:《河北水利大事记》,天津:天津大学出版社,1993年。

河北省唐山市地方志编纂委员会编:《唐山市志》第1卷,北京:方志出版社,1999年。

河北省政协文史资料研究委员会、河北省地方志编纂委员会编:《河北近代大事记(1840—1949)》,石家庄:河北人民出版社,1986年。

黄河水利委员会编:《民国黄河大事记》,郑州:黄河水利出版社,2004年。

吉林市城乡建设委员会史志办编:《吉林市志·城市规划志》,吉林:吉林市城乡建设委员会编印,1997年。

开滦矿务局史志办公室编:《开滦煤矿志》第3卷,北京:新华出版社,1995年。

李君仁主编:《重庆市卫生志(1840—1985)》,重庆:重庆市卫生志编委会编印,1994年。

民国《昌乐县续志》,台北:成文出版社,1969年。

民国《陆良县志稿》,南京:凤凰出版社,2009年。

民国《寿光县志》,台北:成文出版社,1968年。

民国《顺宁县志初稿》,南京:凤凰出版社,2009年。

史梅定主编:《上海租界志》,上海:上海社会科学院出版社,2001年。

苏州市城市建设博物馆编:《苏州城市建设大事记》,上海:上海科学技术文献出版社,1999年。

苏州市地方志编纂委员会编:《苏州市志》第1册,南京:江苏人民出版社,1995年。

孙学雷主编:《地方志·书目文献丛刊》第6册,北京:北京图书馆出版社,2004年。

同治《丽水县志》,台北:成文出版社,1975年。

武汉地方志编纂委员会编:《武汉市志·城市建设志》,武汉:武汉大学出版社,1993年。

武汉市江汉区地方志编纂委员会编:《江汉区志》,武汉:武汉出版社,2007年。

宣统《番禺县续志》,上海:上海书店,2003年。

云南省志编纂委员会办公室编:《续云南通志长编》,昆明:云南省志编纂委员会办公室编印,1985年。

五、著作

曹树基:《中国人口史》第5卷,上海:复旦大学出版社,2001年。

曹树基、李玉尚:《鼠疫:战争与和平——中国的环境与社会变迁(1230—1960年)》,济南:山东画报出版社,2006年。

钞晓鸿主编:《环境史研究的理论与实践》,北京:人民出版社,2016年。

陈征平:《云南早期工业化进程研究(1840年—1949年)》,北京:民族出版社,2002年。

池子华、李红英、刘玉梅:《近代河北灾荒研究》,合肥:合肥工业大学出版社,2011年。

戴建兵主编:《环境史研究》第1辑,北京:地质出版社,2011年。

戴建兵主编:《环境史研究》第2辑,天津:天津古籍出版社,2013年。

邓云特:《中国救荒史》,上海:上海书店,1984年。

丁一汇、张建云等编著:《暴雨洪涝》,北京:气象出版社,2009年。

高国荣:《美国环境史学研究》,北京:中国社会科学出版社,2014年。

葛全胜等:《中国历朝气候变化》,北京:科学出版社,2011年。

顾炳权编著:《上海洋场竹枝词》,上海:上海书店出版社,1996年。

郭郛、[英]李约瑟、成庆泰:《中国古代动物学史》,北京:科学出版社,1999年。

居之芬、张利民主编:《日本在华北经济统制掠夺史》,天津:天津古籍出版社,1997年。

科技部国家计委国家经贸委灾害综合研究组编著:《灾害·社会·减灾·发展——中国百年自然灾害态势与21世纪减灾策略分析》,北京:气象出版社,2000年。

李珪主编:《云南近代经济史》,昆明:云南民族出版社,1995年。

李华彬主编:《天津港史》(古、近代部分),北京:人民交通出版社,1986年。

李文海:《世纪之交的晚清社会》,北京:中国人民大学出版社,1995 年。

刘明逵、唐玉良主编:《中国近代工人阶级和工人运动》第 1 册,北京:中共中央党校出版社,2002 年。

刘向权主编:《滦河文化研究文选》,北京:中国文联出版社,2011 年。

马长林:《上海的租界》,天津:天津教育出版社,2009 年。

马长林、黎霞、石磊:《上海公共租界城市管理研究》,上海:中西书局,2011 年。

梅雪芹:《环境史研究叙论》,北京:中国环境科学出版社,2011 年。

孟昭华编著:《中国灾荒史记》,北京:中国社会出版社,1999 年。

钱端升等:《民国政制史》下册,上海:上海人民出版社,2008 年。

秦大河主编:《中国极端天气气候事件和灾害风险管理与适应国家评估报告》,北京:科学出版社,2015 年。

日本防卫厅战史室编:《华北治安战》下册,天津市政协编译组译,天津:天津人民出版社,1982 年。

史念海:《黄土高原历史地理研究》,郑州:黄河水利出版社,2001 年。

孙冬虎:《北京近千年生态环境变迁研究》,北京:北京燕山出版社,2007 年。

汪汉忠:《灾害、社会与现代化——以苏北民国时期为中心的考察》,北京:社会科学文献出版社,2005 年。

王建革:《传统社会末期华北的生态与社会》,北京:生活·读书·新知三联书店,2009 年。

王建革:《江南环境史研究》,北京:科学出版社,2016 年。

王利华:《徘徊在人与自然之间——中国生态环境史探索》,天津:天津古籍出版社,2012 年。

王利华主编:《中国历史上的环境与社会》,北京:生活·读书·新知三联书店,2007 年。

王士花:《"开发"与掠夺:抗日战争时期日本在华北华中沦陷区的经济统制》,北京:中国社会科学出版社,1998 年。

王士花:《日伪统治时期的华北农村》,北京:社会科学文献出版社,2008 年。

王士立、刘允正主编:《唐山近代史纲要》,北京:社会科学文献出版社,1996 年。

隗瀛涛主编:《近代长江上游城乡关系研究》,成都:天地出版社,2003 年。

隗瀛涛主编:《近代重庆城市史》,成都:四川大学出版社,1991 年。

魏心镇、朱云成编著:《唐山经济地理》,北京:商务印书馆,1959 年。

吴志伟:《上海租界研究》,上海:学林出版社,2012 年。

夏光辅等编著:《云南科学技术史稿》,昆明:云南科技出版社,1992 年。

夏明方:《民国时期自然灾害与乡村社会》,北京:中华书局,2000 年。

夏明方、唐沛竹主编:《20 世纪中国灾变图史》上册,福州:福建教育出版社,

2001 年。

行龙主编:《环境史视野下的近代山西社会》,太原:山西人民出版社,2007 年。

熊大桐主编:《中国林业科学技术史》,北京:中国林业出版社,1995 年。

徐向阳主编:《水灾害》,北京:中国水利水电出版社,2006 年。

杨果、陈曦:《经济开发与环境变迁研究——宋元明清时期的江汉平原》,武汉:武汉大学出版社,2008 年。

杨寿川:《云南经济史研究》,昆明:云南民族出版社,1999 年。

姚汉源:《中国水利发展史》,上海:上海人民出版社,2005 年。

袁林:《西北灾荒史》,兰州:甘肃人民出版社,1994 年。

张海林:《苏州早期城市现代化研究》,南京:南京大学出版社,1999 年。

张伟:《近代重庆社会变迁与法律秩序研究(1927—1949)》,重庆:重庆大学出版社,2015 年。

赵珍:《清代西北生态变迁研究》,北京:人民出版社,2005 年。

赵珍:《资源、环境与国家权力——清代围场研究》,北京:中国人民大学出版社,2012 年。

郑会欣主编:《战前及沦陷期间华北经济调查》下册,天津:天津古籍出版社,2010 年。

郑肇经:《中国水利史》,上海:上海书店,1984 年。

中央档案馆等合编:《华北经济掠夺》,北京:中华书局,2004 年。

周琼:《清代云南瘴气与生态变迁研究》,北京:中国社会科学出版社,2007 年。

周勇、刘景修译编:《近代重庆经济与社会发展(1876—1949)》,成都:四川大学出版社,1987 年。

[澳]E. 布赖恩特:《气候过程和气候变化》,刘东生等编译,北京:科学出版社,2004 年。

[美]马若孟:《中国农民经济——河北和山东的农民发展,1890—1949》,史建云译,南京:江苏人民出版社,1999 年。

[日]水野幸吉:《中国中部事情:汉口》,武德庆译,武汉:武汉出版社,2014 年。

[美]唐纳德·休斯:《什么是环境史?》,梅雪芹译,北京:北京大学出版社,2008 年。

[英]伊莎贝拉·伯德:《1898:一个英国女人眼中的中国》,卓廉士、黄刚译,武汉:湖北人民出版社,2007 年。

六、论文

曹隆恭:《我国化肥施用与研究简史》,《中国农史》1989 年第 4 期。

曹志红:《老虎与人:中国虎地理分布和历史变迁的人文影响因素研究》,陕西师范大学 2010 年博士学位论文。

陈峰、袁玉江、魏文寿等:《天山北坡呼图壁河流域近 313 年降水的重建与分析》,《干旱区研究》2009 年第 1 期。

陈玉琼、彭淑英:《自然灾害对社会的影响——以 1920 年北方大旱为例》,《灾害学》1994 年第 4 期。

陈征平:《近代云南区域资本积累能力及流向分析》,《云南民族学院学报》(哲学社会科学版)2001 年第 5 期。

陈植等:《近百年来我国森林破坏的原因初析》,《中国农史》1982 年第 2 期。

邓一帆:《清代新疆塔里木河流域的农业开发及生态影响研究》,西北农林科技大学 2017 年硕士学位论文。

冯涛:《北洋政府时期京直水灾及水利建设研究》,河北师范大学 2010 年硕士学位论文。

高国荣:《生态、历史与未来农业发展》,《史学月刊》2018 年第 3 期。

葛全胜、郭熙凤、郑景云等:《1736 年以来长江中下游梅雨变化》,《科学通报》2007 年第 23 期。

郭峰、赵灿、赵元杰等:《近 400 年来塔克拉玛干沙漠南缘红柳沙包孢粉组合与环境变化》,《古生物学报》2016 年第 1 期。

郭其蕴、蔡静宁、邵雪梅等:《1873—2000 年东亚夏季风变化的研究》,《大气科学》2004 年第 2 期。

何凡能、葛全胜、戴君虎等:《近 300 年来中国森林的变迁》,《地理学报》2007 年第 1 期。

侯甬坚:《"环境破坏论"的生态史评议》,《历史研究》2013 年第 3 期。

胡惠芳:《民国时期蝗灾初探》,《河北大学学报》(哲学社会科学版)2005 年第 1 期。

胡孔发:《民国时期苏南工业发展与生态环境变迁研究》,南京农业大学 2010 年博士学位论文。

黄冬英:《近代武汉环境卫生管理研究(1900—1938)》,华中师范大学 2009 年硕士学位论文。

季荣、谢宝瑜等:《从有意引入到外来入侵——以意大利蜂 Apis mellifera L. 为例》,《生态学杂志》2003 年第 5 期。

康恒印:《日伪对河北棉花的掠夺——以冀南道为例》,《邢台学院学报》2007 年第 1 期。

蓝勇:《对中国区域环境史研究的四点认识》,《历史研究》2010 年第 1 期。

李建强:《华北水利委员会研究(1928 年—1937 年)》,河北师范大学 2011 年硕士学位论文。

李钟汶、邬建国、寇晓军等:《东北虎分布区土地利用格局与动态》,《应用生态学报》2009 年第 3 期。

林吉玲、董建霞:《胶济铁路与济南商埠的兴起(1904—1937)》,《东岳论丛》2010 年第 3 期。

林学椿、于淑秋、唐国利:《中国近百年温度序列》,《大气科学》1995 年第 5 期。

凌大燮:《我国森林资源的变迁》,《中国农史》1983 年第 2 期。

刘洋、郝志新、郑景云:《1850—2001 年新疆地区年均气温变化重建与分析》,《第四纪研究》2015 年第 6 期。

鲁克亮:《略论近代中国的荒政及其近代化》,《重庆师范大学学报》(哲学社会科学版)2005 年第 6 期。

鲁克亮:《清代广西蝗灾研究》,《广西民族研究》2005 年第 1 期。

马逸清:《东北虎分布区的历史变迁》,《自然资源研究》1983 年第 4 期。

闵宗殿:《清代苏浙皖蝗灾研究》,《中国农史》2004 年第 12 期。

牟振宇:《近代上海法租界"越界筑路区"城市化空间过程分析(1895—1914)》,《中国历史地理论丛》2010 年第 4 辑。

尚华明、魏文寿、袁玉江等:《树木年轮记录的新疆新源 350a 来温度变化》,《干旱区资源与环境》2011 年第 9 期。

尚建勋、时忠杰、高吉喜等:《呼伦贝尔沙地樟子松年轮生长对气候变化的响应》,《生态学报》2012 年第 4 期。

孙居里:《中国火柴厂的状况及磷毒》,《自然界》1926 年第 1 期。

汪志国:《自然灾害对近代安徽乡村环境的破坏》,《安徽师范大学学报》(人文社会科学版)2010 年第 5 期。

王晨:《全面抗战前(1912—1937)河北外来物种引进分析》,河北师范大学 2013 年硕士学位论文。

王广义、刘辉:《近代中国东北资源与环境问题评述》,《兰台世界》2009 年第 14 期。

王建文:《中国北方地区森林、草原变迁和生态灾害的历史研究》,北京林业大学 2006 年博士学位论文。

王金香:《近代北中国旱灾的特点及成因》,《古今农业》1998 年第 1 期。

王利华:《浅议中国环境史学建构》,《历史研究》2010 年第 1 期。

王利华:《生态史的事实发掘和事实判断》,《历史研究》2013 年第 3 期。

王美艳:《李仪祉治理黄河理论及实践述评》,河北师范大学 2012 年硕士学位论文。

王荣亮:《清代民国时长白山森林开发及其生态环境变迁史研究》,内蒙古师范大学 2010 年硕士学位论文。

王铁军:《近代以来东北地区森林砍伐对生态环境的影响简析》,《社会科学辑刊》2013 年第 6 期。

王希亮:《近代中国东北森林的殖民开发与生态空间变迁》,《历史研究》2017 年第 1 期。

王先明:《环境史研究的社会史取向——关于"社会环境史"的思考》,《历史研究》2010 年第 1 期。

魏宏运:《1939 年华北大水灾述评》,《史学月刊》1998 年第 5 期。

夏明方:《抗战时期中国的灾荒与人口迁移》,《抗日战争研究》2000 年第 2 期。

夏明方:《环境史视野下的近代中国农村市场——以华北为中心》,《光明日报》2004 年 5 月 11 日。

行龙:《克服"碎片化"回归总体史》,《近代史研究》2012 年第 4 期。

徐建平:《孙中山与华北水务问题研究》,《河北师范大学报》(哲学社会科学版)2011 年第 5 期。

徐建平、冯涛:《北洋政府时期京直地区水利建设研究》,《河北广播电视大学学报》2012 年第 2 期。

徐建平、冯涛:《北洋政府时期京直地区水灾与环境》,《历史教学》2012 年第 12 期。

徐建平、李建强:《华北水利委员会对华北水资源勘查与利用》,《河北广播电视大学学报》2013 年第 4 期。

徐建平、李建强:《华北水利委员会与华北水利事业的现代转型》,《历史教学》2014 年第 24 期。

杨蕊:《长江水利工程总局研究》,河北师范大学 2012 年硕士学位论文。

衣保中:《近代以来东北平原黑土开发的生态环境代价》,《吉林大学社会科学学报》2003 年第 5 期。

余新忠:《卫生史与环境史——以中国近世历史为中心的思考》,《南开学报》(哲学社会科学版)2009 年第 2 期。

袁恒谦:《竺可桢生态环境思想研究》,河北师范大学 2011 年硕士学位论文。

曾业英:《日伪统治下的华北农村经济》,《近代史研究》1998 年第 3 期。

张崇旺:《论淮河流域水生态环境的历史变迁》,《安徽大学学报》(哲学社会科学版)2012 年第 3 期。

张崇旺:《试论明清时期江淮地区的农业垦殖和生态环境的变迁》,《中国社会经济史研究》2004 年第 3 期。

张瑞波、魏文寿、袁玉江等:《1396—2005 年天山南坡阿克苏河流域降水序列重建与分析》,《冰川冻土》2009 年第 1 期。

七、外文文献

Hao Zhi Xin, Zheng Jing Yun, Ge Quan Sheng, et al., "Winter Temperature Variations over the Middle and Lower Reaches of the Yangtze River since 1736 AD", *Climate of the Past*, Vol.8, 2012.

Liu Xiao Hong, Qin Da He, Shao Xue Mei, et al., "Temperature Variations Recovered from Tree-rings in the Middle Qilian Mountain over the Last Millennium", *Science in China Ser. D Earth Sciences*, Vol.48, No.4, 2005.

Lyu Shan Na, Li Zong Shan, Zhang Yuan Dong, et al., "A 413-year Tree-ring Based April–July Minimum Temperature Reconstruction and Its Implications on the Extreme Climate Events, Northeast China", *Climate of the Past*, Vol.12, 2016.

Shi Zhong Jie, Xu Li Hong, Dong Lin Shui, et al., "Growth-climate Response and Drought Reconstruction from Tree-ring of Mongolian Pine in Hulunbuir, Northeast China", *Journal of Plant Ecology*, Vol.9, No.1, 2015.

Tan Liang Cheng, Cai Yan Jun, An Zhi Sheng, et al., "A Chinese Cave Links Climate Change, Social Impacts, and Human Adaptation over the Last 500 Years", *Scientific Reports*, Vol.5, No.12284, 2015.

Tian Qin Hua, Gou Xiao Hua, Zhang Yong, et al., "Tree-ring Based Drought Reconstruction (A.D. 1855–2001) for the Qilian Mountains, Northwestern China", *Tree-Ring Research*, Vol.63, No.1, 2007.

Zheng Jing Yun, Wang Wei-Chyung, Ge Quan Sheng, et al., "Precipitation Variability and Extreme Events in Eastern China during the Past 1 500 Years", *Terrestrial Atmospheric and Oceanic Sciences*, Vol.17, No.3, 2006.

Zhu H. F., Fang X.Q., Shao X.M., et al., "Tree Ring-based February–April Temperature Reconstruction for Changbai Mountain in Northeast China and Its Implication for East Asian Winter Monsoon", *Climate of the Past*, No.5, 2009.

索 引

后 记

　　本书是教育部哲学社会科学研究后期资助项目多卷本《中国环境史》的有机组成部分。本书尝试立足近代中国社会政治变革与自然生态系统变化的相互关系，以时间和空间相结合的叙事方式，考察地理环境变迁与社会经济形态变化呈现的多种面相，并通过政治、社会、自然的多重复杂关系，透视人类文明与自然协同演进的曲折历程。近代环境演变与现在的许多环境问题密切相关，客观地认识近代环境变迁对科学解决当下的环境问题有十分重要的意义，希望我们的研究能为解决我国环境问题做出一些有益的探索。

　　本书是项目组成员集体研究的成果，作者撰稿分工情况如下：绪论，徐建平；第一章，李曼玥、张生瑞、许清海；第二章第一、第二节，徐建平；第二章第三节，王晨；第三章第一、第二节，徐建平；第三章第三节，徐建平、杨阳；第四章，刘向阳；第五章，徐建平；第六章第一、第五节，徐建平；第六章第二节，冯涛；第六章第三节，李建强；第六章第四节，杨蕊；第七章第一、第二、第三节，徐建平；第七章第四节，王美艳；第七章第五节，袁恒谦；结语，徐建平。本书的统筹和统稿工作由徐建平承担。

　　非常感谢审稿专家提出的宝贵意见，同时也非常感谢高等教育出版社责任编辑包小冰女士的辛勤付出。由于水平有限，书中难免有错漏之处，敬请大家批评指正。

作者谨识

2019 年 9 月

郑重声明

　　高等教育出版社依法对本书享有专有出版权。任何未经许可的复制、销售行为均违反《中华人民共和国著作权法》，其行为人将承担相应的民事责任和行政责任；构成犯罪的，将被依法追究刑事责任。为了维护市场秩序，保护读者的合法权益，避免读者误用盗版书造成不良后果，我社将配合行政执法部门和司法机关对违法犯罪的单位和个人进行严厉打击。社会各界人士如发现上述侵权行为，希望及时举报，本社将奖励举报有功人员。

反盗版举报电话　　（010）58581999 58582371 58582488
反盗版举报传真　　（010）82086060
反盗版举报邮箱　　dd@hep.com.cn
通信地址　北京市西城区德外大街4号
　　　　　高等教育出版社法律事务与版权管理部
邮政编码　100120